JN268301

改定
解説・河川管理施設等構造令

財団法人 国土技術研究センター 編

社団法人 日本河川協会

技報堂出版

推薦のことば

建設省河川局長　竹村　公太郎

　近年，豊かでゆとりのある質の高い生活や良好な環境を求める国民のニーズの増大に伴い，河川は，治水・利水及び環境上，その本来の機能が維持され，適正な利用が図られるよう，総合的な河川管理を推進することが必要である．

　「河川管理施設等構造令」は，ダム，堤防その他の主要なものの構造について河川管理上必要とされる技術的基準であって，昭和51年7月に制定された．

　これに伴い，昭和53年3月に発行された「解説・河川管理施設等構造令」は，政令の趣旨を踏まえた解説を試み，河川管理施設又は許可工作物の構造や設置位置等に係る基準書等として，発行後，長きにわたり利用されてきたところである．

　その後，社会の変化や技術の進展等に対応して，数次にわたり，河川管理施設等構造令及び同令施行規則の一部改正が行なわれてきた．一方，平成9年12月には，「河川環境の整備と保全」を河川管理の目的として明示した河川法の一部を改正する法律が施行されたところである．

　このため，今般，河川法や構造令等の改正，技術基準類の整備等に対応して，本解説の改定を行ったものであり，本書がより多くの人に読まれ，構造令の適切な運用を通じて河川行政の進展に寄与することを切に望む次第である．

平成11年11月

編集にあたって

財団法人　国土開発技術研究センター

　解説・河川管理施設等構造令は，昭和51年7月に制定された河川管理施設等構造令（以下「構造令」という）の解説書として，昭和53年3月に発行された．

　その内容は，①構造令の各条文の背景や考え方の解説，②構造令制定時の各省協議結果を反映した河川局長通達及び課長通達の解説，③昭和53年当時の工作物等の設置位置等に係る基準・運用，④昭和53年当時の工作物の構造に係る基準・運用等であり，発行以来，今日まで利用されてきた．

　その後，社会的・技術的状況の変化に対応して，構造令は，平成4年1月（高規格堤防構造の規定）及び平成9年11月（河川法改正に関連する部分の改正，樹林帯や魚道の規定，橋の径間長の見直し及び大臣特認制度の拡充）にそれぞれ一部改正を行った．また，構造令改正に伴う同令施行規則や関連する通達の改正があった．

　この間には，平成6年9月には，「工作物設置許可基準」の制定，平成9年5月には，「建設省河川砂防技術基準（案）」の改訂があり，さらに河川技術マニュアル類の整備が進められた．

　今回の解説改定は，河川法や構造令等の改正，技術基準類の見直し，現在までに得られた技術的知見及び現場での運用等を勘案し，現時点における構造令解説の具体的記述を行ったものである．

　その主な事項と編集に関しては，①河川法改正等に係る事項では，法改正等に関連する事項の追加，河川環境の整備と保全への配慮の記述，河川空間の活用への配慮の記述，②解説書発行以降の構造令及び同令施行規則の一部改正に係る事項では，高規格堤防，樹林帯，魚道，起伏堰，橋の径間長及び

大臣特認制度関係の記述，③既往の災害等からの知見による記述，④技術基準類を参照することの記述，⑤参考として「河底横過トンネル」構造基準の記述などである．

　本解説書の編集にあたって，ご指導，ご助言をいただいた解説・河川管理施設等構造令の編集関係者，関係各位及び関係機関の方々に感謝の意を表するとともに，本解説書が単に実務担当者のみならず，広く活用されることを期待するものである．

平成 11 年 11 月

解説・河川管理施設等構造令の編集関係者

建設省河川局治水課流域治水調整官	吉川勝秀　宇塚公一
建設省河川局開発課開発調整官	宮本博司
建設省河川局河川計画課課長補佐	大槻英治
建設省河川局河川環境課課長補佐	光成政和　高橋洋一
建設省河川局治水課課長補佐	工藤啓　浦上将人
	五道仁実
建設省河川局開発課課長補佐	横森源治　岩田美幸
建設省土木研究所河川部河川研究室長	藤田光一
北海道開発局建設部河川管理課課長補佐	金子雅美　大塚正登志
建設省東北地方建設局河川部河川管理課長	高橋聰
建設省関東地方建設局河川部河川管理課長	三橋さゆり
建設省北陸地方建設局河川部河川管理課長	小菅健三郎　竹田正敏
建設省中部地方建設局河川部河川管理課長	山田泰三　境道男
建設省近畿地方建設局河川部河川管理課長	高木多喜雄　福田圭一
建設省中国地方建設局河川部河川管理課長	鬼武義英　谷本尚威
建設省四国地方建設局河川部河川管理課長	村上光男
建設省九州地方建設局河川部河川管理課長	工藤征生　江口寛二
沖縄総合事務局開発建設部河川課水資源開発調整官	前田俊一

目　次

第1章　総　則

第 1 条　この政令の趣旨 …………………………………………………3
第 2 条　用語の定義 ………………………………………………………8

第2章　ダ　ム

第 3 条　適用の範囲 ……………………………………………………27
第 4 条　構造の原則 ……………………………………………………33
　規則第 1 条　ダムの構造計算 ………………………………………37
　規則第 2 条　ダムの構造計算に用いる設計震度 …………………39
　規則第 9 条　コンクリートダムの安定性及び強度 ………………43
　規則第 10 条　フィルダムの安定性及び堤体材料 …………………47
第 5 条　堤体の非越流部の高さ ………………………………………51
第 6 条　堤体等に作用する荷重の種類 ………………………………58
第 7 条　洪　水　吐　き …………………………………………………60
第 8 条　越流型洪水吐きの越流部の幅 ………………………………63
　規則第 12 条の 2　ダムの越流型洪水吐きの越流部の幅の特例 ………64
第 9 条　減　勢　工 ………………………………………………………66
第 10 条　ゲート等の構造の原則 ………………………………………68
　規則第 12 条　ダムの越流型洪水吐きのゲート等の構造 …………73
第 11 条　ゲートに作用する荷重の種類 ………………………………74
　規則第 11 条　ダムのゲートに作用する荷重 ………………………76
第 12 条　荷重等の計算方法 ……………………………………………85

規則第3条 ダムの堤体の自重……………………………………………85
規則第4条 貯留水による静水圧の力…………………………………86
規則第5条 貯水池内に堆積する泥土による力………………………88
規則第6条 地震時におけるダムの堤体の慣性力……………………90
規則第7条 地震時における貯留水による動水圧の力………………91
規則第8条 貯留水による揚圧力………………………………………93
第13条 計測装置……………………………………………………………95
第14条 放流設備……………………………………………………………97
第15条 地滑り防止工及び漏水防止工……………………………………99
第16条 貯水池に沿って設置する樹林帯…………………………………100
規則第13条 貯水池に沿って設置する樹林帯の構造…………………100

第3章 堤　　　防

第17条 適用の範囲…………………………………………………………105
第18条 構造の原則…………………………………………………………106
第19条 材質及び構造………………………………………………………112
第20条 高　　　さ…………………………………………………………115
第21条 天　端　幅…………………………………………………………120
第22条 盛土による堤防の法勾配等………………………………………125
第22条の2 高規格堤防に作用する荷重の種類…………………………128
第22条の3 荷重等の計算方法……………………………………………129
　規則第13条の4 高規格堤防に作用する荷重…………………………130
　規則第13条の2 高規格堤防の構造計算………………………………132
　規則第13条の3 高規格堤防の構造計算に用いる設計震度…………133
　規則第13条の5 高規格堤防の安定性…………………………………134
第23条 小　　　段…………………………………………………………138
第24条 側　　　帯…………………………………………………………138
　規則第14条 堤防の側帯………………………………………………139
第25条 護　　　岸…………………………………………………………144

第26条　水制······147
第26条の2　堤防に沿って設置する樹林帯······148
　規則第14条の2　堤防に沿って設置する樹林帯の構造······148
第27条　管理用通路······150
　規則第15条　堤防の管理用通路······150
第28条　波浪の影響を著しく受ける堤防に講ずべき措置······155
第29条　背水区間の堤防の高さ及び天端幅の特例······156
第30条　湖沼又は高潮区間の堤防の天端幅の特例······161
第31条　天端幅の規定の適用除外等······161
第32条　連続しない工期を定めて段階的に築造される堤防の特例······162

第4章　床止め

第33条　構造の原則······169
第34条　護床工及び高水敷保護工······171
第35条　護岸······173
　規則第16条　床止めの設置に伴い必要となる護岸······173
第35条の2　魚道······178
　規則第16条の2　床止めの設置に伴い必要となる魚道······178

第5章　堰

第36条　構造の原則······185
第37条　流下断面との関係······188
第38条　可動堰の可動部の径間長······195
　規則第17条　可動堰の可動部の径間長の特例······196
　規則第18条　可動堰の可動部が起伏式である場合における可動部の
　　　　　　　径間長の特例······196
第39条　可動堰の可動部の径間長の特例······202

規則第19条　可動堰の可動部のうち土砂吐き等としての効用を兼ねる部分以外の部分の径間長の特例……………203
第40条　可動堰の可動部のゲートの構造………………………208
規則第20条　可動堰の可動部のゲートに作用する荷重…………208
第41条　可動堰の可動部のゲートの高さ………………………211
第42条　可動堰の可動部の引上げ式ゲートの高さの特例…………213
第43条　管理施設………………………………………………218
第44条　護床工等………………………………………………222
規則第22条　堰の設置に伴い必要となる護岸等…………………222
第45条　洪水を分流させる堰に関する特例……………………223
規則第18条　可動堰の可動部が起伏式である場合における可動部の径間長の特例………………………………………………223
規則第21条　可動堰の可動部が起伏式である場合におけるゲートの構造………………………………………………………223

第6章　水門及び樋門

第46条　構造の原則……………………………………………236
第47条　構　　造………………………………………………240
第48条　断　面　形……………………………………………241
第49条　河川を横断して設ける水門の径間長等………………244
規則第23条　水門の径間長の特例………………………………245
第50条　ゲート等の構造………………………………………247
第51条　水門のゲートの高さ等…………………………………251
第52条　管理施設等……………………………………………252
規則第24条　管理用通路としての効用を兼ねる水門の構造………253
第53条　護床工等………………………………………………258
規則第25条　水門又は樋門の設置に伴い必要となる護岸………258

第7章 揚水機場,排水機場及び取水塔

第54条 揚水機場及び排水機場の構造の原則………………………265
第55条 排水機場の吐出水槽等………………………………………268
第56条 流下物排除施設………………………………………………271
第57条 樋　　　門……………………………………………………272
第58条 取水塔の構造…………………………………………………273
第59条 護 床 工 等……………………………………………………277
　規則第26条 取水塔の設置に伴い必要となる護岸…………………277

第8章 橋

第60条 河川区域内に設ける橋台及び橋脚の構造の原則…………286
第61条 橋　　　台……………………………………………………289
第62条 橋　　　脚……………………………………………………295
第63条 径 間 長………………………………………………………303
　規則第28条 主要な公共施設に係る橋………………………………304
　規則第29条 近接橋の特則……………………………………………304
第64条 桁 下 高 等……………………………………………………316
　規則第30条 橋　　　面………………………………………………317
第65条 護 岸 等………………………………………………………318
　規則第31条 橋の設置に伴い必要となる護岸………………………318
第66条 管理用通路の構造の保全……………………………………323
　規則第32条 管理用通路の保全のための橋の構造…………………323
第67条 適 用 除 外……………………………………………………326
　規則第33条 適用除外の対象とならない区域………………………326
　規則第34条 治水上の影響が著しく小さい橋………………………327

第 9 章　伏 せ 越 し

第 68 条　適用の範囲……………………………………………………333
第 69 条　構造の原則……………………………………………………334
第 70 条　構　　造………………………………………………………335
第 71 条　ゲ ー ト 等……………………………………………………337
第 72 条　深　　　さ……………………………………………………340

第 10 章　雑　　　　則

第 73 条　適 用 除 外……………………………………………………345
第 74 条　計画高水流量等の決定又は変更があった場合の適用の特例……351
第 75 条　暫定改良工事実施計画が定められた場合の特例………………352
　規則第 35 条　暫定改良工事実施計画が定められた場合の特例………352
第 76 条　小河川の特例…………………………………………………355
　規則第 36 条　小河川の特例…………………………………………355
第 77 条　準用河川に設ける河川管理施設等への準用…………………359
附　　　則………………………………………………………………360

参考　河底横過トンネル

適用の範囲………………………………………………………………369
構造の原則………………………………………………………………369
構　　造…………………………………………………………………371
ゲ ー ト 等………………………………………………………………371
深　　さ…………………………………………………………………372

付

河川管理施設等構造令及び同令施行規則の施行について
　　　　　　　　　昭和51年11月23日　河川局長通達……377
河川管理施設等構造令及び同令施行規則の施行について
　　　　　　　　　平成4年2月1日　河川局長通達……385
河川管理施設等構造令及び同令施行規則の施行について
　　　　　　　　　平成10年1月23日　河川局長通達……387
河川管理施設等構造令及び同令施行規則の運用について
　　　　　　　　　昭和52年2月1日　水政課長,治水課長通達……390
河川管理施設等構造令及び同令施行規則の運用について
　　　　　　　　　昭和52年2月1日　水政課長,開発課長通達……406
河川管理施設等構造令及び同令施行規則の一部改正について
　　　　　　　　　平成3年7月18日　水政課長,治水課長通達……410
河川管理施設等構造令及び同令施行規則の運用について
　　　平成4年2月1日　水政課長,河川計画課長,治水課長通達……412
河川管理施設等構造令及び同令施行規則の運用について
　　　平成10年1月23日　水政課長,河川計画課長,治水課長,
　　　　　　　　　　　　　　　　　　　　　　開発課長通達……418
河川管理施設等構造令及び同令施行規則の運用について
　　　平成11年10月15日　水政課長,河川計画課長,治水課長通達……420
参 考 文 献 …………………………………………………………423
参 考 図 書 …………………………………………………………423

第1章　総　　　則

第1条　この政令の趣旨
第2条　用語の定義

第1章　総　　　則

> （この政令の趣旨）
> 第1条　この政令は，河川管理施設又は河川法（以下「法」という．）第26条第1項の許可を受けて設置される工作物（以下「許可工作物」という．）のうち，ダム，堤防その他の主要なものの構造について河川管理上必要とされる一般的技術的基準を定めるものとする．

1．対象施設

　河川法（昭和39年法律第167号）第13条（河川管理施設等の構造の基準）第2項に規定しているとおり，河川管理施設等構造令（昭和51年政令第199号，以下「構造令」という）に定めるべき事項は，河川管理施設又は法第26条第1項の許可を受けて設置される工作物（以下「河川管理施設等」という）のうち主要なものについての構造基準である．主要な河川管理施設等としては，ダム，堤防，床止め，堰，水門及び樋門，揚水機場，排水機場，取水塔，橋並びに伏せ越しを対象としており，治水上の影響の小さいものや設置される事例の少ないものは対象としていない．例えば陸閘は，設置される事例が少ないので構造令の対象外としている．また，河底横過トンネル及びトンネル河川は，最近は用地取得の困難性やトンネル掘削技術の進歩等により，都市地域等で設置される事例がでてきているものの，まだ全国的には事例が少ないため構造令の対象外としている．

　構造令の対象外とした河川管理施設等の構造基準については，「河川砂防技術基準(案)同解説」(建設省河川局監修，日本河川協会編，平成9年9月　山海堂）等の図書を参考とされたい．なお，河底横過トンネルについては，本書に（参考）として構造基準案を添付したのでこれを参考とされたい．

2．構造基準の性格

構造令は，河川管理施設等の構造に関し，河川管理上必要とされる一般的技術的基準を定めたものであって，どのような場所に河川管理施設等を設けるか又は設けてはならないかという，いわば設置基準的な内容又は土木工学上の安定計算等の設計基準的な内容は含めておらず（ダム及び高規格堤防は除く），これらについては別途「工作物設置許可基準」（「工作物設置許可基準について」平成6.9.22　建設省河治発第72号による治水課長通達）又は「河川砂防技術基準（案）」（「建設省河川砂防技術基準（案）計画編，調査編，設計編について」平成9.5.6　建設省河計発第36号による河川局長通達）等で明らかにしている．したがって，河川管理施設の設置又は工作物について法第26条（工作物の新築等の許可）第1項の許可を行う場合には，当該工作物の構造が構造令の基準を満たしているかどうかの検討又は審査は当然のこととして，工作物の設置又は設計についてはこれらの基準等を考慮のうえ総合的に河川管理上の判断を行う必要がある（「河川管理施設等構造令及び同令施行規則の施行について」昭和51.11.23　建設省河政発第70号による河川局長通達（以下「局長通達」という）1-(2)を参照）．

3．基準値の性格

構造令及び河川管理施設等構造令施行規則（昭和51年建設省令第13号，以下「施行規則」という）において基準として示す諸数値は，原則的に「……以上とする．」というように下限値を示す形式をとっている．これは河川管理施設等の構造は，本来河川の特性や設置位置の状況に応じて判断しなければならないものであるが，構造令は一般的技術的基準を定めるものであり，河川という公物の安全性確保のため一般的に最小限確保されなければならない基準値を示す必要があることからこのような形式になっているものである．したがって，個別のケースによっては，構造令に定められている基準値以上の水準が要求される場合も当然あり得る．

なお，構造令では，第2章のダム及び第3章の高規格堤防については，要求する性能とその照査方法を明示した性能規定を定めているが，その他の工作物については，理論的・実証的な手法だけでは性能の厳密な照査が困難であるため，配置，寸法等を定めた形状規定を定めている．

4. 存続基準としての性格

法第13条第2項では，構造令は「……の構造について河川管理上必要とされる技術的基準」と規定しており，これの法的な解釈としては，構造令は新築又は改築時はもちろんのこと，その存続期間中においても適用されるべき基準であるとしており，本条（この政令の趣旨）において法第13条第2項と同様の表現を用いることによりこのことを明らかにしている（局長通達1-(1)を参照）．しかし，既存の施設のうち構造令に適合しない施設について構造令を適用することは，当該施設を一定の猶予期間内に改築しなければならないことを意味するが，それには莫大な事業費を必要とすることとなり，現実的ではない．また，河川は自然公物であり，段階的にその安全度を高めていくべきものであって，計画として河川改修の目標となる安全度を定めれば，直ちにその目標が達成されなければならないということではない．もし既存の構造令に適合しない施設に構造令を遡及適用することとした場合には，計画目標としての安全度を改定（流量改定）するたびに直ちにその目標が達成されなければならないこととなり，これは本来の河川管理の性格からして妥当ではない．このような観点から，既存施設の構造令に適合しない施設について，これらの施設を改築するまでの間は構造令の適用がないこととしている（附則第2項を参照）．

5. 河川環境の整備と保全への配慮，河川空間の活用への配慮

近年，豊かでゆとりのある質の高い国民生活や良好な環境を求める国民のニーズの増大に伴い，河川に対して単に治水，利水の機能だけでなく，多様な自然環境や水辺空間からなるうるおいのある生活環境の舞台としての役割が期待されるようになってきている．しかし，従来の河川法は，治水，利水を中心に規定され，河川環境が明確に位置づけられていなかった．このため，平成9年に河川法を改正し，法第1条（目的）に，河川の総合的管理の内容として，治水，利水に加え，「河川環境の整備と保全」を位置づけた．

河川管理施設等は，法第1条に従って総合的に管理される河川に設置されるものであるため，この総合的管理の内容に沿って，河川環境の整備と保全に適切に配慮された構造のものでなければならない．

ここで，河川環境とは，河川区域内の環境であり，河川の自然環境と河川

と人との関わりにおける生活環境を指すものであり，その内容としては，①河川の水量及び水質，②河川区域内における生態系，③河川区域内におけるアメニティ（生活環境の快適さ），景観及び親水である．また，河川環境の整備とは，自然を活かした川の整備，水質の浄化，親水性の確保等により積極的に良好な河川環境を形成することであり，河川環境の保全とは，良好な水質の維持，優れた自然環境や景観の保全，河川工事等による河川環境に与える影響を最小限度に抑えるための代償措置等により良好な河川環境の状況を維持することである（「河川法の一部を改正する法律等の運用について」平成10.1.23　建設省河政発第5号，建設省河計発第3号，建設省河環発第4号，建設省河治発第2号，建設省河開発第5号による水政課長，河川計画課長，河川環境課長，治水課長，開発課長通達一を参照）．

　河川管理施設等の新築等（新築又は改築）に当たっては，一般的には次のように対応する必要がある．

① 　現在講じられている河川環境対策の状況を踏まえ，施設の設置等に係る経済性にも配慮しつつ，河川管理施設においては河川環境の整備と保全に配慮し，また，農業用工作物等の河川環境の整備を目的としない許可工作物においては河川環境の保全に配慮する．
② 　河川環境の保全の観点から，特に次の事項には留意する．
　　イ　堰の新築等に当たっては，魚類の遡上降下のため，魚道を設けるなど適切な構造とすること．
　　ロ　水門，樋門等の新築等に当たって，当該水門等から取付河川までの間で段差等が生じており，魚類等の移動のため必要があるときは，当該河川及びその接続する水路の状況等（必要な場合には関係者の意見を含む）を踏まえ，段差等の緩傾斜化（図1.1参照），水深の確保等を実施すること．
　　ハ　堰，水門，樋門，橋等の新築等に伴い設けられる取付護岸及び高水敷保護工は，河川環境の保全に配慮した構造とすること．
③ 　部分的な改造工事（災害復旧による部分的な改造工事を含む）を施工する既設の工作物，応急措置として設置される工作物及び工事を施工するために仮に設けられる工作物については，すべての場合において河川環境の

図 1.1　段差の緩傾斜化の事例

保全への配慮を義務付けることは現実的でないため，必要に応じて①及び②に準拠するよう努めるものとする．

なお，「河川環境の保全」と「治水」とは互いに対立する要素も含んでいるので，両者を共存させるための方策について地域住民等の意見を聞くことが必要となる場合がある．また，河川環境は空間的な広がりを有するものであり，施設構造だけでなく，施設の設置位置や，施工方法，管理方法までを含めた事業全体で河川環境の整備と保全へ配慮するのが適切な場合も多い．また，河川環境は場所ごとに大きく状況が異なり，更にその状況が絶えず変化しており，これへの対応は場所ごとに，状況の変化を踏まえつつ行われるべきものである．このようなことから，構造令では，魚道について一般的技術的基準を設定しているが，その他については，河川環境の整備と保全にかかる一般的技術的基準を今後，設定していくこととしている．

また，市街地では，河川空間はまとまった自然が存在する貴重な空間であり，まちづくりのうえで重要な要素である．この観点から，まちづくりとして河川空間と周辺地域とを一体的に整備し，まちの顔となる良好な水辺空間の創出を図る必要がある．また，地域や河川の特性を活かした交流ネットワークを構築し，地域間の交流・連携活動や個性豊かな地域づくりを支援する

ため，河川空間を活用して，親水，自然の学習，情報発信等多機能を有する水辺の交流拠点を整備する必要がある．また，川の持つ，人を健康にし，人の心を癒す機能を生かした，健康づくりやふれあい・交流の場としての川づくりが求められている．更に，堤防天端は消防用水を利用するための消防車両の通路として利用されており，高水敷は地震時の避難場所としても利用されている．このように，河川空間には防災対策のための空間としての機能が求められている．河川管理施設等においても，施設のデザインへの配慮，河川空間の活用を阻害しない施設配置，施設への親水機能の付与等を通じて，こうした河川空間の活用に向けたニーズに的確に対応し，個性あふれる活力のある地域社会の形成に貢献する必要がある．

6. 大臣特認制度

　従来は，平成9年改正以前の構造令の令第16条により，ダムについては，ダム技術の進歩によって，予想し得ない構造のダムが建設されることが考えられること等から，「特殊な構造のダムで，建設大臣がその構造がこの章の規定によるものと同等以上の効力があると認めるもの」には構造令は適用しないこととしていた．

　しかし，近年の科学技術の進歩，自然環境や文化財等の保全へのニーズの高まり等により，ダムと同様に，類型化できない，構造令で予想していない構造が開発される可能性が高まっている．このため，平成9年に構造令を改正し，ダム以外の工作物についても従前のダムと同様の規定を置き（令第73条第4号），構造令に記載された工作物について，特殊な構造で，建設大臣が構造令の規定によるものと同等以上の効力があると認める場合，構造令を適用しないこととしたものである．なお，この同等以上の効力とは，構造令第2章から第9章までの規定に則して，治水上の観点から，個別の事案ごとに判断することとしている（「河川管理施設等構造令及び同令施行規則の施行について」平成10.1.23　建設省河政発第8号による河川局長通達（以下「平成10年局長通達」という）4を参照）．

（用語の定義）

第2条　この政令において，次の各号に掲げる用語の意義は，それぞれ

当該各号に定めるところによる．
一　常時満水位　ダムの新築又は改築に関する計画において非洪水時にダムによって貯留することとした流水の最高の水位でダムの非越流部の直上流部におけるものをいう．
二　サーチャージ水位　ダムの新築又は改築に関する計画において洪水時にダムよって一時的に貯留することとした流水の最高の水位でダムの非越流部の直上流部におけるものをいう．
三　設計洪水位　ダムの新築又は改築に関する計画において，ダムの直上流の地点において200年につき1回の割合で発生するものと予想される洪水の流量，当該地点において発生した最大の洪水の流量又は当該ダムに係る流域と水象若しくは気象が類似する流域のそれぞれにおいて発生した最大の洪水に係る水象若しくは気象の観測の結果に照らして当該地点に発生するおそれがあると認められる洪水の流量のうちいずれか大きい流量（フィルダムにあっては，当該流量の1.2倍の流量．以下「ダム設計洪水流量」という．）の流水がダムの洪水吐きを流下するものとした場合におけるダムの非越流部の直上流部における最高の水位（貯水池の貯留効果が大きいダムにあっては，当該水位から当該貯留効果を考慮して得られる値を減じた水位）をいう．
四　計画高水流量　河川整備基本方針に従って，過去の主要な洪水及びこれらによる災害の発生の状況並びに流域及び災害の発生を防止すべき地域の気象，地形，地質，開発の状況等を総合的に考慮して，河川管理者が定めた高水流量をいう．
五　計画横断形　計画高水流量の流水を流下させ，背水又は計画高潮位の高潮が河川外に流出することを防止し，高規格堤防設計水位以下の水位の流水の作用に対して耐えるようにし，河川を適正に利用させ，流水の正常な機能を維持し，及び河川環境の整備と保全をするために必要な河川の横断形で，河川整備基本方針に従って，河川管理者が定めたものをいう．
六　流下断面　流水の流下に有効な河川の横断面をいう．

> 七　計画高水位　河川整備基本方針に従って，計画高水流量及び計画横断形に基づいて，又は流水の貯留を考慮して，河川管理者が定めた高水位をいう．
>
> 八　計画高潮位　河川整備基本方針に従って，過去の主要な高潮及びこれらによる災害の発生の状況，当該河川及び当該河川が流入する海域の水象及び気象並びに災害の発生を防止すべき地域の開発の状況等を総合的に考慮して，河川管理者が定めた高潮位をいう．
>
> 九　高潮区間　計画高潮位が計画高水位より高い河川の区間をいう．
>
> 十　高規格堤防設計水位　高規格堤防を設置すべきものとして河川整備基本方針に定められた河川の区間（第46条第2項において「高規格堤防設置区間」という．）の流域又は当該流域と水象若しくは気象が類似する流域のそれぞれにおいて発生した最大の洪水及び高潮に係る水象又は気象の観測の結果に照らして当該区間の流域に発生するおそれがあると認められる洪水及び高潮が生ずるものとした場合における当該区間の河道内の最高の水位をいう．

1．常時満水位，サーチャージ水位及び設計洪水位

(1) 常時満水位，サーチャージ水位及び設計洪水位は，ダムの構造の安全を検討するとき基準となる水位である．これらの水位と関連して，ダムの堤体の非越流部の高さ（令第5条），ダムの堤体等に作用する荷重の種類（令第6条），ダムの堤体等に関する構造計算の荷重の状態（規則第1条）及びダムの構造計算に用いる設計震度（規則第2条）が決められる．

　常時満水位は，非洪水時の恒常的な流水の貯留状態として，サーチャージ水位及び設計洪水位は，洪水時等の一時的な流水の貯留状態として考えられた概念である．

(2) 常時満水位，サーチャージ水位及び設計洪水位の規定の中で，「ダムの非越流部の直上流部」とあるのは，貯水池末端部の背水，ダム堤体の越流部からの流出に伴う速度水頭等の影響を受けない貯水位の状態を示したものである．

(3) 常時満水位及びサーチャージ水位の規定の中で，「貯留することとした」

とあるのは，ダムの貯水池運用計画，洪水流出解析，構造設計等を考慮して計画的に決定する趣旨である．

(4) 常時満水位は，一般にダムの利水目的で貯留される各種容量，死水容量，堆砂容量の組合せで決まる貯水池容量に対応する水位である．洪水調節を目的とするダムの洪水調節容量は，ダムの目的のための貯水容量ではあるが，一時的に貯留する容量であるから，常時満水位に対応する容量とは無関係である．なお，洪水調節目的を有するダムでは，洪水時には常時満水位を下回った水位を維持することがあるが，これを洪水期制限水位と称する．

(5) ダムは，河川を横過して流水を貯留し又は取水するために建設された工作物であって，その建設に当たっては，ダム地点を流下する洪水に対して安全であるような措置を講じなくてはならない．ダムを建設するに当たり対象とする洪水は，例えば洪水調節を目的とするダムの計画洪水のようにダムの建設計画上想定する規模の洪水と，それ以上の規模の洪水でダムの保安上の見地から対象とする規模の洪水とに区分される．特定多目的ダム，治水ダムでは，洪水調節を目的としているので，洪水調節を実施する計画洪水に対して必要な洪水調節容量を確保し，これに対応する水位が設定される．利水専用ダムにあっても，法第44条の「洪水時における従前の当該河川の機能が減殺されることとなる場合においては，河川管理者の指示に従い，当該機能を維持するために必要な施設を設け，又はこれに代わるべき措置をとらなければならない．」との規定により，河道の従前の機能を維持するための洪水の規模を想定し，必要な洪水吐きの構造，貯水池運用計

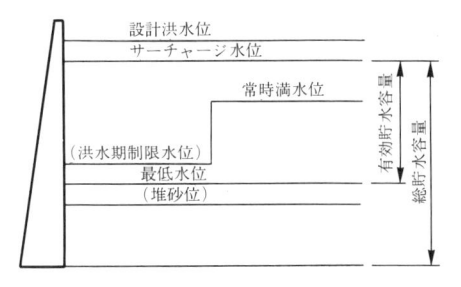

図 1.2 貯水池水位の一例

画を検討して，これに対応する貯水池水位を定めなくてはならない．このダム計画の対象として取り扱う規模の洪水を処理するのに必要な貯水池容量に対応する水位を，「サーチャージ水位」と称している．

(6) サーチャージ水位は，対象とする規模の洪水の洪水波型，洪水吐きの構造，洪水吐きからの放流操作等洪水時の貯水池運用法，対象洪水の貯水池への流入直前における貯水池水位の状態（迎洪水位）との関連によって決まるものである．

　常時満水位，サーチャージ水位及び設計洪水位の相対的な位置づけを構造令では規定していないが，一般に，常時満水位，サーチャージ水位，設計洪水位の順に水位は高くなる．しかし洪水吐きの構造及び洪水吐きゲートの操作等によりこれらの水位の相対的な位置関係が前述のようにならないこともあり得る．

(7) サーチャージ水位を決定するのに必要な対象洪水の規模，対象洪水が貯水池に流入するときの貯水池水位等について，構造令及び施行規則は特に規定を設けていない．

　しかし一般に，洪水調節を目的とするダムにあっては，サーチャージ水位を決定する対象洪水は，

① ダム地点より下流における洪水調節の基準点において定められた計画高水流量を最大流量とする洪水が，当該ダム地点を通過することとなる洪水．

② 当該ダム地点において定められた，基本高水を対象とする洪水．

のそれぞれを洪水調節したときの貯水池水位，これらの洪水による災害の発生の状況，流域及び洪水調節の対象となる地域の気象，地形，地質，開発の状況等を総合的に考慮して決定している．

　洪水調節ダムの対象洪水が貯水池に流入するときの貯水池水位については，洪水期制限水位を初期水位とする．

　利水専用ダムにあっては，一般に，当該ダム地点の基本高水が，ダム地点で超過確率100年につき1回の割合で発生するものと予想される洪水の規模以上の規模で定まっているときは，基本高水の最大流量を，当該ダム地点に基本高水が決定されていない場合及び基本高水の規模が，ダム地点

で超過確率100年につき1回の割合で発生するものと予想される洪水の規模より小さい規模の洪水の流量である場合は，当該ダム地点におけるコンクリートダムとしてのダム設計洪水流量の80％の流量を，サーチャージ水位決定のための対象流量としている．

　利水専用ダムの対象洪水が貯水池に流入するときの貯水池水位については，常時満水位又は予備放流水位を初期水位とする．

(8)　構造令制定以前に計画されたダムでは，サーチャージ水位を，「計画洪水位」，「洪水時満水位」，「洪水調節時満水位」と称しているダムもある．

(9)　サーチャージ水位の決定の対象となった洪水以上の洪水に対しても，ダム自身が破壊に至らないような安全な対策を講じて，著しい付加的な被害を付近に与えないように措置しなくてはならない．この場合に対象となる洪水は，フィルダムの堤体のように，ダムの堤体からの越流が堤体の致命的な破壊につながるという見地からすれば，ダム地点で工学上発生すると考えられる最大の規模の洪水を考えなくてはならない．構造令では，このダムの保安上対象とする洪水の流量を，「ダム設計洪水流量」と定義し，また，本流量の流水がダムの洪水吐きを流下するものとしたときの貯水池水位を，「設計洪水位」と称している．

(10)　コンクリートダムのダム設計洪水流量は，
　①　ダム地点において超過確率200年につき1回の割合で発生するものと予想される洪水の流量
　②　ダム地点の既往最大洪水の流量
　③　ダムの地点の流域と，水象若しくは気象が類似する流域のそれぞれで発生した既往最大洪水の，水象若しくは気象の観測資料よりダム地点に発生すると客観的に認められる洪水の流量
のうちいずれか最大の流量を採用することとしている．

　フィルダムにあっては，コンクリートダムのダム設計洪水流量の1.2倍の流量をもって，フィルダムのダム設計洪水流量とする．これは，フィルダムの堤体からの万一の越流が，フィルダムの堤体の破壊と結びつく可能性が大きいからである．

　なお，洪水の規模を評価するときは流域の雨量によるのが一般である．

(11)　「ダム設計洪水流量」及び「設計洪水位」は，ダム地点を流下する洪水に関して保安上定められた最大の基本量であって，ダムの設計上は，堤体及び基礎地盤の安定計算に使用される水位，ダム堤体の非越流部高さ及び洪水吐きの流下能力を決定するために使用される．ダム設計洪水流量は，その規模として，従来の異常洪水流量に相当するものであるが，異常洪水流量が洪水吐きの放流能力を検討するための第二義的な取扱いであったのに反し，ダム設計洪水流量は，ダム設計の基本量として取り扱われている点が全く異なる．

(12)　ダム設計洪水流量を算出するに当たり，200年につき1回の割合で発生するものと予想される洪水の流量を求める必要があるが，全国の62河川の基準点で，建設省土木研究所で検討した結果，超過確率200年につき1回の割合で発生する洪水の流量は超過確率100年につき1回の割合で発生する洪水の流量の1.16倍であった．当該ダムのダム設計洪水流量の算出に用いられる資料等の状態から200年につき1回の割合で発生する極値を求めることが，計算技法上不適当であるときには，100年につき1回の割合で発生する流量を求め，これを1.2倍することができる（局長通達2-(1)イを参照）．

(13)　「当該ダムに係る流域と水象若しくは気象が類似する流域のそれぞれにおいて発生した最大の洪水に係る水象若しくは気象の観測の結果に照らして当該地点に発生するおそれがあると認められる洪水の流量」を求めるときは，地域別比流量図（クリーガー曲線）によることができる（局長通達2-(1)ロを参照）．当該ダム地点に発生するおそれが客観的にあると認められる洪水の流量を，当該ダムの流域と類似の既往最大洪水の資料を基として求めようとする方法では，現在のところ地域別比流量図による方法が一般的で，全国的に基礎資料が整備された手法として確立している．

　　地域別比流量図については，「河川管理施設等構造令及び同令施行規則の運用について」昭和52.2.1　建設省河政発第6号，建設省河開発第9号による水政課長，開発課長通達（以下「水政・開発課長通達」という）において，次のように示されている．

　　令第2条（用語の定義）の設計洪水位関係

　　「当該ダムに係る流域と水象若しくは気象が類似する流域のそれぞれにお

いて発生した最大の洪水に係る水象若しくは気象の観測の結果に照らして当該地点に発生するおそれがあると認められる洪水の流量」を求める場合において，水象の観測の結果に照らして求める際に用いることができる比流量図は，当分の間小流域に係るものを除き，附表-1及び附図-1に示すものとすること．

表 1.1 地域別比流量値（水政・開発課長通達，附表-1 参照）

比流量曲線式　　$q = C \cdot A^{(A^{-0.05}-1)}$
q：比流量 （m³/sec/km²）
A：集水面積 （km²）
C：地域係数

地　域	地域係数 C	適　用　地　域
①北　海　道	17	北海道全域
②東　　　北	34	青森・岩手・宮城・秋田・山形・福島（阿賀野川流域を除く）の各県
③関　　　東	48	茨木・栃木・群馬（信濃川流域を除く）・埼玉・東京・千葉・神奈川の各県，山梨県のうち多摩川・相模川流域及び静岡県のうち酒匂川流域
④北　　　陸	43	新潟・富山・石川の各県，福島県のうち阿賀野川流域，群馬県のうち信濃川流域，長野県のうち信濃川・姫川流域，岐阜県のうち神通川・庄川流域及び福井県のうち九頭竜川流域以北の地域
⑤中　　　部	44	山梨県及び静岡県のうち③に属する地域を除く地域，長野県及び岐阜県のうち④に属する地域を除く地域，愛知県及び三重県（淀川流域及び櫛田川流域以南の地域を除く）
⑥近　　　畿	41	滋賀県，京都府のうち淀川流域，大阪府，奈良県のうち淀川流域及び大和川流域，三重県のうち淀川流域及び兵庫県のうち神戸市以東の地域
⑦紀伊南部	80	三重県のうち櫛田川流域以南の地域，奈良県のうち⑥に属する地域を除く地域及び和歌山県
⑧山　　　陰	44	福井県のうち④に属する地域を除く地域，京都府のうち⑥に属する地域を除く地域，兵庫県のうち，日本海に河口を有する流域の地域，鳥取・島根の各県，広島県のうち江の川流域及び山口県のうち佐波川流域以西の地域
⑨瀬　戸　内	37	兵庫県のうち⑥及び⑧に属する地域を除く地域，岡山県，広島県及び山口県のうち⑧に属する地域を除く地域，香川県，愛媛県のうち⑩に属する地域を除く地域
⑩四国南部	84	徳島県，高知県，愛媛県のうち吉野川・仁淀川流域及び肱川流域以南の地域
⑪九州・沖縄	56	九州各県及び沖縄県

（注）　地域④のうち長野県に属する信濃川流域及び地域⑤のうち長野県に属する天竜川流域については，当該地域の地域係数 C を 35 以上とすることができる．

附表-1　地域別比流量値

附図-1　(1)　地域別比流量図
　　　　(2)　地域区分図

なお，地域区分の境界附近の地域の適用については，実態に即した適切な運用を行うものとすること．

ここでいう「小流域」とは 20 km² 以下を目安としている．

小流域の比流量値について，クリーガー曲線をそのまま適用することには問題があるので，当該ダム流域の近傍における流域のそれぞれにおいて発生した最大の洪水を生じさせた気象現象の観測資料を用いて，適切な流出解析を行い決定しなければならない．この場合，当分の間当該ダム流域が所属する地域における地域別比流量値を基準として，当該ダムの貯水池容量，設計洪水位，洪水吐きの形状等との相互関係を十分検討のうえ，決

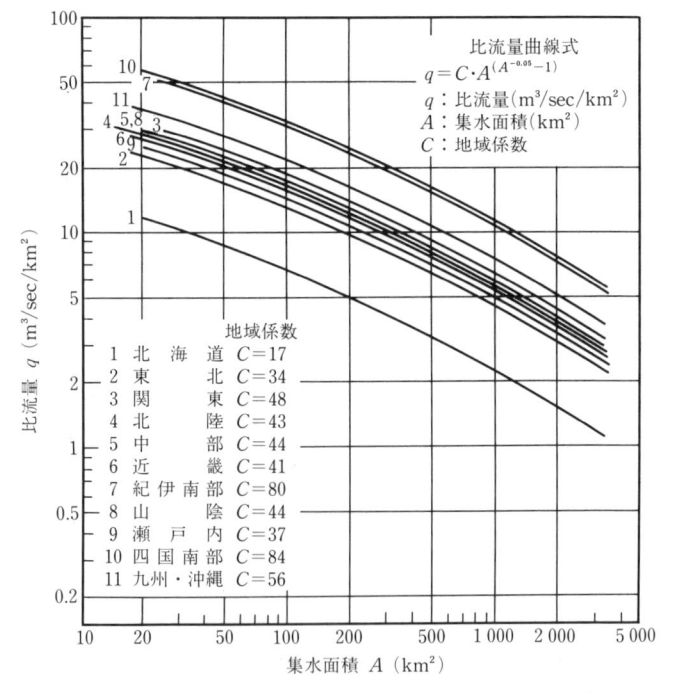

比流量曲線式
$q = C \cdot A^{(A^{-0.05}-1)}$
q：比流量(m³/sec/km²)
A：集水面積(km²)
C：地域係数

地域係数
1　北　海　道　$C=17$
2　東　　　北　$C=34$
3　関　　　東　$C=48$
4　北　　　陸　$C=43$
5　中　　　部　$C=44$
6　近　　　畿　$C=41$
7　紀　伊　南　部　$C=80$
8　山　　　陰　$C=44$
9　瀬　戸　内　$C=37$
10　四　国　南　部　$C=84$
11　九　州・沖　縄　$C=56$

図 1.3　地域別比流量図（水政・開発課長通達，附図-1(1)参照）

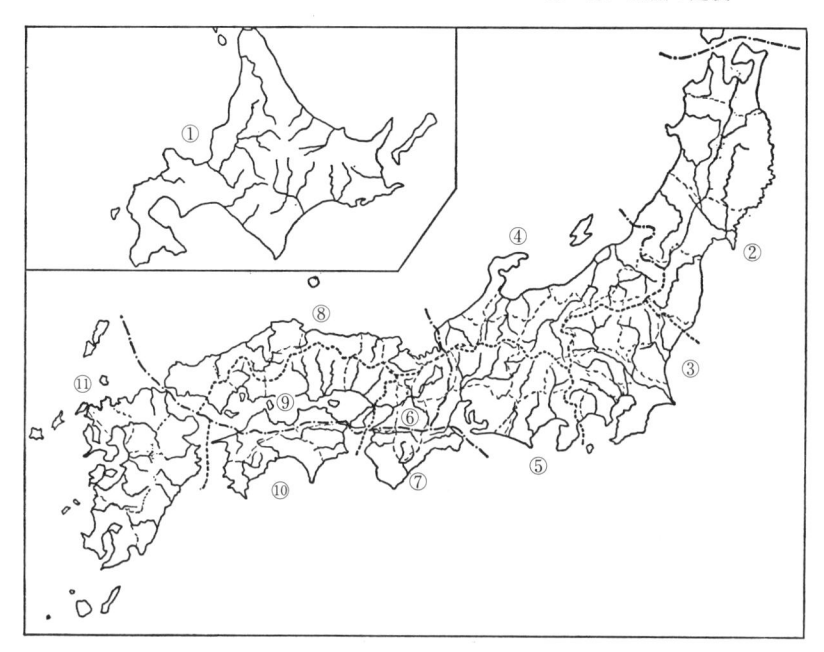

図 1.4 地域区分図（水政・開発課長通達，附図-1(2)参照）

定すべきである．なお，流域面積が 1 km² 未満の場合の地域別比流量図から求められる流量は，1 km² の場合の比流量値より求められる流量とする．

　水政・開発課長通達による地域別比流量値は，それぞれの流域における下限値を示したものであるから，その適用に当たっては，当該ダム流域と水象若しくは気象が類似する流域のそれぞれにおいて発生した最大の洪水を生じさせた水象若しくは気象の観測資料を用いて適切な流出解析を実施し，これらを勘案して「ダム設計洪水流量」を決定する必要がある．

(14) 設計洪水位を決定するとき，一般に貯水池の貯留効果を考慮しない．貯水池の貯留効果が著しいダムにあっては，その効果を考慮して設計洪水位を決定することとしている．貯留効果が著しいダムの例として，洪水調節をその設置目的とするダムはもちろん洪水調節をその設置目的に含まないダムにあっては，洪水吐きゲートを有しないダム等がある（局長通達 2-(1) ハを参照）．

(15) 洪水調節を目的とするダムのようにサーチャージ水位又は常時満水位の

いずれか高い水位において，貯水池運用のために洪水吐きゲートを全開の状態にできないときは，洪水吐きゲートを全開にして貯留水を放流するまでの間，適切な洪水吐きゲートの操作規定を仮定し，これに対応する必要な貯水池容量を考慮して設計洪水位を定めておかなくてはならない。

洪水吐きの断面形状については，令第7条の解説を参照されたい。

2. 計画高水流量等の基本用語

河川管理施設等を河川に設置する際に基本となるものは，計画高水流量，計画横断形，流下断面，計画高水位，計画高潮位，高潮区間及び高規格堤防設計水位である．例えば，計画堤防（計画横断形の堤防に係る部分をいう．以下同じとする．）は，令第20条の規定によって計画高水流量に応じ計画高水位に加算すべき高さ（以下「余裕高」という）及び令第21条の規定によって計画高水流量に応じ定まる天端幅によって大要が定まり，また，高規格堤防は，高規格堤防設計水位以下の水位の流水の作用（高規格堤防設計水位時の越流水によるせん断力による洗掘作用，計画高水位時の地震による液状化作用等）によりその構造が定まる．また橋や堰についても，計画高水流量に応じて定められる径間長及び計画横断形を基本として構造の大要が定まる仕組みになっている．そこで，本条においては，構造令の適用に当たって基本となる計画高水流量，計画横断形，流下断面，計画高水位，計画高潮位，高潮区間及び高規格堤防設計水位について用語を定義したものである．これらの用語についての留意事項は次のとおりである．なお，構造令の中で用いているその他の用語については，各条において必要に応じ説明することとする．また，高規格堤防については，第3章の該当する各条において説明することとする．

① 堤防の緩傾斜化や水際の処理等河川環境に関する事項は，既に多くの河川において計画横断形（河川の断面）を定める場合の考慮事項となっている．

平成9年の河川法の改正により河川管理の目的に河川環境の整備と保全を追加したことに伴い，河川整備基本方針に従って河川管理者が計画横断形を定める場合にも，従来の治水上・利水上の考慮に加え，河川環境の整備と保全がされるよう断面を定めなければならない．

②　流下断面は，本条に規定するとおり，流水の流下に有効な河川の横断面をいうものであり，死水域（樹木群等による死水域を含む）又は局部的な深掘れと認められる部分はこれに含まれない．
③　計画高水位には，過去の洪水経験からは予想できない現象は別として，計画上予想すべき河床変動等による水位上昇，湾曲部の水位上昇，水理計算の誤差等が含まれるものである．洪水時に多量の土砂の流出や流木の発生が見込まれ，これらによる洪水の流下阻害に伴う水位上昇等が懸念される河川にあっては，計画高水位を決定するときにこれらの現象を十分考慮する必要がある．

3. 河川整備基本方針との関係

(1) 基本的考え方

　河川はもともと段階的に治水の安全度を高めていくものであり，現状の河川が改修途上であるということから，構造令では，現状の流下能力や流下断面に基づいて河川管理施設等を設けることを規定しておらず，「河川の将来計画に対する整合性」を要求している．将来計画とは，河川法の解釈からは「河川整備基本方針」と考えるのが妥当であり，本条にその趣旨を明確に表現している．なお，現状においては当分の間改修工事に着手する予定のない河川の区間が少なくないが，これらの区間にあってもひとたび災害の発生等の状況変化があった場合には，これを契機として激特事業他の河川改修事業を実施するのが通例である．現行の構造令では，前述のように災害の発生等の状況変化がいつ発生するかの予測が困難であること，将来の「改築」の確実性を担保することが困難であること等から，河川整備基本方針に整合しない横断形に基づく工作物の設置は基本的には認めていないが，今後，施設の規模，設置者の将来の改築の能力等を踏まえ，認めうる基準，条件等について検討が必要である．

　河川整備基本方針は，河川管理者がその管理する河川について，当該河川の河川工事の実施及び河川の維持についての基本的方針を定めるものであり（法第16条第1項），主要な地点における計画高水流量等を定めているに過ぎないので，構造令の適用に当たっては，河川管理者が当該工作物設置地点の計画高水流量，計画横断形，計画高水位又は計画高潮位を定めることとなる．

その際，河川管理者は，河川整備基本方針に定められた主要地点の計画高水流量等を基準として，過去の主要な洪水及びこれらによる災害の発生の状況並びに流域及び災害防止地域の気象，地形，地質，開発の状況のほか，河川の状況及び水利用状況等を総合的に判断して定めなければならない（局長通達2-(2)イを参照）。

なお，法第16条第1項の規定に基づき当該河川について河川整備基本方針が定められるまでの間においては，平成9年改正以前の河川法の法第16条第1項の規定に基づき当該河川について定められている工事実施基本計画のうち「当該水系に係る河川の総合的な保全と利用に関する基本方針」，「主要な地点における計画高水流量に関する事項」，「主要な地点における計画高水位，計画横断形その他河道計画に関する重要な事項」等は，法第16条第1項の規定に基づき当該河川について定められた河川整備基本方針とみなすこととしている（河川法の一部を改正する法律（平成9年法律第69号）附則第2条第1項及び河川法施行令の一部を改正する法律（平成9年政令第342号）附則第2条第1項）。この場合，河川管理者は，当該河川の工事実施基本計画に定められた主要地点の計画高水流量等を基準として，当該工作物設置地点の計画高水流量，計画横断形，計画高水位又は計画高潮位を定めることとなる。

(2) 河川改修工事と許可工作物の設置等の調整等

許可工作物は，河川整備基本方針に整合したものでなければならず，将来の河川工事に著しい支障を及ぼすものであってはならない。このため，仮に，計画横断形に合わせて許可工作物を設けることにより，当該施設の機能が著しく阻害されることとなるおそれがある場合においては，当該施設の設置時期に合わせてその機能を確保するために必要な河川改修工事を施工するよう努めるとともに当該施設の設置時期についても調整を行う必要がある。このような措置を行うことが困難な場合においては，次の取扱いによることとしている（局長通達16-(1)を参照）。

① 河川改修工事の施工時期が著しく遅れる場合で，かつ，暫定改良工事実施計画によって改修効果を早期に発揮することが治水上適当であると認められる河川の区間に許可工作物の設置地点が含まれる場合には，暫定改良工事実施計画を定め，河川改修工事の施工時期をできるだけ早めるよう努

めるとともに当該施設の設置時期の調整を行う．

② 暫定改良工事実施計画により河川改修工事を行うことが適当でない場合又は①で定める方法によってもなお河川改修工事の施工時期と許可工作物の設置時期との調整が困難である場合は，当該施設の管理者と協議して，当該施設の機能の確保のため，暫定的な構造（堰の戸当り部におけるゲタばき構造等）とする等必要な措置を定める．

また，計画横断形が川幅を拡げる計画であり，かつ，許可工作物の設置時期に合わせて当該計画横断形に係る河川改修工事を施工することができない場合は，許可工作物については，将来の河川改修工事に著しい手戻りを生じないよう構造令及び施行規則に抵触しない範囲で，現況の河川内の部分のみ施工することができることとしている．

なお，法第20条の規定により土地改良事業等として河川管理施設等の新築又は改築が行われる場合において，おおむね5年以内に河川改修工事の予定のある区間にあっては，災害が新たに発生又は助長されるおそれがなく，かつ，河川改修工事に著しい手戻りが生じない範囲で，令第73条第2号に規定する臨時に設けられる河川管理施設等として，またその他の区間にあっては，原則として暫定改良工事実施計画を定め，これに基づく工事としてそれぞれ取り扱うことができることとしている．この場合における暫定改良工事実施計画は土地改良事業等の計画を十分尊重して定める必要がある．

(3) 河川整備基本方針の改定又は策定予定の場合の取扱い

前述のとおり，河川管理施設等は河川整備基本方針に整合して設けられるべきであるというのが構造令の精神であるから，河川整備基本方針の改定又は策定の予定が明らかな河川については，改定又は策定予定の計画高水流量等に従って構造令の運用を図る必要がある．ここに，「河川整備基本方針の策定の予定が明らかな河川」とは，現に河川改修工事を実施しており，かつ，平成9年改正以前の河川法の法第16条第1項の規定に基づく工事実施基本計画が定められていない河川で，河川整備基本方針策定の手続が遅れている場合又は近い将来河川改修工事の予定があり近く河川整備基本方針策定の予定がある河川が該当するものである．この場合の留意事項は次のとおりである(局長通達2-(2)ロ及びハ並びに「河川管理施設等構造令及び同令施行規則の運用

について」昭和52.2.1　建設省河政発第5号，建設省河治発第6号による水政課長，治水課長通達（以下「課長通達」という）1を参照）．

① 河川整備基本方針が改定又は策定されるまでの間は，あくまで行政指導の域を出ないので速やかに（おおむね3年以内）河川整備基本方針の改定又は策定の手続を完了する必要がある．

② 運用に当たっては，あらかじめ関係部局（河川整備基本方針を定める場合における関係部局のうち当該許可工作物に係る事業を所管する部局をいう）の了解を得る必要がある．

③ 近い将来に河川改修工事の予定がない場合であっても，将来は河川改修工事の必要がある河川において，新幹線鉄道，高速自動車国道及び幅員30m以上の道路等に係る橋，その他将来の河川改修工事に伴い改築が著しく困難である許可工作物を設けるときは，速やかに計画を策定し，それら許可工作物が河川の将来計画に適合したものとして設けられるよう運用する必要がある．

(4) 河川改修の予定のない場合の取扱い

前述のとおり，現状においては，当分の間改修工事に着手する予定のない河川の区間が少なくないが，これらの区間にあってもひとたび災害の発生等の状況変化があった場合には，これを契機として激特事業他の河川改修事業を実施するのが通例である．したがって，河川管理者の立場としては，当面改修予定のない河川であっても，許可工作物は河川の将来計画に合わせて設けることが望ましい．しかし，一方で，災害の発生等の状況変化がいつ起こるかということは予想のできないことであり，河川改修工事の実施時期が著しく遅れることも当然あり得ることである．そのようなときには，河川の将来計画に合わせて許可工作物を設置することが当該施設の機能確保上問題であったり又は著しい先行投資となるケースがあり，この点について，許可工作物の設置者から批判を受けることも少なくなかった．公物管理者としての河川管理者と河川利用者としての許可工作物設置者との相反する立場の調整の問題としてどのへんまで「河川の将来に向けての長期的な方針との整合」を要求するかの判断は極めて難しいところであるが，構造令においては，河川管理者の恣意による河川の将来計画によって構造令を運用するということ

が排除されている．したがって，平成9年改正以前の河川法の法第16条第1項の規定に基づく工事実施基本計画又は法第16条第1項の規定に基づく河川整備基本方針が定められていない河川であって，かつ，近い将来に河川改修の予定のない場合は，原則として，「現況に即して」運用する必要がある．また，河川整備基本方針が定められている河川（平成9年改正以前の河川法の法第16条第1項の規定に基づく工事実施基本計画の一部が河川整備基本方針とみなされる場合を含む）であっても，河川の区間によっては，山間狭窄部など河川改修の予定がなく，かつ，河川改修の必要のない区間があるが，このような区間にあっては，適正な河川利用を行うとともに，過度の投資を避けるという同様の趣旨から，原則として，「現況に即して」構造令の運用を図る必要がある．

　この「現況に即して」運用するということは，現状の河川のみを対象として工作物を設けるということでなく，当該工作物の設置地点における既往の洪水の規模及び頻度，氾濫状況等を十分把握し，かりにも工作物自体が流失したり，付近の河岸及び河川管理施設等に著しい支障を与えることのないよう，また付近の家屋，耕地等に対しても浸水被害等を増大させることのないよう，災害の発生又は助長に対しては十分留意する必要があるものである（局長通達2-(2)ニを参照）．

　河川改修の予定のない場合（前記(3)-③の場合を除く）は，上記の趣旨により個別に検討を行うものとするが，次の点に留意する必要がある．

① 当該地点の河道（横断形）は，上下流一連区間における河道状況を勘案して定めること．
② 高水位は，現況の河岸又は堤防の高さにかかわらず，既往の洪水の氾濫水位を勘案して定めること．
③ 工作物の構造（例えば径間長）については，①により定める河道（横断形）のほか，対象流量に基づき，構造令に準拠すること．
④ ①に定める河道幅において，既往の洪水の氾濫水位までの河積に対応する流量を対象流量とすること．
⑤ 既往の洪水氾濫を勘案し，必要に応じ避越橋（氾濫流を流下させるため，取付道路部を高架，ボックス等とした橋）を設ける等取付道路の構造に十

分留意すること．

(5) 暫定改良工事実施計画における取扱い

　河川整備基本方針に従って定められる計画高水流量のほかに，河川整備基本方針に定められた河川の総合的な保全と利用に関する基本方針に沿って暫定的な計画高水流量等を定める場合があるが，この場合における構造令の適用関係については第10章で詳述する．

第2章 ダ　　ム

第 3 条　適用の範囲
第 4 条　構造の原則
第 5 条　堤体の非越流部の高さ
第 6 条　堤体等に作用する荷重の種類
第 7 条　洪　水　吐　き
第 8 条　越流型洪水吐きの越流部の幅
第 9 条　減　勢　工
第10条　ゲート等の構造の原則
第11条　ゲートに作用する荷重の種類
第12条　荷重等の計算方法
第13条　計　測　装　置
第14条　放　流　設　備
第15条　地滑り防止工及び漏水防止工
第16条　貯水池に沿って設置する樹林帯

第2章　ダ　ム

> （適用の範囲）
> 第3条　この章の規定は，次に掲げるダム以外のダムについて適用する．
> 　一　土砂の流出を防止し，及び調節するため設けるダム
> 　二　基礎地盤から堤頂までの高さが15メートル未満のダム

(1) 本条は，第2章ダムの規定の適用を受けることとなるダムの範囲を示した規定である．なお，この章の規定を受けるダムにあっても，特殊な構造のダムについては，令第73条の適用がある．

(2) 河川法では特にダムの定義をしていない．構造令及び施行規則におけるダムの概念は，河川法のそれと同一で，ダムは一般に河川を横過して専ら流水を貯留する目的で築造された構造物と説明されよう．

　構造令及び施行規則では，原則として，ダムは，山間狭窄部でダムの影響が及ぶ付近までは，堤防等が存在しない河川の区域に建設されるものとして，また堰は，平野部の堤防によって洪水防御される河川の区域に建設されるものと考えて規定している．堤防区間の河川に設けられたダムについては，堰と同様な配慮が必要であるので，令第8条（越流型洪水吐きの越流部の幅）の規定によって，堰の規定との整合性を得るようにしている．

(3) ダムは，流水を貯留することを目的として，建設された構造物である．流水の貯留は，一般に洪水を貯留して，渇水時にこれを放流して利用するから，ダムは治水と利水の機能を自ずと兼ね備えている．ダムを建設する目的には，洪水調節又は河川の正常な機能の維持，上水道，工業用水道，かんがい等各種用水補給のための水源並びにダムによる落差と用水補給を利

図 2.1 アーチ式コンクリートダムの例

図 2.2 重力式コンク.リートダムの例

図 2.3 フィルダムの例

図 2.4 砂防ダムの例

用する発電などがある．複数の目的を有するダムを多目的ダムと称している．

ダムの堤体を構成する材料によってダムを分類すると，コンクリートで構成されるコンクリートダム，堤体の大部分を岩石，土及び砂で構成されるフィルダムに分かれる．

コンクリートダムは，その構造によって，アーチダム，重力式ダム，中空重力式ダム，バットレスダムに区分される．

フィルダムは，その堤体に主として使用される材料によってその構造が支配されるので，これを材料の面からみてアースダム及びロックフィルダムに区分することもあるが，最近は堤体に使用される材料が，その名称からくる概念とかけはなれた状況となっている．しゃ水機能を果たす部分の構造により分類すれば，均一型ダム，ゾーン型ダム，表面しゃ水型ダム等に区分される．なお構造令及び施行規則では，フィルダムを「ダムの堤体がおおむね均一の材料によるもの」と「その他のもの」に区分している．前者は，主として均一型ダム又はアースダムで表現される形式を対象とした表現である．

(4) 「土砂の流出を防止し，及び調節するため設けるダム」とは，砂防又は治山の事業により設置する堰堤であって水を貯留することをその設置の目的に含まないいわゆる砂防堰堤を意味している．砂防堰堤は，貯砂することによって河川内及び沿岸の土砂の流出を防止しあるいは調節して，土砂の生産を抑制することを目的として建設される．したがって，大量の土砂が流水とともにダムの堤体を越流すること，貯水池内が完全に満砂することを予想していること，堰堤は階段状に堰堤群として建設されることが多くその構造も隣接する堰堤の効果を考慮して決定されていることが多い等があって，構造力学的な取扱いも，流水を貯留することを専らの目的とするダムと原則的に異なるので，適用除外とした（局長通達3-(1)を参照）．

(5) 高さ15m未満のダムは，事実上のダム高と考えられる現河床から設計洪水位までの高さが低く，ダムの上下流に与える影響が小さいこと，従来から法律上の実績がないこと，技術的基準を設けたとしても一般的，観念的な表現となって法第13条第1項の規定と類似した表現となることにより，特に規定を構造令及び施行規則には設けず，法第13条第1項の規定により措置することとした．

なお，具体的な運用に当たっては，必要に応じて構造令及び施行規則を準用することとしている．

(6) 土砂の流出を防止し及び調節するダム，基礎地盤から堤高までの高さ15m未満のダムについて，法第26条の許可をするに当たっては，個別に必要な審査を行う．この場合，構造令及び施行規則の規定と同等の効力がある

第3条　適用の範囲　31

と認められる構造上の安全性を確保するため，必要に応じ，構造令及び施行規則で定める規定に準拠することとなる（局長通達3-(2)を参照）．

(7) ダムの高さは，堤頂の標高と基礎地盤の標高との差で示される．

　ここで，堤頂とは，堤体の天端の最高の部分をいい，コンクリートダムにあっては，高欄を含めない非越流部の最上面とし，フィルダムにあっては，しゃ水壁上部の保護層の厚さは含むが，高欄，胸壁，堤体天端を道路として利用するため付加された部分は含まない．

　また，ここでいう基礎地盤とは，止水壁（しゃ水壁及びグラウトカーテンを含む．以下この項で同じ．）のないダムでは，堤頂の上流端を通る鉛直面が基礎地盤面と交わる堤体の最低標高部分をいい，止水壁があるダムでは，止水壁直下流の堤体部分をつないだ鉛直面が基礎地盤面と交わる堤体の最低標高部分をいう．なお，止水壁のうち，地中連続壁等の基礎地盤面内に埋設された部分及びフィルダムの監査廊はダムの高さには含めない．

　構造令及び施行規則では「基礎地盤」とは一般に令第4条解説に示す趣旨で用いられるが，この概念に限り「基礎地盤」はダムの堤体の基礎地盤との接触部で最低標高の部分を意味しているため，他の規定でいう基礎地盤と内容が異なっているから注意を要する．

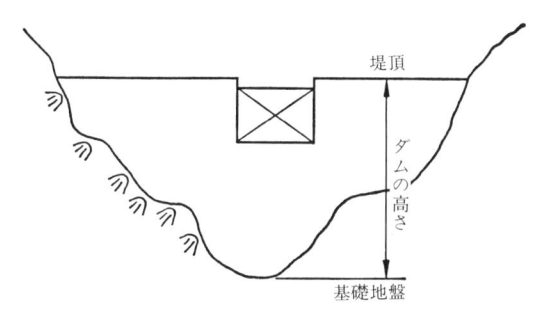

図 2.5　基礎地盤から堤頂までの高さ

(8) 構造令及び施行規則においてダムとは，ダムの堤体，基礎地盤（基礎地盤と堤体と接合部を含む），洪水吐き（減勢工を含む），副ダム，洪水吐き以外の部分のゲート等一体となってダムの目的に資する構造物の総称である．

　ダムの貯水池は，ダムという表現の中に含まれない．

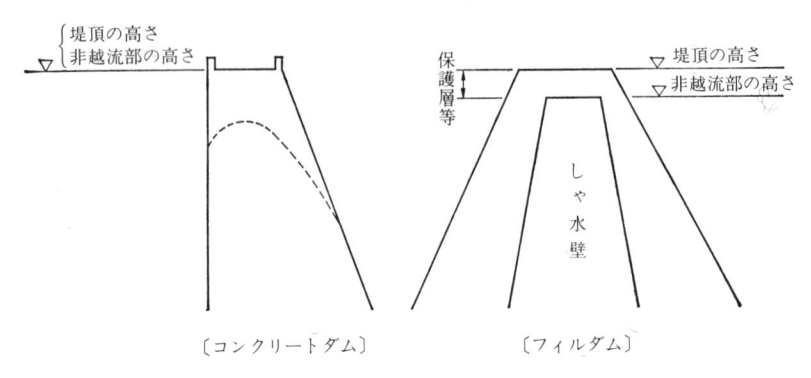

図 2.6　堤体の非越流部の高さ

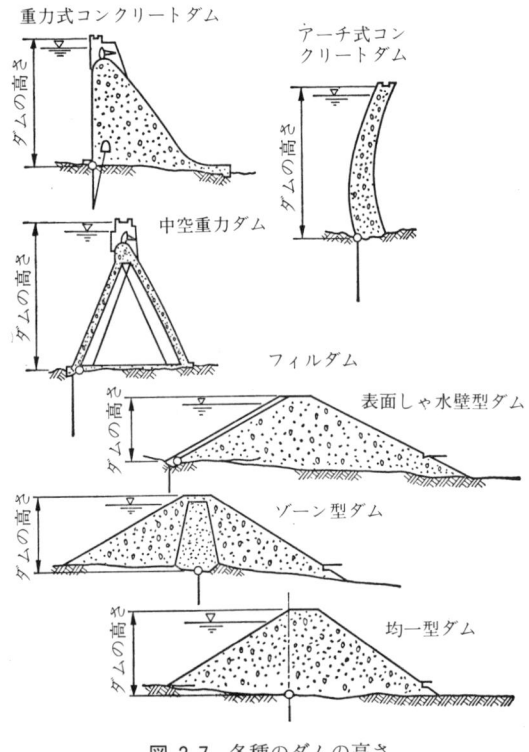

図 2.7　各種のダムの高さ

> （構造の原則）
> 第4条　ダムの堤体及び基礎地盤（これと堤体との接合部を含む．以下同じ．）は，必要な水密性を有し，及び予想される荷重に対し必要な強度を有するものとする．
> 2．コンクリートダムの堤体は，予想される荷重によって滑動し，又は転倒しない構造とするものとする．
> 3．フィルダムの堤体は，予想される荷重によって滑り破壊又は浸透破壊が生じない構造とするものとする．
> 4．ダムの基礎地盤は，予想される荷重によって滑動し，滑り破壊又は浸透破壊が生じないものとするものとする．
> 5．フィルダムの堤体には，放流設備その他の水路構造物を設けてはならない．

(1)　ダムの安全性を検討するためには，外力に対して堤体が安全であるかどうか確かめる必要がある．ダムの堤体は，基礎地盤との関連でみたとき，工学的に複雑であり未解明の分野も多い．しかもその規模が大で，万一の破壊でも及ぼす影響力が大きいので，社会的にも絶対的な安全を要求される．ダムの種類は，コンクリートダム，フィルダムに大別されるが，前者は弾性構造物で，後者は塑性構造物であって，両者の構造力学的体系は全く異なっている．

　　構造令及び施行規則では，法第13条第1項の規定が一般的，包括的なものであると解している．ここではダムの構造の安全に係る基本的な事項で河川管理上の立場から，具体的，かつ，限定的に規定できるものを規定したものである．

(2)　第1項では，ダムの堤体及び基礎地盤の性状で，コンクリートダム，フィルダム等のダムの安全に共通して不可欠な事柄を規定している．第2項，第3項，第4項は，それぞれコンクリートダム，フィルダム，基礎地盤の特性に応じて，その安全について計算等により工学的に確認する必要のある事項を規定したものである．

(3)　基礎地盤とは，岩盤基礎，土質基礎を問わず，ダムの堤体を通じて伝え

られる外力に対して，工学的な抗力が生じ，かつ，工学上必要な水密性を得なければならないと考えるダムの堤体の直下及びその付近の地盤である．

(4) ダムの基礎地盤に必要な水密性は，ダムの形式，規模，地盤の状態により異なるが，コンクリートダムではおおよそ1～2ルジオン*を，フィルダムではおおよそ2～5ルジオンを目標として改良されている．

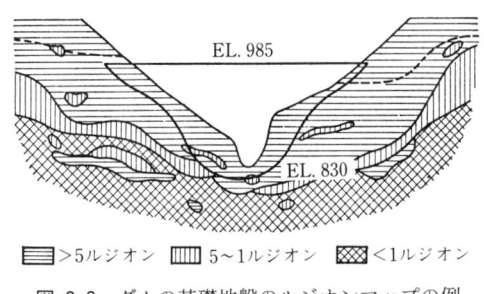

```
EL. 985
EL. 830
▤ >5ルジオン　▥ 5～1ルジオン　▧ <1ルジオン
```

図 2.8　ダムの基礎地盤のルジオンマップの例

(5) コンクリートダムの堤体に必要な強度の規定として，規則第9条第3項がある．なお重力式コンクリートダムでは高さが150 m程度を超えるような場合や，基礎地盤が著しく不均一な場合を除いて，コンクリート強度が問題となることは少なく，一般に耐久性で定まるコンクリート配合で十分である．

(6) コンクリートダムの堤体の安定条件としては，予想される外力に対し，滑動しないこと，転倒しないこと，発生した応力に対して必要な強度をもつことがあるが，構造令では，必要な強度については第1項で，その他については第2項で規定している．

　第2項における「滑動し，又は転倒しない」とは，堤体を一体の構造物とみなして，仮定された基礎地盤と堤体との標準断面全体に対する検討条件を意味している．堤体内での滑動に対しては，せん断応力の問題であるので，第1項の「必要な強度」で判断することとなるのは当然である．

(7) フィルダムの堤体は，予想される外力に対するすべり破壊，浸透破壊に対して安全で，かつ，必要な強度と水密性を有しなければならない．

---

* ボーリング孔を利用した加圧透水試験の単位で，1ルジオンは，$1.0 \text{ N/mm}^2 \{10 \text{ kgf/cm}^2\}$の注入圧力に換算して注入長1 m当たり$1 l/\text{min}$の注入量がある場合の値と定義している．

浸透破壊は，浸透水による貫孔作用及び土質材料等の湿潤化による溶解，膨張，収縮，軟泥化等によるフィルダム堤体の破壊である．

浸透破壊に対する安全は，一般に，Casagrande の方法，等角写像による方法，有限要素法等によって流線網を求め，浸透流速を堤体材料の限界流速以下にするよう堤体を設計することで確保されるが，構造令及び施行規則では特に具体的な規定をしていない．

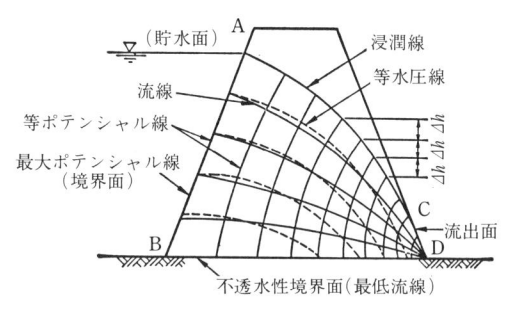

図 2.9 流線網の例

(8) ダムの基礎地盤については，第1項の「必要な水密性」と「必要な強度」の他，第4項の「予想される荷重によって滑動し，滑り破壊又は浸透破壊が生じないものとする」ことが要件となっている．ダムの基礎地盤は，ダムの堤体の規模，種類に応じて必要な安全性との関連で判断すべきことであるから，コンクリートダムの基礎地盤については，第4項前半の「予想される荷重によって滑動が生じないものとする」ことの趣旨が，フィルダムの基礎地盤については，第4項後半の「予想される荷重によって滑り破壊又は浸透破壊が生じないものとする」ことの趣旨が適用される．

(9) フィルダムの堤体内に堤体を横断してコンクリート構造物等，フィルダムの堤体材料と弾性係数の異なる材料から形成される構造物があると，堤体の不同沈下や地震時の振動に対する応答の相異等によって構造物に対して予期しない外力が働き，破壊や損傷が生じることがある．堤体内に埋設された構造物が水路であるときは，水路が破壊又は損傷して，その周辺の堤体にダムの貯留水が漏水し，堤体材料の性状を変化させたり，また水路が使用できないため貯水池水位を調節することができず，堤体からの越流

等不測の事態を生じせしめる．これらの不測の災害を防止するため第5項を規定した．

　水路構造物が想定した基礎地盤内に埋設され，かつ，ダムの堤体となめらかに接続されて，外力及び浸透水に対して安全な構造である場合及びダムの堤体に代わって外力に抗し，それ自体で基礎地盤上に自立した越流型洪水吐き（例えば，複合ダムのようにフィルダムの堤体に隣接して形成されたコンクリート洪水吐き，ダムアバットメントの基礎地盤を棚状に掘削し，その上に堤体に代わり自立したコンクリート洪水吐きを設けたもの等）は，その趣旨からして第5項の規定は適用されない（局長通達 4-(1)を参照）．

図 2.10　自立式越流型洪水吐きの例

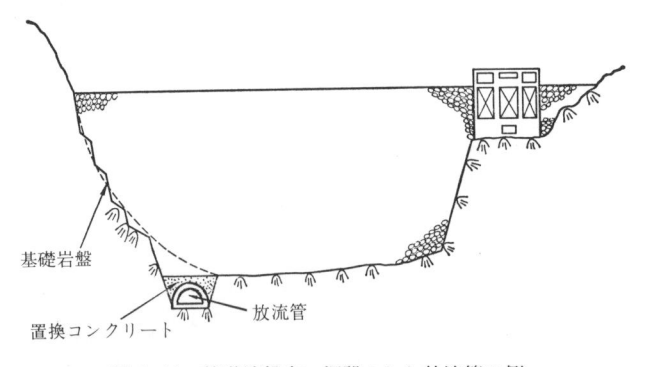

図 2.11　基礎地盤内に埋設された放流管の例

第4条　構造の原則　37

> （ダムの構造計算）
> 規則第1条　ダムの堤体及び基礎地盤（これと堤体との接合部を含む．次項及び第8条において同じ．）に関する構造計算は，ダムの非越流部の直上流部における水位が次の各号に掲げる場合及びダムの危険が予想される場合における荷重を採用して行うものとする．
> 　一　常時満水位である場合
> 　二　サーチャージ水位である場合
> 　三　設計洪水位である場合
> 2．フィルダムの堤体及び基礎地盤に関する構造計算は，前項の規定によるほか，ダムの非越流部の直上流部における水位が常時満水位以下で，かつ，水位を急速に低下させる場合における荷重を採用して行うものとする．

(1)　令第4条で規定したダムの堤体及び基礎地盤に関する安全性の要件は，具体的に構造計算等によって確かめなくてはならない．構造計算等を行うに当たって，必要な荷重の種類については，貯水池の水位に応じて，令第6条において規定している．しかし，具体的な構造計算等を実施する荷重の状態については，特に構造令で規定していないので，ここにダムの種類にあわせ荷重状態を規定したものである．

(2)　第1項は，一般のダムの種類に対する載荷状態の表現になっている．コンクリートダムについては，第1項をそのまま適用する．フィルダムについては，第1項のほか第2項の規定を適用する．

(3)　ダムの構造計算における載荷状態は，定常状態となった水位で検討すると考えられる．したがってフィルダムにあっては，規定の水位状態が長期間継続したものとして求められる，定常状態の浸潤線より低い堤体の部分は，飽和状態にあるとして検討を行う．

(4)　構造令の趣旨からして，ダムが河川管理施設又は許可工作物として効力を発揮した以後の状態で考えることとなるため，第1項の「ダムの危険が予想される場合」には，通常建設中の状態は含まれない．ダムが空虚である状態も，この趣旨並びに令第6条の規定が貯水池の水位の状態を示して

いることからして，原則として構造令では検討の対象としない．

　一般の重力式コンクリートダム等にあっては，高い水位の状態で安全性が確認されれば，低い水位の状態では特別な場合を除いて自動的にその安全性が確認されることとなる．しかし，アーチ式コンクリートダムのように，ダムの形状が極端に上流側にオーバーハングしているような場合には，地震力の方向いかんによっては，危険となる場合もある．このような事例に対処するため，第1項に「ダムの危険が予想される場合」を規定したものである．アーチ式コンクリートダムにあっては，通常の貯水池運用計画によって生じる最低の水位である場合，フィルダムにあっては，常時満水位以下の水位ですべり破壊の計算で危険側に働く水位の状態があるのでこの水位の場合（いわゆる中間水位の状態）が含まれる（局長通達4-(2)を参照）．

(5) フィルダムにおける，「水位を急速に低下させる場合」は，一般に，貯水池水位が常時満水位から貯水池運用計画における最低水位までの範囲で貯水池運用計画に基づき急速に低下し，間隙圧が堤体内に残留する場合として運用されている．

　なお，フィルダムの完成直後で建設中の間隙圧が残留する場合は，ダムが河川管理施設として効用を発揮しているかどうか意見の分かれるところであるが，一応検討の対象として取り扱っている．

　念のため，フィルダムにおける構造計算を実施する場合を示すと
① 常時満水位で浸透流が定常状態にある場合．
② サーチャージ水位で浸透流が定常状態にある場合．
③ 設計洪水位で浸透流が定常状態にある場合．
④ 貯水池の水位が，常時満水位から貯水池運用計画によって生じる最低水位と考えられる水位の中間の水位で，ダムの安全性に最も危険な条件と考える水位で浸透流が定常状態である場合．
⑤ 水位を急速に低下させる場合．
⑥ 完成直後で建設中の間隙圧が残留する場合．

が一般であり，その他サーチャージ水位と常時満水位との範囲における急速水位低下等当該ダムの実情に応じて必要な場合があれば追加することと

なる．

> **（ダムの構造計算に用いる設計震度）**
>
> 規則第2条　ダムの構造計算に用いる設計震度は，ダムの種類及び地域の区分に応じ，次の表に掲げる値以上の値で当該ダムの実情に応じて定める値とする．
>
> | ダムの種類 | | 地域の区分 | 強震帯地域 | 中震帯地域 | 弱震帯地域 |
> |---|---|---|---|---|---|
> | 1. | 重力式コンクリートダム | | 0.12 | 0.12 | 0.10 |
> | 2. | アーチ式コンクリートダム | | 0.24 | 0.24 | 0.20 |
> | 3. | フィルダム | ダムの堤体がおおむね均一の材料によるもの | 0.15 | 0.15 | 0.12 |
> | | | その他のもの | 0.15 | 0.12 | 0.10 |
>
> 2．ダムの非越流部の直上流部における水位がサーチャージ水位である場合は，第4条第2項の場合を除き，ダムの構造計算に用いる設計震度は，前項の規定により定めた値の2分の1の値とすることができる．
>
> 3．アーチ式コンクリートダムのゲートを堤体以外の場所に設ける場合における当該ゲートの構造計算に用いる設計震度は，前2項の規定により定めた値の2分の1の値とすることができる．
>
> 4．第1項の表に掲げる強震帯地域，中震帯地域及び弱震帯地域は，建設大臣が別に定めるものとする．

(1) 本条はダムの構造計算に用いる設計震度について，ダムの種類及び地域区分に応じ定められた値以上で当該ダムの実情に応じて定める値とすること及びサーチャージ水位である場合及びアーチ式コンクリートのゲートを堤体以外に設けた場合の設計震度の取扱い並びに設計震度の地域区分は建設大臣が定めることを規定したものである．

(2) ダムの安定計算に用いられる震度は，従来から地盤震度と堤体震度に区分して，ダムの種類及び地域の区分に応じて，その範囲が示されてきた．しかし，特別な場合を除きダムの堤体は，ダムの種類に応じてほぼ類似した

基礎地盤上に建設されること，実際のダムの荷重計算で震度を用いるのは，地震時におけるダムの堤体の慣性力，地震時における貯留水による動水圧を算出するときであり，このいずれの場合も堤体震度を基としていること，また，地震による波浪の貯水池水面からの高さを求めるときも一般に佐藤清一の公式によることが多いが，この式は堤体の上流面に接している水分子が，堤体の振動に強制されて運動を始めるものとして解かれており，この場合も堤体震度を用いているので，特別な場合を除いて，堤体震度のみを規定しても実用上支障がない．これらの理由によって，いわゆる堤体震度を，ダムの構造計算に用いる「設計震度」と名づけて，地震に関するダムの構造計算に用いる基本量とした．

(3) 設計震度は，ダムの種類及び地域の区分に対応して，それぞれの下限値を規定しているのでこれ以上の数値で，当該ダムの実情に応じて適切な設計震度を定めなければならない．

アーチ式コンクリートダムは，地震を受けると，堤体にたわみを伴った弾性振動が生じ，一般に重力式コンクリートダムより相当大きな震動が起こるとされているので，従前の例にならい，基礎地盤に発生する震度の2倍以上の堤体震度が生じるものとして，アーチ式コンクリートダムの設計震度を定めた．

(4) フィルダムの堤体震度は，ダムの堤体がおおむね均一の材料によるものと，その他のものとに区分している．

ダムの堤体がおおむね均一の材料によるフィルダムについては，この種類のダムが建設されるダム地点が，コンクリートダム及びその他のフィルダムが建設されるダム地点よりも，一般に地質が軟弱であることが多く，堤体の地震時における振動が大きいこと，比較的高さが低いダムに採用されるダムの種類であるので，地震時の堤体の振動が大きいこと，堤体の一部が破壊されればただちに堤体のしゃ水機能が低下すること等があって，設計震度の下限値が大きくなっている．

(5) 「ダムの堤体がおおむね均一の材料によるフィルダム」とは，いわゆる均一型ダムで，堤体のほとんど大部分がほぼ均一な材料によって構成され，堤体の大部分によってダムのしゃ水機能を果たす構造のものである．なお，堤

体の透水性材料の部分の前面に，アスファルトコンクリート，鉄筋コンクリート等で構成されるしゃ水壁をもついわゆる表面しゃ水壁型ダムは，特殊な構造のダムとして，令第73条の「適用除外」として取り扱う．

(6) 設計震度の値は，常時満水位以下の水位に対応するものであって，サーチャージ水位以下で常時満水位までの水位（常時満水位を除く）では，常時満水位における設計震度の1/2の値にすることができる．また設計洪水位以下でサーチャージ水位までの水位（サーチャージ水位を除く）では，地震が生じないものとしている．これは，ダムの堤体の安定計算は，地震時，平常時を問わず同一の安全率をもつとして計算することとしているので，それぞれの水位が発生し継続する状態の頻度と，地震が発生する頻度等を考慮してダムの堤体に対する載荷状態を異ならしめたものである．

(7) アーチ式コンクリートダムの設計震度は，上記のように，堤体震度が重力式コンクリートダムの設計震度の2倍であるとして定めている．また，規則第1条の規定でダムのゲートに作用する荷重の計算において，規則第2条第1項の表の値が準用されることとなっているので，アーチ式コンクリートダムにおいて，堤体以外の場所に設けるゲートの設計震度は，当該アーチ式コンクリートダムに採用された設計震度の1/2の値にすることができるものとされている．

(8) 強震帯地域，中震帯地域及び弱震帯地域の区分は，建設大臣がこれを定めることとしており，建設大臣告示第1715号により次のように定められている．

地域区分	対象地域
(1) 強震帯地域	北海道のうち釧路市，帯広市，根室市，沙流郡，新冠郡，静内郡，三石郡，浦河郡，様似郡，幌泉郡，河東郡，川上郡（十勝支庁），河西郡，広尾郡，中川郡（十勝支庁），足寄郡，十勝郡，釧路郡，厚岸郡，川上郡，阿寒郡，白糖郡，野付郡，標津郡，目梨郡 青森県のうち三沢市，十和田市，八戸市，上北郡，三戸郡 岩手県の全域 宮城県の全域 福島県のうち福島市，二本松市，相馬市，原町市，いわき市，伊達市，相馬郡，伊達郡，田村郡，双葉郡，石川郡，東白川郡 茨城県の全域

地域区分	対象地域
(1)強震帯地域	栃木県の全域 群馬県の全域 埼玉県の全域 千葉県の全域 東京都の全域 神奈川県の全域 長野県の全域 山梨県の全域 富山県のうち富山市，高岡市，氷見市，小矢部市，砺波市，新湊市，中新川郡，上新川郡，射水郡，婦負郡，東礪波郡，西礪波郡 石川県のうち金沢市，小松市，七尾市，羽咋市，松任市，加賀市，鹿島郡，羽咋郡，河北郡，能美郡，石川郡，江沼郡 静岡県の全域 愛知県の全域 岐阜県の全域 三重県の全域 福井県の全域 滋賀県の全域 京都府の全域 大阪府の全域 奈良県の全域 和歌山県の全域 兵庫県の全域 鳥取県のうち鳥取市，岩美郡，八頭郡，気高郡 徳島県のうち徳島市，鳴門市，小松島市，阿南市，板野郡，阿波郡，麻植郡，名西郡，名東郡，那珂郡，勝浦郡，海部郡 香川県のうち大川郡，木田郡 鹿児島県のうち名瀬市，大島郡
(2)中震帯地域	(1)及び(3)以外の地域
(3)弱震帯地域	北海道のうち旭川市，留萌市，稚内市，紋別市，士別市，名寄市，上川郡（上川支庁）のうち鷹栖町，当麻町，比布町，愛別町，和寒町，剣淵町，朝日町，風連町及び下川町，中川郡（上川支庁），増毛郡，留萌郡，苫前郡，天塩郡，宗谷郡，枝幸郡，礼文郡，利尻郡，紋別郡 山口県の全域 福岡県の全域 佐賀県の全域

地域区分	対象地域
(3) 弱震帯地域	長崎県の全域 熊本県のうち八代市，荒尾市，水俣市，玉名市，本渡市，山鹿市，牛深市，宇土市，飽託郡，宇土郡，玉名郡，鹿本部，芦北郡，天草郡 大分県のうち中津市，日田市，豊後高田市，杵築市，宇佐市，西国東郡，東国東郡，速見郡，下毛郡，宇佐郡 鹿児島県のうち名瀬市及び大島郡を除く地域 沖縄県の全域

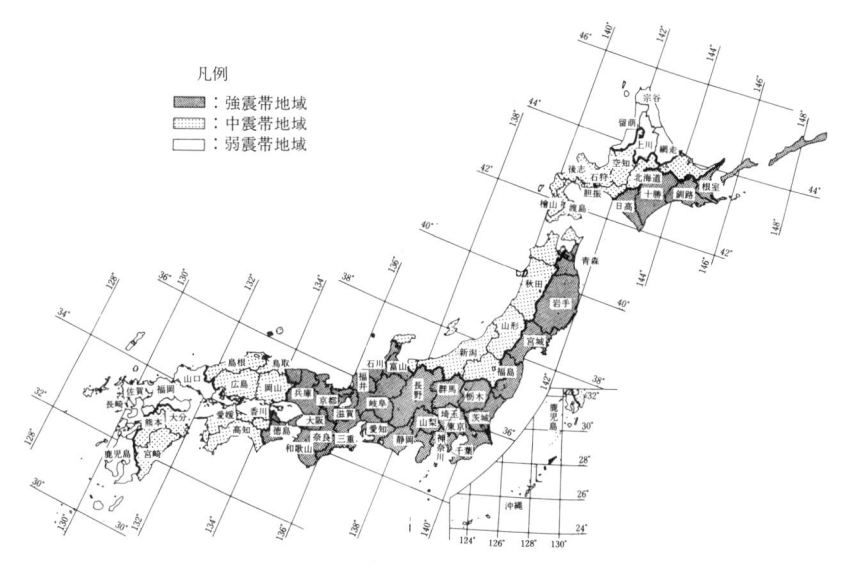

図 2.12 強震帯地域，中震帯地域及び弱震帯地域の区分図

(コンクリートダムの安定性及び強度)

規則第9条 コンクリートダムは，第1条第1項に規定する場合において，ダムの堤体と基礎地盤との接合部及びその付近における剪断力による滑動に対し，必要な剪断摩擦抵抗力を有するものとする．

2. 前項の剪断摩擦抵抗力は，次のイの式によって計算するものとし，かつ，次のロの式を満たすものでなければならない．

 イ $R_b = fV + \tau_0 l_0$

 ロ $R_b \geqq 4H$

> これらの式において，R_b, f, V, τ_0, l_0 及び H は，それぞれ次の数値を表すものとする．
>
> R_b　単位幅当たりの剪断摩擦抵抗力（単位　1メートルにつき重量トン）
>
> f　適切な工学試験の結果又は類似のダムの構造計算に用いられた値に基づき定める内部摩擦係数
>
> V　単位幅当たりの剪断面に作用する垂直力（単位　1メートルにつき重量トン）
>
> τ_0　類似のダムに関する資料及び岩盤性状等により明らかな場合を除き，現場試験の結果に基づき定める剪断強度（単位　1平方メートルにつき重量トン）
>
> l_0　剪断抵抗力が生ずる剪断面の長さ（単位　メートル）
>
> H　単位幅当たりの剪断力（単位　1メートルにつき重量トン）
>
> 3．コンクリートダムの堤体に生ずる応力は，第1条第1項に規定する場合において，標準許容応力を超えてはならないものとする．ただし，地震時において，ダムの堤体に生ずる圧縮応力については，標準許容応力にその30パーセント以内の値を加えた値を超えてはならないものとする．
>
> 4．前項の標準許容応力は，ダムの堤体の材料として用いられるコンクリートの圧縮強度を基準とし，安全率を4以上として定めるものとする．
>
> 5．重力式コンクリートダムの堤体は，第1条第1項に規定する場合において，その上流面に引っ張り応力を生じない構造とするものとする．ただし，局部的な引っ張り応力に対して鉄筋等で補強されているダムの堤体の部分については，この限りでない．

(1) コンクリートダムの安定性及び強度に係る具体的な基準として，必要なせん断摩擦抵抗力を有すること，その計算式及び満たすべき安全率，コンクリートダムに生ずる応力は，標準許容応力を超えてはならないこと及びその算出基準と安全率，重力式コンクリートダムの堤体は，その上流面に

引張応力を生じない構造とすることを規定している．

(2) 令第4条第2項に規定したコンクリートダムの滑動に対する安全性については，ダムの堤体と基礎地盤との接合部及びその付近におけるせん断摩擦抵抗力を検討して判断する．

せん断摩擦抵抗力は，本条第2項のイ式，ロ式で示したいわゆる Henny の式によるものとし，その安全率は4以上でなくてはならない．本式は基礎地盤の平均的強度を対象として検討しているので，基礎地盤に断層等弱点と考えられる部分があるときは局所安全率を検討する方法等で，別途検討しなければならない．

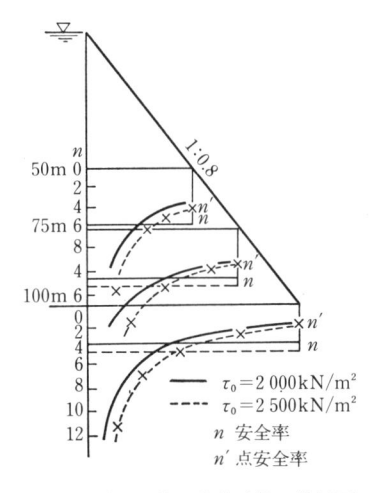

図 2.13 ダム堤体と基礎地盤の接触面における局所安全率の分布の一例

(3) 基礎地盤の内部摩擦係数 (f)，基礎地盤のせん断強度 (τ_0) については，原則として現地試験を行い，その結果及び基礎地盤の性状を考慮して決定する．

現地試験は一般に，基礎地盤上にコンクリートブロックを打設し，その上面及び側面に同時に垂直力を加え，底面の基礎地盤にせん断破壊を起こさせる．このとき，基礎地盤面に作用する垂直応力を種々変化させることによって基礎地盤のせん断強度を求める．

(4) 単位幅当たりのせん断面に作用する垂直力 (V)，単位幅当たりのせん断

力 (H) は，いずれも，規則第1条第1項に規定する場合の堤体の自重及び外力の作用によって，設計計算のため仮定したせん断面に作用する垂直力並びにせん断力である．

(5) ダムの堤体の材料に用いられるコンクリートの圧縮強度は，材令91日に達した直径15cm，高さ30cmの供試体を用いて，日本工業規格A 1108「コンクリート圧縮強度試験法」により試験を行って求めたコンクリートの圧縮強度を基準として算定した値を用いる．なお現場施工に当たっては，予想されるコンクリートの圧縮強度の変動に応じて定まる割増係数で補正して配合強度を定めることは当然である．

　アーチ式コンクリートダムのコンクリートの許容応力を求める場合の安全率は，鉛直応力と水平応力に基づいて堤体の応力を計算するときは，安全率を5以上とし，主応力に基づいて堤体の応力を計算するときには，安全率を4以上とした値を用いるのが一般である．

(6) コンクリート水平打継面のせん断摩擦安全率の検討に必要なせん断強度は，コンクリートの圧縮強度の1/7〜1/10の値を用いるのが一般である．

(7) 重力式コンクリートダムの堤体は，堤軸に直角な方向の二次元的応力計算を行う．

　本条第5項の規定は，外力及び自重の合力が堤体の基本三角形の水平断面の中央1/3に入るような基本三角形の形状を選ぶことの，いわゆるmiddle third理論の趣旨であり，滑動に対し安全であること，必要な強度を持つこととともに重力式コンクリートダムの三大基本条件の一つである．

　ダムの基礎地盤が脆弱な場合のせん断力による滑動については，滑動破壊面全体の安全率と，破壊面沿いの局所安全率を検討しておく必要がある．この局所安全率は，基礎地盤のせん断破壊がCoulomb式に基づくとすれば，次式を満たすものでなくてはならない．

$$n \geq \frac{f\sigma + \tau_0}{\tau}$$

この式において n, f, σ, τ, τ_0 はそれぞれ次の数値を示すものとする．

　　n：局所安全率
　　f：内部摩擦係数

σ：破壊面沿いの垂直応力（単位 N/mm² {kgf/cm²}）

τ：破壊面沿いのせん断応力（単位 N/mm² {kgf/cm²}）

τ_0：局所のせん断強度（単位 N/mm² {kgf/cm²}）

局所安全率の一応の目安として，2を基準としている．

なお重力式コンクリートダムのその他の基本条件である「滑動（せん断力）に対して安全であること」は，令第4条第2項の，また「必要な強度を持つこと（許容圧縮応力及び許容引張応力を超えないこと）」については，令第4条第1項の趣旨に含まれる．

(フィルダムの安定性及び堤体材料)

規則第10条　フィルダムは，第1条第1項及び第2項に規定する場合において，ダムの堤体の材料の性質及び基礎地盤の状況を考慮し，ダムの堤体の内部，ダムの堤体と基礎地盤との接合部及びその付近における滑りに対し，必要な滑り抵抗力を有するものとする．

2.　前項の滑り抵抗力は，次のイの式によって計算するものとし，かつ，次のロの式を満たすものでなければならない．

　イ　$R_s = \Sigma\{(N-U)\tan\phi + Cl_1\}$

　ロ　$R_s \geq 1.2\Sigma T$

これらの式において，R_s, N, U, ϕ, C, l_1 及び T は，それぞれ次の数値を表すものとする．

　R_s　単位幅当たりの滑り抵抗力（単位　1メートルにつき重量トン）

　N　円形滑り面上の各分割部分に作用する荷重の単位幅当たりの垂直分力（単位　1メートルにつき重量トン）

　U　円形滑り面上の各分割部分に作用する荷重の単位幅当たりの間げき圧（単位　1メートルにつき重量トン）

　ϕ　円形滑り面上の各分割部分の材料の内部摩擦角（単位　度）

　C　円形滑り面上の各分割部分の材料の粘着力（単位　1平方メートルにつき重量トン）

　l_1　円形滑り面上の各分割部分の長さ（単位　メートル）

48　第2章　ダ　　ム

　　　T　円形滑り面上の各分割部分に作用する荷重の単位幅当たりの接線分力（単位　1メートルにつき重量トン）
3．フィルダムの堤体は，第1条第1項に規定する場合において，浸潤線がダムの堤体の下流側の法面と交わらない構造とするものとする．
4．フィルダムのしゃ水壁は，次の各号に定めるところによるものとする．
　　一　しゃ水壁の材料は，土質材料その他不透水性のものであること．
　　二　しゃ水壁の高さは，令第5条の規定による値以上であること．
　　三　しゃ水壁及びこれと基礎地盤との接合部は，貫孔作用が生じないものであること．
5．基礎地盤から堤頂までの高さが30メートル以上で，かつ，その堤体がおおむね均一の材料によるフィルダムの構造は，第1項及び第3項の規定によるほか，堤体の材料及び設計等について類似のダムに用いられた適切な工学試験又は計算等に基づき安全の確認されたものとする．
6．フィルダムには，ダムの堤体の点検，修理等のため貯水池の水位を低下させることができる放流設備を設けるものとする．

(1) 本条は，フィルダムの安定性及び堤体材料に係る具体的な基準として，必要なすべり抵抗力を有すること，その計算式及び満たすべき安全率，浸潤線に対する堤体の構造，しゃ水壁の構造，基礎地盤から堤頂までの高さが30m以上で，かつ，その堤体がおおむね均一の材料によるフィルダムの構造に関する規定及びフィルダムには，堤体の点検，修理等のため貯水池の水位を低下させることができる放流設備を設けることを規定したものである．
(2) 令第4条第3項及び第4項では，フィルダムの堤体及び基礎地盤について，計算等により工学的に安全性を確認する必要がある事項の一つとして，すべり破壊が生じないことをあげている．
　　フィルダムの堤体は，塑性体でありコンクリートダムの堤体は弾性体と

考えられるので両者の構造解析法，安全率のとり方等その取扱いが異なっているが，これらの規定に従って設計されたダムの安全性はおおむね同一であると考えられている．

　フィルダムの堤体の安定解析に際し，どのような方法で検討を実施するか，安全率をどの程度にとるかは議論があったところである．

　フィルダムの堤体の内部，ダムの堤体と基礎地盤との接合部及びその付近におけるすべり破壊の検討は，円形すべり面についての分割法により計算するものとし，その安全率は1.2以上とすることを本条第1項，第2項で規定している．

　フィルダムのすべり破壊の計算方法は，連続したせん断破壊面が堤体と基礎地盤内にあると仮定するすべり面法と，弾性又は塑性論を用いて堤体内に応力を推定する方法とに大別され，円形すべり面法は前者に属する．すべりの安定の検討方法は種々あるが，フィルダムの安全性に対する定義が難しく，いたずらに計算式を厳密にしてもその結果に疑問が残る．したがって，従来からすべりの安定性の検討に多く用いられ，既設のダムの安全性を比較検討しながら比較的簡単な式を用いることが，新しいダムを建設するにも便利であるので，施行規則では円形すべり面法によるものとした．

(3)　フィルダムの堤体において，浸潤線が堤体下流側ののり先より高い位置に浸出すると，堤体ののり面が泥ねい状になって堤体のせん断強度が著しく低下し，浸透水等で堤体が浸食されやすくなる．これらの現象を防止する趣旨で本条第3項の規定を設けた．

(4)　本条第4項第二号で，フィルダムのしゃ水壁の頂部の高さは，令第5条で規定する堤体の非越流部の高さを求める方法により得られる値以上であることを規定している．フィルダムの堤体の非越流部天端付近の構造は，一般に雨水，波浪の飛沫等からしゃ水壁部分を保護するため透水性材料で覆うことが多い．また，ダムの非越流部高さは，波浪等による貯留水の堤体からの越波を防止すること，不慮の事故等の場合に貯水池水位が異常上昇しても直ちに堤体からの越水が生じないこと，洪水吐きの放流能力の決定要因となること等フィルダムの安全性の確保に関し極めて重要な要件となる．したがって，令第5条の規定で計算される最低限度の非越流部高さま

では，少なくともしゃ水構造であるよう設計しなくてはならない．

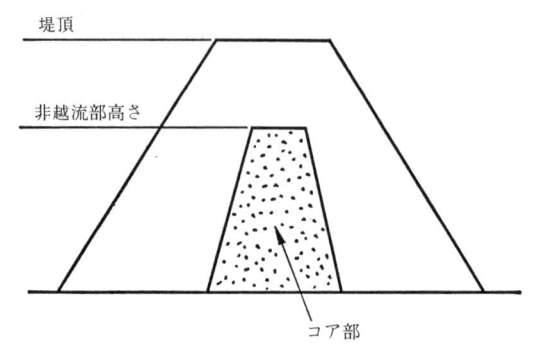

図 2.14 堤頂部標準図

(5) しゃ水壁は，必要なしゃ水機能を有するほか，浸透水の貫孔作用に対し安全でなくてはならない．

しゃ水壁は，構成する材料の透水係数，動水勾配，材料の粘性及び塑性，しゃ水壁に隣接する材料の粒度，不同沈下の可能性，耐震性を考慮して，その必要幅を確保するとともに適切な施工を実施することで，所要の条件を満たすこととなる．

(6) 堤体がおおむね均一の材料によるフィルダム(均一型フィルダム)は，細粒の多いシルト質等の土質材料がダムの堤体の大部分を占めるため，施工中に内部間隙圧が蓄積されやすいこと，材料のせん断強度が小さいので安定性が低いこと，耐震性が低いこと，堤体内部にドレーン等を設けないと下流のり面に浸潤線が現れてダムの安定を損なうこと等により，一般に高さ 30 m 程度以下の低いダムに限り用いられる形式である．この形式のダムを計画するに当たっては，堤体材料の選定とこれに対応した堤体内ドレーンの配置，施工時の堤体材料の含水比，堤体の盛立速度を調節して施工中の残留間隙圧を低下せしめる等，堤体の設計について十分な検討が必要であるので，本条第 5 項にこの趣旨の規定を設けた．

なお，堤体がおおむね均一の材料によるフィルダムは，これまでのところ高さとしては 30 m 程度が限度といわれている．

(7) フィルダムには，ダムの堤体の点検，修理等のため貯水池の水位を低下

させることができる放流設備を設けることを規定している．ダムには，洪水吐きのほか河川の正常な機能を維持するため必要な放流設備，利水放流管及びその付属設備等各種の放流設備がある．しかしこれらの放流設備は，治水又は利水の目的のために設けられているのであって，ダムの点検，修理又は事故のため貯水池水位を低下させる必要が生じたとき，その目的が達成できるか疑わしい．フィルダムにあっては，堤体からの異常な漏水は，コンクリートダムと異なって，加速度的に堤体材料の流出を招き，堤体の破壊につながる可能性がある．このような場合，貯水池の水位を低下させることは，堤体の安定性を急激に増加させ，漏水箇所からの貯留水の流出を緩和し被害の減少を図ることにもなるので，できるだけ低標高の位置にこの種の放流設備を設けることは，ダムの安全性を確保するために必要なことである．特に，表面しゃ水壁型のフィルダムにあっては，堤体の沈下等のためにしゃ水壁にクラックが発生して漏水が生じることがあるので，この種の放流設備を設けて，万一の事故が発生したときの水位低下と補修を可能にしておくことは肝要である．

　放流設備の能力は，貯水池の規模，流域特性等を考慮する必要があるが，常時満水位から貯水池運用計画上の最低水位までを，表面しゃ水壁型のフィルでは約4日間で，その他の種類のフィルダムでは7日から10日間程度で，水位低下できることをその目安としている．

（堤体の非越流部の高さ）

第5条　ダムの堤体の非越流部の高さは，洪水吐きゲートの有無に応じ，コンクリートダムにあっては次の表の下欄に掲げる値のうち最も大きい値以上，フィルダムにあっては同欄に掲げる値のうち最も大きい値に1メートルを加えた値以上とするものとする．

項	区　分	堤体の非越流部の高さ （単位　メートル）
1	洪水吐きゲートを有するダム	$H_n + h_w + h_e + 0.5$（$h_w + h_e < 1.5$のときは，$H_n + 2$） $H_s + h_w + \dfrac{h_e}{2} + 0.5$（$h_w + \dfrac{h_e}{2} < 1.5$のときは，$H_s + 2$） $H_d + h_w + 0.5$（$h_w < 0.5$のときは，$H_d + 1$）

2	洪水吐きゲートを有しないダム	$H_n+h_w+h_e$ ($h_w+h_e<2$ のときは，H_n+2) $H_s+h_w+\dfrac{h_e}{2}$ $\left(h_w+\dfrac{h_e}{2}<2\right.$ のときは，$\left.H_s+2\right)$ H_d+h_w ($h_w<1$ のときは，H_d+1)

備考

　この表において，H_n，h_w，h_e，H_s 及び H_d は，それぞれ次の数値を表すものとする．

　　H_n　常時満水位（単位　メートル）
　　h_w　風による波浪の貯水池の水面からの高さ（単位　メートル）
　　h_e　地震による波浪の貯水池の水面からの高さ（単位　メートル）
　　H_s　サーチャージ水位（単位　メートル）
　　H_d　設計洪水位（単位　メートル）

2．洪水吐きゲートを有しないフィルダムで，ダム設計洪水流量の流水が洪水吐きを流下する場合における越流水深が2.5メートル以下であるものに関する前項の規定の適用については，同項の表2の項の下欄中，「$h_w+h_e<2$ のときは，H_n+2」とあるのは「$h_w+h_e<1$ のときは，H_n+1」と，「$h_w+h_e/2<2$ のときは，H_s+2」とあるのは「$h_w+h_e/2<1$ のときは，H_s+1」とする．

(1)　本条はダムの非越流部高さについて，常時満水位，サーチャージ水位，設計洪水位のそれぞれに所定の付加高さを加えて決定することを規定したものである．

　　「堤体の非越流部の高さ」は，コンクリートダムにあっては堤頂の高さとし，フィルダムにあってはしゃ水壁の最上面の高さとする．

(2)　付加高さは，①貯水池の風波浪，②地震時波浪，③洪水吐きゲートの作動不良等に伴う貯水池水位の上昇及び④フィルダムの堤体からの越流がダムに致命的な破壊をもたらすことを勘案して決定する．したがって計画上，付加高さの部分に貯水池水位が上昇することはなく，計画段階で想定される貯水池の水位の上昇につながる事項は，貯水池水位の決定に際して考慮しておかなくてはならない．この点，従来ダムの余裕高の算定の基礎に異常洪水時の水位上昇を考慮していたのと取扱いが異なっている．

　　流水に対するダムの安定性を検討するとき，具体的には洪水吐きの設計

の対象とした放流量，貯水池の規模，形状から決まる貯水池の水位の状態及び貯水池の水位の状態からダム堤体の非越流部の堤頂までの高さが重要な条件となる．構造令では，洪水吐きの設計対象の放流量は「ダム設計洪水流量」，貯水池の水位の状態は「設計洪水位」で，貯水池の水位の状態からダム堤体の非越流部の堤頂までの高さは本条で決定することとしている．

　ダムの非越流部高さは，結果的に洪水吐きの放流能力の上限値を決めることとなるので，非越流部高さの決定は，ダムの洪水に対する安全性の確保に関し極めて重要な要件となる．令第5条の規定は，堤体の非越流部の高さを決定するに当たり，考慮しなければならない下限値を示しているにすぎないのであって，当該ダムの実状に併せてこれ以上の妥当な数値を決めなくてはならない．

(3) 本条に規定する「洪水吐きゲートを有しないダム」とは，洪水吐きにゲートを有しないダムをいう．なお，「ゲートを有しない」とはゲートを有しても洪水時に使用しない場合を含むものとする．

(4) 堤体の非越流部の高さは，風による波浪の高さ，地震による波浪の高さ，洪水吐きゲートの有無及びダムの種類，すなわちフィルダムであるかそれ以外の種類のダムであるかを考慮して決定するが，これらの数値は，一般に下記によって求める．

① 風による波浪の高さは，常時満水位，サーチャージ水位，設計洪水位のそれぞれの水位の状態における貯水池水面以上の波浪高さを採用することが本来の趣旨ではあるが，一般のダムの場合，構造令では，その運用上設計洪水位の状態における貯水池水面以上の波浪高さをもって，サーチャージ水位，常時満水位の状態における貯水池水面以上の波浪高さとみなすこととしている．

　風による波浪の貯水池水面からの高さは，ダムの堤体の状態に応じて，反射波，波の打上高さを考えるものとする．

　例えば，堤体の上流面がほぼ鉛直なコンクリートダムでは，反射波を考慮して，貯水池水面の風波浪高さは，2倍の半波高，すなわち全波高を，フィルダムの堤体のような場合は堤体に沿った波の打上高さを考慮した高さを採用するものとする．

54　第2章　ダ　ム

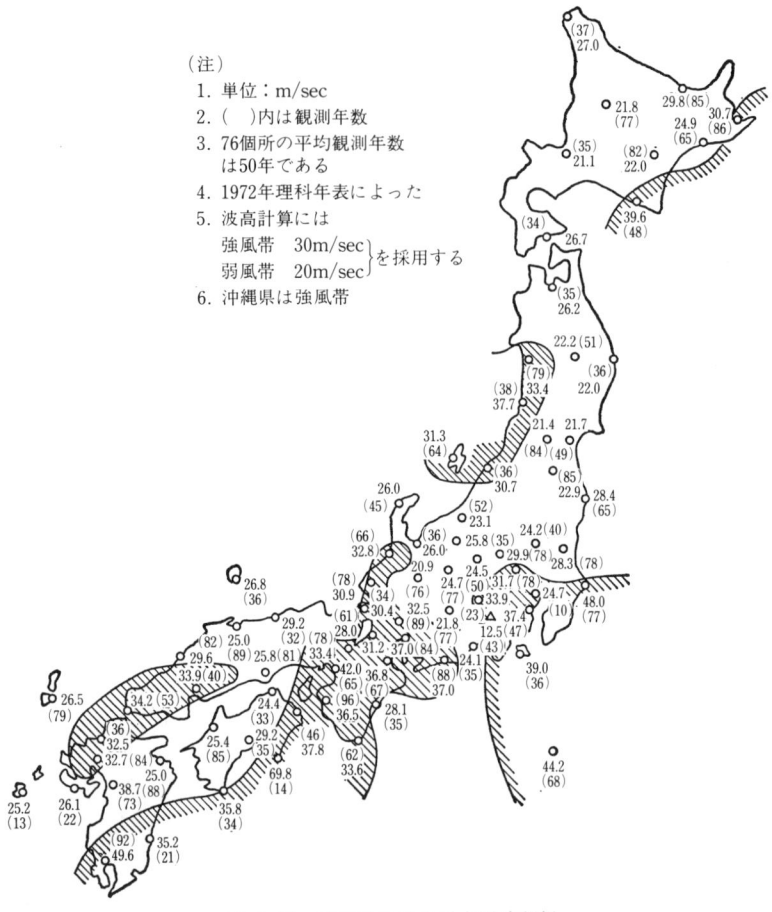

(注)
1. 単位：m/sec
2. (　)内は観測年数
3. 76個所の平均観測年数は50年である
4. 1972年理科年表によった
5. 波高計算には
　　強風帯　30m/sec
　　弱風帯　20m/sec ｝を採用する
6. 沖縄県は強風帯

図 2.15　日本における最大風速記録

h_w の算出は，S.M.B. 法における Wilson の改良式によることが多い．

いま，上記のようなダムの上流面がほぼ鉛直である場合では，反射波を考えて，風による波浪の貯水池水面からの高さを2倍の半波高すなわち全波高とするからこの数値は，

$$h_w = 0.00077\, V \cdot F^{0.5}$$

　　F：対岸距離（m）

　　V：10分間の平均風速（m/s）

　　（一般に，30 m/s ないしは 20 m/s をとることが多い）

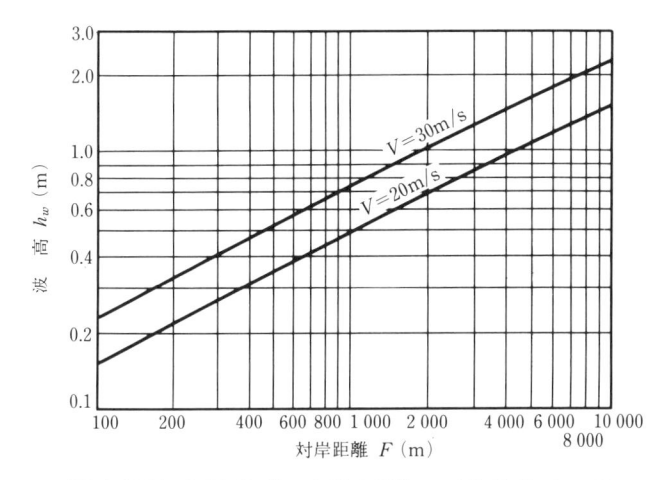

図 2.16(a)　S.M.B. 法における Wilson の改良式によって求めた波高

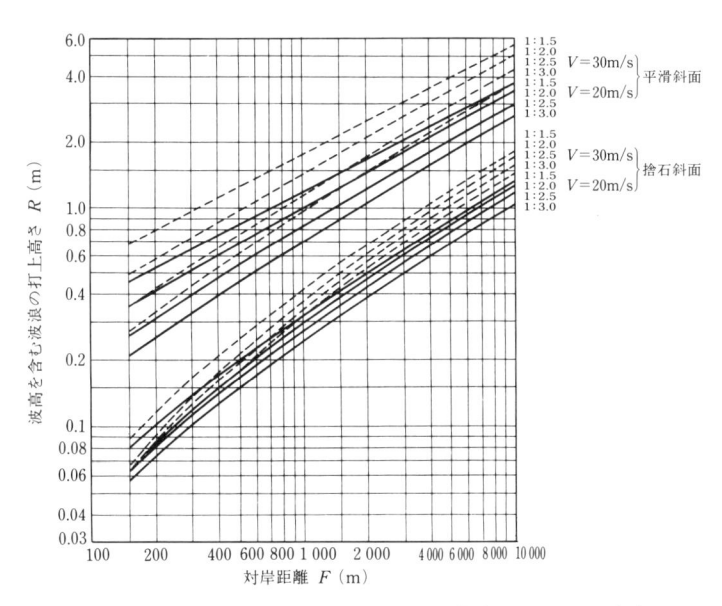

図 2.16(b)　S.M.B. 法における Wilson の改良式と Saville の方法とを組合せた打上高（波高を含む）

で求められる．

波の打上高さについては，Saville の方法を用いることが多い．

対岸距離は，ダム堤体の上流面の任意の場所から最も遠距離となる対岸の貯水池沿岸の点までの直線距離をいう．

② 地震による波浪の貯水池水面からの高さは常時満水位，サーチャージ水位の，それぞれの貯水池水位の状態における貯水池水面以上の高さをとることが本来の趣旨であるが，構造令の運用では便宜上，常時満水位の状態における貯水池水面以上の波浪高さを基本とし，サーチャージ水位における数値は，常時満水位の数値の1/2 であると規定している．本条表中の $h_e/2$ は，その趣旨であって，サーチャージ水位の状態の設計震度の地震による波浪の貯水池水面からの高さの 1/2 の意味ではないから注意を要する．

h_e の算出には，佐藤清一の式が用いられることが多い．これによれば，

$$h_e = \frac{1}{2} \frac{K\tau}{\pi} \sqrt{gH_0}$$

　　h_e：地震による波浪の貯水池水面からの高さ(地震波浪の半波高)(m)
　　K：常時満水位の状態における設計震度
　　τ：地震周期（s）　1秒にとることが多い
　　H_0：常時満水位の状態における貯水池の水深（m）
　　g：重力の加速度　9.8 m/s²

例えば　$K=0.15$　　$\tau=1$ (s)　　$H_0=60～100$ m で
　　　$h_e=0.6$ m～0.7 m である．

③ ダムの堤体の非越流部高さの決定に，洪水吐きゲートの有無を考慮するのは，洪水吐きゲートの操作上の不慮の事故によって，貯水池水位が異常に上昇することの配慮である．この数値については，貯水池面積，ゲートの門数等が問題となるが，具体的な数値の予測は困難であり，従前の例にならい 0.5 m をとっている．

④ ダムの堤体の非越流部の高さの決定にダムの種類の要素を考慮するのは，フィルダムにあっては，万一の堤体からの越流が致命的な破壊を招くからである．この対応については，ダム設計洪水流量の数値が，コン

クリートダムのそれに対してフィルダムの値が1.2倍になっていることで配慮されているという意見もあるが，従前の例にならい1.0mをフィルダムについて加えることとし，他の種類のダムについては，考慮しないこととした．

(5) 第2項は，洪水吐きゲートを有しないフィルダムで，ダム設計洪水流量に対し，洪水吐きの総幅が比較的大きく決定された場合の緩和規定である．フィルダムにあっても洪水吐きゲートがない場合は，堤体の非越流部の高さを決める付加高さは，その趣旨としてダム設計洪水流量の推算に対する誤差の危険負担を主として考慮しておけばよいこととなる．したがって，洪水吐きからダム設計洪水流量を放流したときの越流水深が比較的浅い場合で，かつ，風及び地震による貯水池水面以上の波浪の数値も小さいときには，ダム設計洪水流量の推定がたとえ誤っていたとしても，ある程度の付加的高さ，すなわち常時満水位，サーチャージ水位で2m，設計洪水位で1m程度があれば当該洪水吐きからの可能放流量は1.7倍以上となるので，十分その誤りをカバーすることとなるため，その他のフィルダムより緩和した規定を設けたものである．

「越流水深2.5メートル」とあるのは，洪水吐きの越流部の敷高と設計洪水位との差をもって，このときの越流水深とみなして運用している．

(6) 本規定は，ダムの堤体の非越流部高さを決定するに際し，それぞれの貯水池水位のうえに加算すべき付加高さを示しているが，この付加高さは，従来のいわゆる「余裕高」に対応するものである．構造令では，「余裕高」の文字は用いない．これは，「余裕」の意味が計画上の余裕ととられ，責任の限度を不明確とするからである．

(参考)

理解を助けるため，令第5条の規定を，ダムの種類別に表示する．

ダムの堤体の非越流部高さは，**表2.1**の各水位に対し，それぞれ対応する右欄の計算式によって計算された数値を加えた高さのうち，最も高いもの以上とする．ただし，フィルダムにあって，設計洪水位における洪水吐きの越流水深が2.5m以下で，洪水吐きゲートを有しない場合 Hf は3m以上とあるのを2m以上とすることができる．

表 2.1 ダムの堤体の付加高さ（Hf）（単位：メートル）

貯水池の水位	コンクリートダムの場合	フィルダムの場合
設計洪水位の場合	$Hf = h_w + h_a$ かつ $Hf \geq 1$	$Hf = h_w + h_a + 1$ かつ $Hf \geq 2$
サーチャージ水位の場合	$Hf = h_w + \dfrac{h_e}{2} + h_a$ かつ $Hf \geq 2$	$Hf = h_w + \dfrac{h_e}{2} + h_a + 1$ かつ $Hf \geq 3$
常時満水位の場合	$Hf = h_w + h_e$ かつ $Hf \geq 2$	$Hf = h_w + h_e + h_a + 1$ かつ $Hf \geq 3$

注）$h_a =$ 洪水吐きゲートを有する場合　　$h_a = 0.5$
　　　洪水吐きゲートを有しない場合　　$h_a = 0$

（堤体等に作用する荷重の種類）

第6条　ダムの堤体及び基礎地盤に作用する荷重としては，ダムの種類及び貯水池の水位に応じ，次の表に掲げるものを採用するものとする。

貯水池の水位	ダムの種類	重力式コンクリートダム	アーチ式コンクリートダム	フィルダム
1	ダムの非越流部の直上流部における水位が常時満水位以下又はサーチャージ水位以下である場合	W, P, P_e, I, P_d, U	W, P, P_e, I, P_d, U, T	W, P, I, P_p
2	ダムの非越流部の直上流部における水位が設計洪水位である場合	W, P, P_e, U	W, P, P_e, U, T	W, P, P_p

備考
　この表において，W, P, P_e, I, P_d, U, P_p 及び T は，それぞれ次の荷重を表すものとする。

　　W　ダムの堤体の自重
　　P　貯留水による静水圧の力
　　P_e　貯水池内に堆積する泥土による力
　　I　地震時におけるダムの堤体の慣性力
　　P_d　地震時における貯留水による動水圧の力
　　U　貯留水による揚圧力

P_p　間げき圧（ダムの堤体の内部及びダムの基礎地盤の浸透水による水圧）の力
T　ダムの堤体の内部の温度の変化によって生ずる力

(1) 本規定は，ダムの堤体及び基礎地盤の設計に用いられる荷重の種類と組合せを規定したものである．具体的な荷重の計算方法は，令第12条により施行規則にゆだねられている．

(2) ダムの洪水吐きの設計に当たって用いる荷重の種類については，直接の規定がないが，ダムの堤体に準じた荷重として取り扱うものとしている．
　一般に，洪水吐きについては，洪水吐きの自重，貯留水による静水圧の力，貯水池内に堆積する泥土による力，地震時における洪水吐きの慣性力，地震時における貯留水による動水圧の力，貯留水による揚圧力，洪水吐きの内部の温度の変化によって生ずる力，洪水吐きに隣接する土地によって生ずる土圧，流水の力，ゲート・巻上げ機等洪水吐きに付属する施設によって生ずる反力等である．

(3) ダムの堤体及び基礎地盤の構造を決定するため，検討すべき貯水池水位の状態等は，規則第1条に規定するとおりである．規則第1条で規定するそれぞれの場合に対応する荷重の種類及び組合せは，本条に従うこととなる．なお当該ダムの実状に応じて必要なこれ以外の荷重，例えば氷圧等を考慮することは当然である．
　表中に示すローマ文字は，荷重の種類を定性的に表しているのであって，数量，単位を含んだ表現でない．この点，令第5条の表中のローマ文字の取扱いとは異なったものとなっている．

(4) 表中第1欄に「ダムの非越流部の直上流部における水位が常時満水位以下又はサーチャージ水位以下である場合」とあるが，これらはいずれも貯水池の水位の状態を示したもので，貯水池が空虚である場合は含まないものとしている（局長通達5を参照）．

(5) 「P_e 貯水池内に堆積する泥土による力」を泥圧，「I 地震時におけるダムの堤体の慣性力」を地震力又は地震時慣性力，「P_d 地震時における貯留水による動水圧の力」を地震時動水圧又は動水圧，「T ダムの堤体の内部の温度

変化によって生ずる力」を温度荷重と称している技術基準等がある．

「U 貯留水による揚圧力」は，堤体内及び基礎地盤内に水が浸透することによって発生する間隙圧を断面力として取り扱ったもので，「P_p 間隙圧（ダムの堤体の内部及びダムの基礎地盤の浸透水による水圧）の力」と同種のものである．しかし，従来から技術的慣習，工学計算の便宜さから，コンクリートダムでは一般に間隙圧を断面力として考える揚圧力が，フィルダムでは，間隙水圧と土質材料を構成する土粒子骨格の変形によって生ずる圧力からなる間隙圧が使用されているので，両者を区分した表現とし，コンクリートダムでは揚圧力を，フィルダムでは間隙圧を荷重として採用するものとした．

(6) フィルダムにおいて，「P_e 貯水池内に堆積する泥土による力」を考慮しないのは，ダムの堤体上流面に載荷された泥土が，フィルダムの堤体の安定計算において安全側に働くからである．

また，フィルダムにおいて，「P_d 地震時における貯留水による動水圧の力」を考慮しないのは，フィルダムの堤体の安定計算における外力としては小さく，工学的に無視できるからである．

（洪水吐き）
第7条　ダムには，洪水吐きを設けるものとする．
2．洪水吐き（減勢工を除く．）は，ダム設計洪水流量以下の流水を安全に流下させることができる構造とするものとする．
3．洪水吐きは，ダムの堤体及び基礎地盤並びに貯水池に支障を及ぼさない構造とするものとする．

---

(1) 本条は，ダムには洪水吐きを必要とすること，洪水吐きの放流能力は，ダムの安全を確保するためダム設計洪水流量以下の流量を安全に流下させることができる構造であること及び洪水吐きはダム並びに貯水池に支障を及ぼさない構造であることを規定している．
(2) 構造令でいう洪水吐きは，洪水時にダムの目的として計画的に洪水調節する施設であるかそれ以外の貯水池に貯留する必要のない流水を放流する施設であるかを問わずに，ダム及び貯水池の安全を確保するため，令第2

条第三号で規定したダム設計洪水流量以下の流水を安全に流下させるために設けられた放流施設を称している．したがって，洪水調節をその目的とするダムにあっては，高圧放流設備等の主として洪水調節に用いられる放流設備からの最大放流量と，堤体頂部等に設けられたその他の放流設備からの最大流量との合計が，ダム設計洪水流量に対応する構造となっていることが多い．

　ダムは，異常な洪水に見舞われても堤体から越流しないことを原則として計画している．ダム地点の流域面積の程度，貯水池面積，貯水池容量の大小にかかわらず洪水吐きを設けなくてはならない．また，洪水吐きは，ダム設計洪水流量を安全に流下させる放流能力を持っていなくてはならない．構造令においては，ダムの洪水に対する安全性を確保するための基本的原則として，洪水吐きを設置すること，適切なダム設計洪水流量を決定すること，適切な設計洪水位を設定すること及び適切なダム非越流部高さを決定することを考えているので，これらの取扱いは十分慎重に行わなくてはならない．

　なお，ダム設計洪水流量以下の流水を安全に流下させることができる構造であれば，利水用放流施設等その他の放流設備と，洪水吐きを兼用させることも考えられる．

図 2.17　洪水吐き（越流型）

洪水吐きは，余水吐と呼ばれることもあるが，構造令では洪水吐きと称する．

(3) 洪水吐きは，流入部，導流部及び減勢工に区分される．これらは一体となってその機能を発揮するものであるが，本条第2項は減勢工に適用がない．これは，洪水吐きの流入部が主として貯水池及びダムの安全に対する必要性からその構造が決まるものであるが，減勢工は，ダムの堤体及び下流の河道並びに付近の状況によってその構造が決まるものであること，また，著しく異なる流量を同程度に減勢することは，水理学的に困難であるので，洪水吐きの減勢工が最も減勢効果を発揮することとなる対象流量は，一般にダム設計洪水流量より小さな流量であること等により，一概にダム設計洪水流量以下の流水を安全に流下させる構造であると規定するのが適当でないからである．なお洪水吐きの減勢工については，令第9条に別途その規定を設けている．

表 2.2 洪水吐きの構成

流 入 部	導 流 部	減 勢 工
(1) 越流式 　　正面越流型 　　横越流型 (2) 朝顔型 (3) 管路式 　　低圧型（オリフィス） 　　高圧型（放　水　管）	(1) 堤体流下式 (2) 水路式（シュート式） (3) トンネル式	(1) 跳水式 　　水平水叩き型 　　傾斜水叩き型 　　（順傾斜水叩き） 　　（逆傾斜水叩き） 　　バケット型 (2) スキージャンプ式 (3) 自由落下式

(4) 本条第2項に「……安全に流下させることができる構造」とあるのは，具体的には，令第6条に規定する荷重及びその組合せに対して安全な構造であること，洪水吐きのゲート等については，令第10条及び第11条に規定するゲート等の構造の原則，荷重に対し安全であること，規則第12条に規定する越流型洪水吐きの引上げ式ゲートの最大引上げ時におけるゲート下端及び橋その他の堤頂構造物と設計洪水位における放流水脈との距離を有することのほか，ダムの目的，種類，規模，当該ダムに係る河川の洪水の規模，態様，発生頻度等を考慮した適切な洪水吐きの構造であることを含んでいる．

(5) ダムの安全からみたとき，ダム設計洪水流量以下の流水を安全に流下させるためには，洪水吐きゲートを有するダムにあっては，サーチャージ水位又は常時満水位のいずれか高い水位以上の水位では，速やかに洪水吐きゲートが全開の状態になるよう設計するのが基本である．貯水池運用計画上，サーチャージ水位又は常時満水位のいずれか高い水位で，洪水吐きゲートを全開できない場合は，洪水吐きゲートを全開にして貯留水を放流することができるまで，適切な洪水吐きゲートの操作を仮定し，これに対応する必要な貯水池容量を考慮したうえで，設計洪水位を決定しなくてはならない．従来，サーチャージ水位と同一の水位で洪水吐きゲートを全開して「異常洪水流量」を放流できるとして，洪水吐きの構造を決定していた向きもあったが，これでは洪水吐きゲートを全開にする操作時間に見合う貯水位上昇に対応できない．洪水吐きは，ダム設計洪水流量の流水を流下させるときに，貯水池水位を設計洪水位以下とする放流能力を有するとともに，それが確実に実施できる機能を有していなくてはならない．この意味から，河川上流部の規模の小さい貯水池のダムでは，洪水の流出に対し十分余裕ある洪水吐きゲートの操作のための時間が確保できない場合が多く，ゲートを有する洪水吐きは適当でない．

(6) 本条第3項は，洪水吐きの構造を決定するに当たり考慮すべき，一般的原則を規定したものである．

(7) 洪水吐きの主要な構造はコンクリート構造とし，コンクリートダムの堤体に属する部分を除き，安定した基礎地盤に緊密に接続した構造とする．洪水吐きの主要構造とは，流入部，導流部並びにダムの堤体に重大な影響を及ぼすと考えられる部分である．このうち，堤体と分離して設置されるフィルダムの洪水吐きについては，流入部と導流部の堤体側は原則として重力式コンクリートダムと同等の安全性を有するように設計する．

（越流型洪水吐きの越流部の幅）

第8条　越流型洪水吐きを有するダムの上流における堤防（計画横断形が定められている場合には，当該計画横断形に係る堤防（以下「計画堤防」という．）を含む．）の高さが当該ダムの設計洪水位以上非越流

部の高さ以下である場合においては，第38条及び第39条の規定は，当該ダムの洪水吐きについて準用する．この場合において，第38条第1項中「径間長（隣り合う堰柱の中心線間の距離をいう．以下この章において同じ．）」とあり，並びに同条及び第39条中「径間長」とあるのは，越流部の幅（洪水吐きの越流部が門柱，橋脚等によって分割されているときは，分割されたそれぞれの越流部の幅をいう．）」と読み替えるものとする．

（ダムの越流型洪水吐きの越流部の幅の特例）

規則第12条の2　越流型洪水吐きを有するダムの上流における堤防(計画横断形が定められている場合には，計画堤防を含む．)の高さが当該ダムの設計洪水位以上非越流部の高さ以下である場合においては，第17条から第19条までの規定を当該ダムの洪水吐きについて準用する．この場合において，これらの規定中「可動部」とあるのは，「越流型洪水吐き」と，「径間長」とあるのは，「越流部の幅（洪水吐きの越流部が門柱，橋脚等によって分割されているときは，分割されたそれぞれの越流部の幅をいう．）」と，第17条及び第19条中「径間長に応じた径間数」とあるのは，「当該越流部の幅に応じた越流部の数」と，第19条中「可動堰」とあるのは，「ダム」と読み替えるものとする．

(1) 本条は，ダムの貯水池に当該ダムの設計洪水位以上で非越流部高さ以下の高さの堤防がある場合，越流型洪水吐きの越流部の幅（洪水吐きの越流部が門柱，橋脚等によって分割されているときは，分割されたそれぞれの幅をいう）について，一定の制限を設けた規定である．

(2) ダムの貯水池に堤防がある場合，その堤防の高さは，ダムのサーチャージ水位等を基として決定された計画高水位に，令第20条に規定する値を加えた値以上として決定される．この堤防の高さが，令第5条で規定するダムの堤体の非越流部高さよりも低い場合もある．

　　ダムと堤防とは，外力に抗する状況が異なるので，計画上，設計上の考え方も自ずと違っている．堤防の構造は，河川管理者が定めた高水位であ

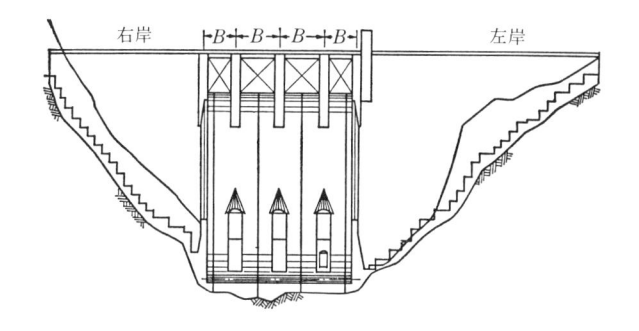

第8条 越流型洪水吐きの越流部の幅　65

B：越流型洪水吐き越流部の幅

図 2.18　越流型洪水吐きの越流部幅

る計画高水位以上の水位が人為的に生じない前提にたっているので，堰，橋梁等堤防区間の河川に，河川を横断して建設されることが予想される構造物には，その径間長等に制限を構造令で設けている．一方堤防の高さも，人為的な水位の上昇が生じないものとして令第20条に示す付加高さを規定している．ダムにおいては，設計洪水位は，当該ダム地点で発生するおそれのある流量である「ダム設計洪水流量」が洪水吐きを流下するものとしたときの水位であるとして決定しており，それ以上の水位は計画上，物理的に発生しないことを前提としているから，洪水吐きの径間長等に特に制限を設けていない．ダムの堤体の非越流部高さと堤防の高さの決定手法の差違についての考え方を調整するため，本条の規定をおき貯水池上流部の堤防部分における計画高水位の上昇が生じないようにしたものである．

　なお，ダムの設計洪水位以下の高さの堤防については，貯水池の水位が設計洪水位に達したときには堤防から越水することとなるので，水没を予定した貯水池として取り扱われ，ダム完成後には堤防が存在しないこととなる．
(3)　越流型洪水吐き以外の洪水吐きについては，ダムの設計洪水位付近の貯水池の高水位では，浮遊物の流入，洪水吐きの一時的閉塞が生じる可能性が少ないものとして，特に規定していないが，規定の趣旨により運用すべきである．

　越流型洪水吐きで洪水吐きゲートを有するものにあっては，本条の規定

に合致するような洪水吐きの幅を有するダムの洪水吐きゲートを建設することは，ゲートの構造上困難である場合が多い．このようなときには，上流の堤防の高さをダムの堤体の非越流部高さ以上の高さまで嵩上げし，堤防を安全にすることも考えられる．

(4) 令第38条及び第39条の規定は計画高水流量を基として，径間長を定めている．ダム地点において計画高水流量が定められていないときは，当該地点において100年につき1回の割合で発生するものと予測される洪水の流量を対象流量とする（局長通達6を参照）．

(5) 規則第12条の2は，令第8条の規定により，令第38条及び第39条を準用するとき必要な施行規則の規定を準用する規定である．

規則第17条は，令第38条第3項の規定に，規則第18条は，令第38条第5項の規定に，規則第19条は，令第39条第2項の規定に，それぞれ対応するものである．

（減勢工）

第9条　ダムの堤体又は下流の河床，河岸若しくは河川管理施設を保護するため，洪水吐きを流下する流水の水勢を緩和する必要がある場合においては，洪水吐きに適当な減勢工を設けるものとする．

---

(1) 本条は，河川の流水の過剰なエネルギーを減殺する必要があるときには，洪水吐きに減勢工を設ける規定である．

(2) 減勢工の機能は，ダムの堤体の安全を確保すること，ダム下流の河道を保護すること及びダム下流の河川管理施設等各種の施設を保護することである．規定には，「下流の河床，河岸……を保護するため」とあるが，これは直接的に支障が及ぶ河床，河岸を取り上げたまでで，趣旨にはその背後にある土地，各種施設に被害を与えないことを含んでいる．したがって，これらにダムの洪水吐きからの流水の放流が危険を及ぼすおそれがあるときには，適当な減勢工を設けることとなる．ここに「適当な」とあるが，これは河床，河岸，河川管理施設を保護すること及び減勢効果が，洪水吐きの対象放流量の状態でダムができる以前の河状における流水の水勢の状況にすることが一応の目安となろう．なお河川の状況によっては，減勢工に

図 2.19 減勢工の例

おいて流水の水勢をある程度緩和した後，下流の河岸の護岸等の施設を新たに設けた一定区間の河道を流水が流下して，従前の河状における流水の水勢の状態に復することも考えられる．なお，この場合，減勢工の範囲は従前の河状における流水の水勢の状態に復するまでの区間である．

(3) ダムの減勢工は，洪水吐きのほか，非洪水時の利水や余水の放流のため設けられる施設，ダム及び貯水池の保安のため設けられる放流施設にも必要に応じて設置される．この規定は，ダムの安全のために設けられているので，これらの減勢工のうち特に洪水吐きの減勢工を対象にしている．洪水吐きにあっても，洪水時に計画的に洪水調節を実施するための放流施設に対する減勢工と，それ以上の異常な出水に対して，ダム及び貯水池の安全を確保するための放流施設に対する減勢工とがある．また，両者の洪水吐きの放流施設が区分されていても，減勢工については兼用されることも多い．

68　第2章　ダ　ム

> （ゲート等の構造の原則）
> 第10条　ダムのゲート（バルブを含む．以下この章において同じ．）は，確実に開閉し，かつ，必要な水密性及び耐久性を有する構造とするものとする．
> 2．ダムのゲートの開閉装置は，ゲートの開閉を確実に行うことができる構造とするものとする．
> 3．ダムのゲートは，予想される荷重に対して安全な構造とするものとする．
> 4．ゲートを有する洪水吐きには，必要に応じ，予備のゲート又はこれに代わる設備を設けるものとする．

(1)　本条は，ダムのゲート及びバルブが有すべき構造の基本的な条件を規定したものである．ここでゲートとは，ダムの洪水吐きに設けられるゲート（バルブを含む．以下同じ．），ダムに設けられる各種利水用の放流設備に設けられるゲート，ダムの点検，修理及び非常用として貯水池水位を低下させるための放流設備に設けられるゲート等を含んでいる．以下令第11条，規則第11条における取扱いも同様である．

　　ダムの洪水吐き等の放流設備に設けられたゲートに事故が発生すると，放流設備の流下能力が小さくなり貯水池水位の異常な上昇を招き，特に出水時のゲート操作中に事故が発生するとダムの堤体からの越流の危険があり，致命的な被害を与えかねない．また下流に対しても異常な出水をもたらし河岸等に被害を与えたり，利水上の取水が困難なものとなる．これらに対処するためゲートの構造検討に際しては，十分注意しなくてはならない．

(2)　ダムのゲートの基本的な条件として，第1項において，確実に開閉すること，必要な水密性を有すること，必要な耐久性を有することをあげている．第2項以下は，この基本的な条件を満たすための具体的な手段，方法のうち主要なものを具体的に規定したものである．

　　適切なゲート型式を選定すること，必要な剛性を有すること，有害な振動を防止する構造であること，操作及び保守管理が容易，かつ，安全に行えること，波浪等による越波に対しても安全な構造であること等は，当然

考慮すべき事項として第1項の規定の趣旨に含まれている．

ゲートを，波浪等による越波に対しても安全な構造とするため，越流型洪水吐きのゲートの上端の標高は，ゲート形式及び各々の貯水池の水位に応じて必要な余裕を加えた**表2.3**に示す標高のうち大きい値以上としなければならない．

表 2.3 ダムの越流部に設置されるゲートの上端の標高

ゲート形状		貯水池の水位 常時満水位	サーチャージ水位
引上げ式	ラジアル形式	$H_n+h_w+h_e$	$H_s+h_w+h_e/2$
	バーティカル形式	$H_n+(h_w+h_e)/2$	$H_s+(h_w+h_e/2)/2$
越流式		$H_n+h_w/2$	H_s

注） 1． H_n：常時満水位，H_s：サーチャージ水位
    h_w：風による波浪高さ，h_e：地震による波浪高さ
  2． h_w 及び h_e は，令第5条の解説によるものとする．

(3) ゲートの開閉を確実に行うことができる構造とするため，特にゲートの開閉装置に注目して規定を設けている．出水時等で商用電力等に事故が生じても確実に所定の操作ができるよう，ゲートの開閉装置には，常用する動力設備のほか予備の動力設備を設けることとしている．ゲートの規模が小さく手動によっても確実に開閉できるときには，予備の動力設備に代えて，手動の開閉機構を設けることができる．

「開閉装置」とは，ゲートを扉体（水圧を直接受け固定部に伝える部分），戸当り（ダムの堤体コンクリートの中に埋め込まれて扉体の水密部が当たり，止水をする部分），固定部（扉体の支承部より堤体に外力を伝える部分で，戸当りと区分しないことが多い），開閉装置に区分したとき，扉体を開閉するための装置で，電動機など原動機の回転トルクを歯車や減速機を介してワイヤロープやラック等を用いて扉体を開閉する機械式開閉装置と，原動機の回転トルクを油圧力に変換し，アクチュエータ（油圧シリンダ又は油圧モータ）を用いて扉体を開閉する油圧式開閉装置に大別される．

(4) 第3項の予想される荷重の具体的な規定として，令第11条のゲートに作用する荷重の種類，規則第11条のダムのゲートに作用する荷重の規定があ

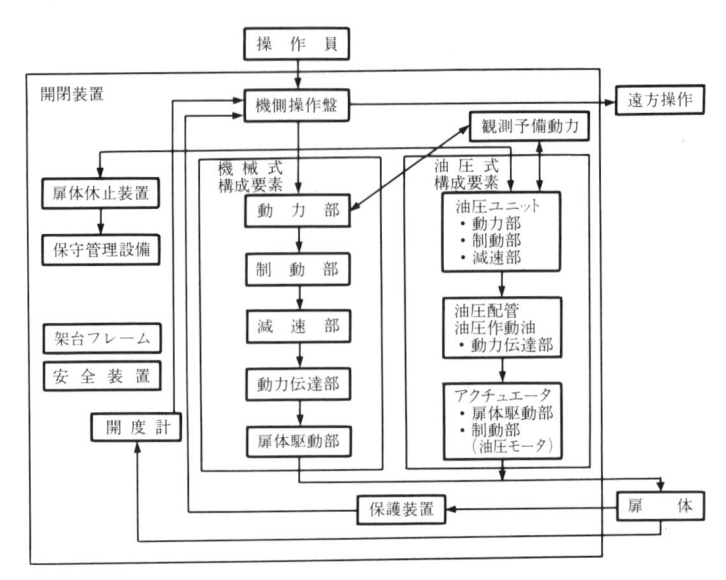

図 2.20 開閉装置の基本構成

る．
(5) 第4項の規定は，洪水吐きの放流能力に余裕をもたせるため，予備の洪水吐きを設ける意味ではなく，ゲート，洪水吐きの点検や補修を行う場合等のため予備ゲートを，主ゲートの上流又は下流に設ける趣旨のものであり，少なくとも高圧ゲート・バルブには予備ゲートを設けるものとする．

　クレストゲートは，洪水吐き及びゲートの補修等を行うとき，貯水池水位の低下が容易に可能である場合は予備のゲートを必ずしも設ける必要はない．越流型洪水吐きの常時満水位以下の洪水吐きの断面には，河川管理上当該洪水吐きのゲートを開放する必要が生じたときにその対応が容易なように，予備のゲートを設け，またゲートの敷高と常時満水位との水頭が小さなときはこれに代わる角落とし等の戸当り等を設けておくことが好ましい（局長通達7を参照）．

第10条 ゲート等の構造の原則　71

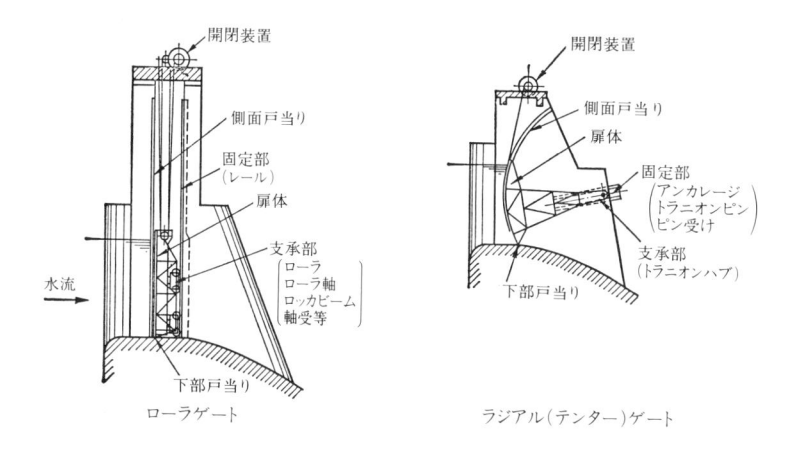

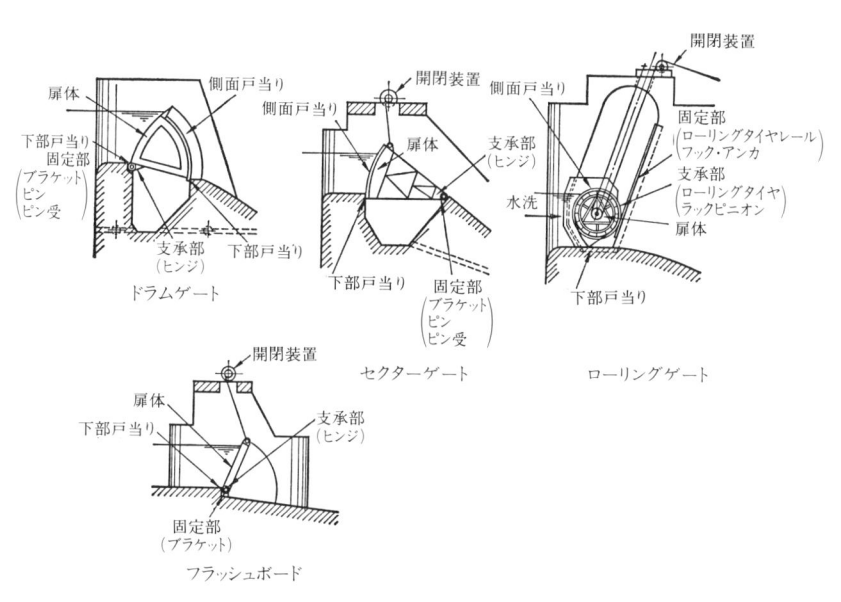

図 2.21(a)　ゲートの種類

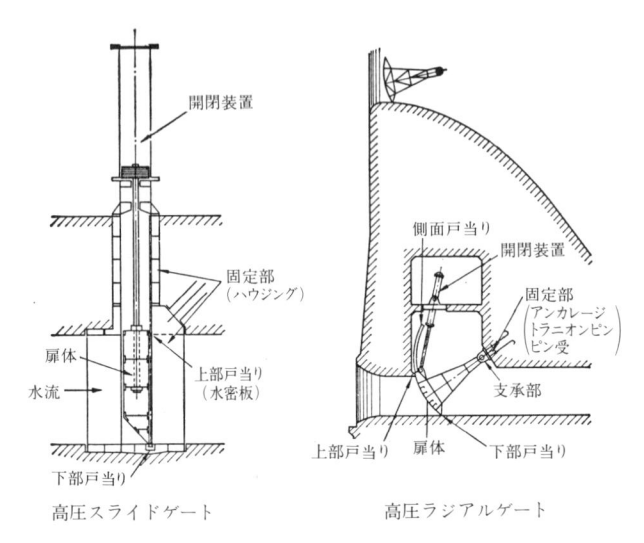

高圧スライドゲート　　　　高圧ラジアルゲート

図 2.21(b)　ゲートの種類

図 2.22　予備のゲートの例

（ダムの越流型洪水吐きのゲート等の構造）

規則第12条　越流型洪水吐きの引上げ式ゲートの最大引上げ時におけるゲートの下端及び越流型洪水吐きに附属して設けられる橋，巻上げ機その他の堤頂構造物は，設計洪水位において放流されることとなる流量の流水の越流水面から1.5メートル以上の距離を置くものとする．

2．ダム設計洪水流量の流水が洪水吐きを流下する場合における越流水深が，2.5メートル以下であるダムに関する前項の規定の適用については，同項中「1.5メートル」とあるのは，「1.0メートル」とする．

(1) 本条は，越流型洪水吐きの引上げ式ゲートの最大引上げ時におけるゲートの下端及び越流型洪水吐きに付属して設けられる橋，巻上げ機等の堤頂構造物は，設計洪水位において放流されることとなる流水の越流水面から所定の間隔を有しなければならないことを規定したものである．

(2) 設計洪水位における洪水吐きからの放流は，ダムの計画において洪水吐きから放流されることとなる最大の流量であり，ダムの洪水に関する安全の基本となるものである．

　洪水吐きの流入部からの越流水脈は，空気連行と貯水池水面との変動によって脈動が生じること，浮遊物等の閉塞によるせき上げ等のためゲートに損傷を与え，ゲートの閉塞又はゲートの巻上げ不能等により，貯水池水位が異常に上昇してダム上流の氾濫，堤体の非越流部からの越水，ゲート及び橋等の堤頂の主要構造物の破壊が生じることがある．これらに対応するため，洪水吐きからの越流水脈とゲートの下端及び越流型洪水吐きに付属して設けられる堤頂構造物との間に1.5mの余裕を設けたものである．

　対象となっている水脈は貯水池及びダムの安全に係る基本量である設計洪水位における放流であるから，規定の趣旨は，ゲートによる万一のせき上げを問題としているので，ここでいうゲートの下端とは一般に扉体の下端と考えている．テンターゲートのピン等は，ゲート構造に致命的な破壊を及ぼすおそれがない限りその対象としないが，洪水吐きからサーチャージ水位で放流される放流水脈がピン等に接しないこととしている．

　橋，巻上げ機その他の堤頂構造物はこの規定を満足させなければならな

いが，堤体の非越流部高さ全体を嵩上げさせずに，当該構造物のみを嵩上げさせることは支障ない．

図中のラベル:
- 橋梁
- ゲート
- 設計洪水位
- 1.5m
- 1.5m

の部分に最大引上時のゲートの下端及び越流型洪水吐きに付属して設けられる橋，巻上げ機その他堤頂構造物があってはならない

設計洪水位において放流されることとなる流量の流水の越流水面

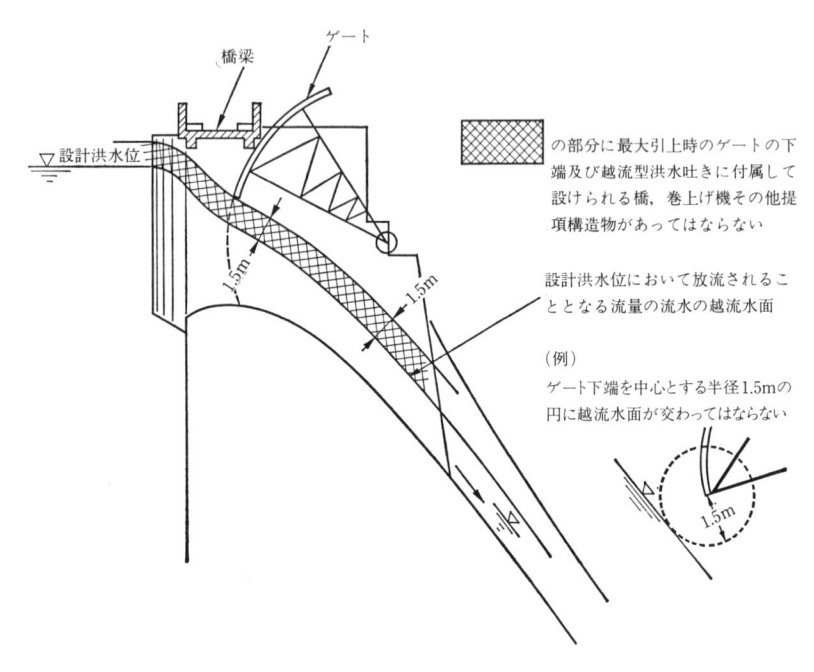

（例）
ゲート下端を中心とする半径1.5mの円に越流水面が交わってはならない

1.5m

図 2.23 ダムの越流型洪水吐きのゲートの構造

(3) 越流型洪水吐きに用いられる引上げ式ゲートには，ローラゲートとラジアルゲート（テンターゲート）を一般的に用いる．

(4) ダム設計洪水流量の流水が洪水吐きを流下する場合における越流水深が 2.5 m 以下であるダムについては，令第 5 条第 2 項と同様の趣旨でその適用を緩和した．

（ゲートに作用する荷重の種類）

第 11 条　ダムのゲートに作用する荷重としては，ゲートの自重，貯留水による静水圧の力，貯水池内に堆積する泥土による力，貯留水の氷結時における力，地震時におけるゲートの慣性力，地震時における貯留水による動水圧の力及びゲートの開閉によって生ずる力を採用するも

のとする．

(1) 本条は，ダムのゲートに作用するものとする一般的・基本的な荷重の種類を規定したものである．

(2) ダムのゲートに作用するものと考えられる荷重としては，本規定に掲げられた荷重の他，浮力，風荷重，雪荷重，温度変化，水撃圧等流水による水圧の変化，流水に起因する振動がある．これらについては，ゲートを設計するに当たり事実上支配的な荷重とならないこと，一般的な荷重といいにくいこと，配慮すべき事項として取り扱うことができても荷重としてその数値を決定しにくいこと等のため特に規定しなかった．

　ゲートを設計するに当たっては，当該ゲートの実状に応じて，必要により規定以外の荷重をも採用しなければならないのは当然である．

(3) ゲートの自重，貯留水の静水圧の力，貯水池内に堆積する泥土による力，地震時におけるゲートの慣性力又は地震時における貯留水による動水圧の力については，令第12条に基づき，施行規則において具体的な荷重の算出方法を規定している．

(4) 「貯留水の氷結時における力」は，貯水池の表面が結氷しているとき，氷の温度が上昇した場合氷の温度膨張力として氷圧が生じる．ダムの堤体等に係る荷重としては，特殊なものであり，かつ，支配的な荷重となることが少ないので詳細を構造令及び施行規則では規定していない．しかしゲートは，ダムの堤体に比して剛性が小さいこと，ダムの堤体に比して高さが低いこと，貯水池の表面付近に建設され氷圧が発生した場合その影響を受けやすいこと等があって，結氷する貯水池では氷結時における力を検討する必要があるので，本規定を設けた．

　なお，氷圧は現地における気温上昇の温度差，氷厚，貯水池両岸の状況による拘束度，結氷面に対する直射日光の度合等に応じて変化するものとされている．

(5) 「ゲートの開閉によって生ずる力」は，扉体自重及びバラスト自重，支承部，水密ゴム及び堆泥による摩擦力，浮力，流水による上・下向力等を考慮するのが一般である．

太陽の輻射を無視した場合　　　太陽の輻射を考慮した場合

図 2.24　氷厚と氷圧の関係

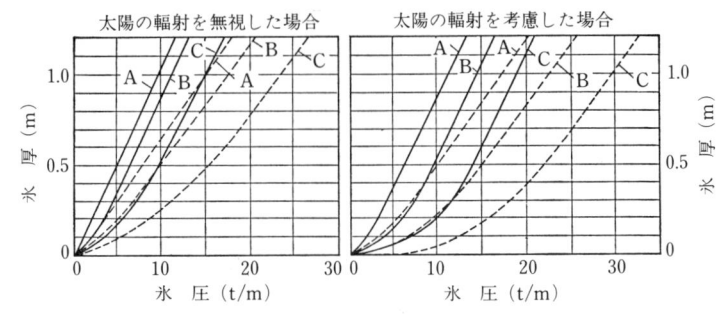

注 1. 横軸の氷圧：氷板の堤軸方向 1m 当たりの値
　 2. 記号の意味
　　　――――　貯水池両岸無拘束の場合　　A　気温上昇率　2.8℃/時
　　　……　　 〃　完全拘束の場合　　　　B　　〃　　　　5.6　〃
　　　　　　　　　　　　　　　　　　　　C　　〃　　　　8.4　〃
　 3. 貯水池両岸完全拘束：両岸が急傾斜で結氷が不動の状態．
　　　　〃　　両岸無拘束：両岸傾斜が緩やかで氷の縁がすべり上がるような状態．

（ダムのゲートに作用する荷重）

規則第 11 条　令第 11 条に規定するダムのゲートに作用する荷重のうち，ゲートの自重，貯留水による静水圧の力，貯水池内に堆積する泥土による力，地震時におけるゲートの慣性力及び地震時における貯留水による動水圧の力については，第 3 条から第 7 条までの規定を準用する．この場合において，これらの規定中「ダムの堤体」とあるのは，「ダムのゲート」と読み替えるものとする．

2.　ダムのゲートに作用する荷重としては，次の表の中欄に掲げる区分に応じ，同表の下欄に掲げるものを採用するものとする．

項	区分	荷重
1	地震時以外の時	W, P, P_e, P_i, P_0
2	地震時	W, P, P_e, P_i, I, P_d

備考
　この表において，W, P, P_e, P_i, I, P_d 及び P_0 は，それぞれ次の荷重を表すものとする．
　　W　ゲートの自重

P 貯留水による静水圧の力
P_e 貯水池内に堆積する泥土による力
P_i 貯留水の氷結時における力
I 地震時におけるゲートの慣性力
P_d 地震時における貯留水による動水圧の力
P_0 ゲートの開閉によって生ずる力

3. 前項の表において採用する荷重によりダムのゲートに生ずる応力は，適切な工学試験の結果に基づき定める許容応力を超えてはならないものとする．

(1) ダムのゲートに作用する荷重の具体的な計算方法，荷重の組合せ及びダムのゲートの許容応力を規定したものである．なお，ゲートを設計するに当たっては，当該ゲートの実状に応じて，必要により規定以外の荷重との組合せを考慮しなければならないのは当然である．
(2) 令第10条の解説で述べたようにダムのゲート（バルブを含む．以下この条において同じ．）には，当然，洪水吐き（令第7条）のゲート，河川の流水の正常な機能を維持するため必要な放流設備（令第14条）のゲート，点検・修理等の放流設備（規則第10条第6項）のゲート並びにその他利水のためのダムに付属する取水設備等のゲートが含まれる．
(3) ゲートに作用する地震時におけるゲートの慣性力及び地震時における貯留水による動水圧の力を求めるときは，その震度は，規則第2条第1項の規定に基づき当該ダムにおいて定めたダムの構造計算に用いる設計震度によるが，アーチ式コンクリートダムのゲートを堤体以外の場所に設けた場合には，当該ゲートの設計震度は，規則第2条第3項の規定により当該ダムの設計震度の値の1/2の値にすることができる．これは，アーチ式コンクリートダムの設計震度が，堤体構造に基づく振動特性を考慮してその値を規定しているからである．

また構造令及び施行規則に規定がないものについては，「ダム・堰施設技術基準（案）（基準解説編・マニュアル編）」（平成11年3月 ㈳ダム・堰施設技術協会）に従うのが一般的である．
(4) ゲートに作用する貯留水による静水圧の力は，規則第4条を準用するこ

ととなるが，地震以外のときには当然地震の設計震度は0となるので，地震による波浪の貯水池の水面からの高さは無視してよいこととなる．

(5) ダムのゲートに関する構造計算は，規則第1条のダムの堤体及び基礎地盤に関する構造計算に準じて

1) ダムの非越流部の直上流における水位が
   一 常時満水位である場合
   二 サーチャージ水位である場合
   三 設計洪水位である場合

を標準とし，

2) その他ゲートの危険が予想される場合

の荷重を採用して行うものとしている．

このときの地震時の荷重計算にあっては，地震時におけるゲートの慣性力，地震時における貯留水による動水圧の力を求める際に使用する設計震度を，サーチャージ水位である場合については，常時満水位である場合の数値の1/2にするのが一般である．また，設計洪水位である場合には，地震時の計算をしない．この点の取扱いについては，ダムの堤体と同様である．

(6) ゲートの主要部材は，原則として表2.4の「規格番号」に示す材料又はこれと同等以上の特性を有する材料を使用する．

(7) ゲートの主要材料は，その使用材料がJISのものがあれば，当該規格に合格することを確かめなくてはならない．またJIS以外の材料で，それと同等な材料と考えられるものを使用する場合は「海外建設資材品質審査証明書」により品質確認されたものや設計で要求される品質を満足しているか否かを確認できる材料検査を行うことにより使用することができる．

ゲートの扉体，戸当り，固定部の強度計算に使用する許容応力は，常時使用状態にある一般の水門扉については，材料の降伏点強度の1/2以内としているのが通例である．

また，常時使用状態にある高圧ゲート（バルブ）については，振動の発生等を考慮して常時使用状態にある水門扉の許容応力の90％とするのが通例である．

なお，予備のゲート等常時使用状態にない水門扉については，許容応力

第11条 ゲートに作用する荷重の種類　79

表 2.4　水門扉の使用材料

No.	名　称	規格番号	No.	名　称	規格番号
1	一般構造用圧延鋼材	JIS G 3101(SS)	16	機械構造用炭素鋼鋼材	JIS G 4501(S-C)
2	溶接構造用圧延鋼材	JIS G 3106(SM)	17	クロムモリブデン鋼鋼材	JIS G 4105(SCM)
3	溶接構造用耐候性熱間圧延鋼材	JIS G 3114(SMA)	18	ステンレス鋼棒	JIS G 4303(SUS)
			19	溶接構造用鋳鋼品	JIS G 5102(SCW)
4	炭素鋼鋳鋼品	JIS G 5101(SC)	20	構造用高張力炭素鋼及び低合金鋼鋳鋼品	JIS G 5111(SCMn, SCMnCr)
5	熱間圧延ステンレス鋼板及び鋼帯	JIS G 4304(SUS)	21	ステンレス鋼鋳鋼品	JIS G 5121(SCS)
6	冷間圧延ステンレス鋼板及び鋼帯	JIS G 4305(SUS)	22	ねずみ鋳鉄品	JIS G 5501(FC)
			23	球状黒鉛鋳鉄品	JIS G 5502(FCD)
7	ステンレスクラッド鋼	JIS G 3601(SS, SM, SMA+SUS)	24	銅及び銅合金の板及び条	JIS H 3100(C-P)
8	一般構造用炭素鋼鋼管	JIS G 3444(STK)	25	銅及び銅合金鋳物	JIS H 5120(CAC)
9	圧力配管用炭素鋼鋼管	JIS G 3454(STPG)	26	普通レール	JIS E 1101
10	炭素鋼鍛鋼品	JIS G 3201(SF)	27	鉄道車両用炭素鋼一体圧延車輪	JIS E 5402 (SSWR, SSWQ)
11	リベット用丸鋼	JIS G 3104(SV)			
12	鉄筋コンクリート用棒鋼	JIS G 3112 (SR, SD)	28	機械構造用炭素鋼鋼管	JIS G 3445 (STKM)
13	配管用ステンレス鋼管	JIS G 3459 (SUS-TP)	29	配管用アーク溶接炭素鋼鋼管	JIS G 3457(STPY)
14	PC鋼棒	JIS G 3109(SBPR)	30	配管用溶接大径ステンレス鋼管	JIS G 3468 (SUS-TPY)
15	PC鋼線及びPC鋼より線	JIS G 3536 (SWPR, SWPD)			

を材料の降伏点強度の1/2を上回る値をとることがある．

(8) 扉体，戸当り，固定部に用いられる構造用鋼材の許容応力は，以下①〜⑩項のとおりとする．

① 扉体，戸当り，固定部に用いられる構造用鋼材の許容軸方向引張応力

表 2.5　許容軸方向引張応力度及び許容曲げ引張応力度

(単位：N/mm²)

鋼種	SS 400, SM 400, SMA 400		SM 490		SMA 490	
種類	厚さ≦40 mm	>40	厚さ≦40 mm	>40	厚さ≦40 mm	>40
軸方向引張応力度及び曲げ引張応力度	120	左記の0.92倍	160	左記の0.94倍	180	左記の0.95倍

度及び許容曲げ引張応力度は，表2.5に示す値とする．

② 扉体，戸当り，固定部に用いられる構造用鋼材の許容軸方向圧縮応力度は，次式により算出した値とする．

$$\sigma_{ca} = \sigma_{cag} \cdot \sigma_{cal}/\sigma_{cao}$$

σ_{ca}：許容軸方向圧縮応力度（N/mm²）

σ_{cag}：表2.6に示す局部座屈を考慮しない許容軸方向圧縮応力度（N/mm²）

σ_{cal}：局部座屈に対する許容応力度（N/mm²）

σ_{cao}：表2.6に示す局部座屈を考慮しない許容軸方向圧縮応力度の上限値（N/mm²）

表 2.6　局部座屈を考慮しない許容軸方向圧縮応力度

（単位：N/mm²）

鋼　種 種　類	SS 400, SM 400, SMA 400		SM 490		SMA 490	
	厚さ≦40 mm	>40	厚さ≦40 mm	>40	厚さ≦40 mm	>40
軸方向圧縮 応　力　度	$\frac{l}{r} \leq 20$：　　120	左記応力度の0.92倍とする	$\frac{l}{r} \leq 15$：　　160	左記応力度の0.94倍とする	$\frac{l}{r} \leq 14$：　　180	左記応力度の0.95倍とする
圧縮部材 　l：部材の有効座 　　屈長（mm） 　r：部材の総断面 　　の断面二次 　　半径（mm）	$20 < \frac{l}{r} \leq 93$： $120 - 0.75 \left(\frac{l}{r} - 20\right)$ $93 < \frac{l}{r}$： $\frac{1\,000\,000}{6\,700 + \left(\frac{l}{r}\right)^2}$		$15 < \frac{l}{r} \leq 80$： $160 - 1.12 \left(\frac{l}{r} - 15\right)$ $80 < \frac{l}{r}$： $\frac{1\,000\,000}{5\,000 + \left(\frac{l}{r}\right)^2}$		$14 < \frac{l}{r} \leq 76$： $180 - 1.33 \left(\frac{l}{r} - 14\right)$ $76 < \frac{l}{r}$： $\frac{1\,000\,000}{4\,500 + \left(\frac{l}{r}\right)^2}$	
圧縮添接材	120		160		180	

③ 扉体，戸当り，固定部に用いられる構造用鋼材の許容曲げ圧縮応力度は，次の規定による．

　i） 部材の圧縮縁の許容曲げ圧縮応力度は，表2.7に示す値とする．

　ii） 局部座屈に対する許容応力度が表2.7に示す値より小さい場合はi）項の規定にかかわらず局部座屈に対する許容応力度を許容曲げ圧縮応力度とする．

④ 扉体，戸当り，固定部に用いられる構造用鋼材の許容せん断応力度及び許容支圧応力度は，それぞれ表2.8に示す値とする．

表 2.7 許容曲げ圧縮応力度

(単位：N/mm²)

鋼種 種類	SS 400, SM 400, SMA 400		SM 490		SMA 490	
	厚さ≦40 mm	>40	厚さ≦40 mm	>40	厚さ≦40 mm	>40
曲げ応力度 桁の圧縮 A_w：腹板の総断面積 (mm²) A_c：圧縮フランジの総断面積 (mm²) l：圧縮フランジの固定点間距離 (mm) b：圧縮フランジ幅 (mm) $K=\sqrt{3+\dfrac{A_w}{2A_c}}$	$\dfrac{l}{b}\leqq\dfrac{9}{K}$：　120 $\dfrac{9}{K}<\dfrac{l}{b}\leqq 30$： $120-1.1\left(K\dfrac{l}{b}-9\right)$ ただし，$\dfrac{A_w}{A_c}<2$の場合は，$K=2$とする．	左記応力度の0.92倍とする	$\dfrac{l}{b}\leqq\dfrac{8}{K}$：　160 $\dfrac{8}{K}<\dfrac{l}{b}\leqq 30$： $160-1.6\left(K\dfrac{l}{b}-8\right)$ ただし，$\dfrac{A_w}{A_c}<2$の場合は，$K=2$とする．	左記応力度の0.94倍とする	$\dfrac{l}{b}\leqq\dfrac{7}{K}$：　180 $\dfrac{7}{K}<\dfrac{l}{b}\leqq 27$： $180-1.9\left(K\dfrac{l}{b}-7\right)$ ただし，$\dfrac{A_w}{A_c}<2$の場合は，$K=2$とする．	左記応力度の0.95倍とする
圧縮フランジがスキンプレート等で直接固定された場合	120		160		180	

表 2.8 許容せん断応力度及び許容支圧応力度

(単位：N/mm²)

鋼種 種類	SS 400, SM 400, SMA 400		SM 490		SMA 490	
	厚さ≦40 mm	>40	厚さ≦40 mm	>40	厚さ≦40 mm	>40
せん断応力度	70	左記の 0.92倍	90	左記の 0.94倍	105	左記の 0.95倍
支圧応力度	180		240		270	

⑤　扉体，戸当り，固定部に用いられる鋳鍛鋼品，炭素鋼及び棒鋼の許容応力度は，**表 2.9** に示す値とする．

⑥　扉体，戸当り，固定部に用いられる接合用鋼材の許容応力度は，**表 2.10** に示す値とする．

⑦　固定部に用いられる PC 鋼材（PC 鋼線，PC 鋼より線及び PC 鋼棒）の許容引張応力度は，**表 2.11** に示す値とする．

⑧　上記に規定していない材料を使用するときの許容応力については，上記の規定に準じて各応力を決定するものとする．

⑨　曲げモーメント及び軸方向力による垂直応力とせん断応力を同時に受ける場合や垂直応力が互いに直交する応力状態の場合は，次式により合成応力度を計算し，許容応力度以内となるよう設計する．

表 2.9 鋳鍛鋼品，炭素鋼及び棒鋼の許容応力度

(単位：N/mm²)

鋼　種	種　類	軸方向引張応力度	軸方向圧縮応力度	曲げ応力度	せん断応力度	支圧応力度
鍛　鋼　品	SF 440 A	110	110	110	65	165
鋳　鋼　品	SC 450	110	110	110	65	165
	SC 480	120	120	120	70	180
	SCW 410	120	120	120	70	180
機械構造用炭素鋼	S 20 C	120	120	120	70	180
	S 25 C	130	130	130	75	195
	S 35 C	150	150	150	85	225
	S 45 C	170	170	170	95	255
炭素鋼鋼管	STPY 400	110	110	110	65	165
	STPG 370	110	110	110	65	165
鉄筋コンクリート用棒鋼	SR 235	120	120	120	70	180
	SR 295	150	150	150	85	225
	SD 345	170	170	170	100	255

(注) i) 表2.9に示す機械構造用炭素鋼の許容応力度は，直径 ϕ 25，焼ならし処理 (N) の場合を示す．

ii) 機械構造用炭素鋼で焼入・焼戻し処理 (H) を行う場合は，JIS 規定を遵守するとともに質量効果を考慮し許容応力度を求める．

表 2.10 接合用鋼材の許容応力度

(単位：N/mm²)

種　類	鋼　種	SS 400, SM 400		SM 490	
		厚さ≦40mm	>40	厚さ≦40mm	>40
リベット		SV 330		SV 400	
1. せん断応力度		85		115	
2. 支圧応力度		175	左記の0.92倍とする	235	左記の0.94倍とする
ボルト		SS 400, S 20 C		S 35 C	
1. せん断応力度　仕上ボルト　アンカボルト		75　50		100　65	
2. 支圧応力度　仕上ボルト		180	左記の0.92倍とする	230	左記の0.94倍とする

表 2.11 PC 鋼材（PC 鋼線，PC 鋼より線及び PC 鋼棒）の許容引張応力度

適 用 時	許 容 引 張 応 力 度
プレストレッシング中	$0.60\sigma_{pu}$ 又は $0.70\sigma_{pv}$ のうちいずれか小さい値
プレストレッシング直後	$0.50\sigma_{pu}$ 又は $0.60\sigma_{pv}$ のうちいずれか小さい値
使用状態	$0.40\sigma_{pu}$ 又は $0.55\sigma_{pv}$ のうちいずれか小さい値

ここに，σ_{pu}：PC 鋼材の引張強さ
　　　　σ_{pv}：PC 鋼材の降伏点

i) 曲げモーメント及び軸方向力による垂直応力とせん断応力を受ける場合

$$\sigma_{g1}=\sqrt{\sigma_1^2+3\tau^2}\leqq 1.1\sigma_a$$

ii) 二軸方向応力とせん断応力を受ける場合

$$\sigma_{g2}=\sqrt{\sigma_1^2+\sigma_2^2-\sigma_1\sigma_2+3\tau^2}\leqq 1.1\sigma_a$$

　　　σ_{g1}, σ_{g2}：合成応力度（N/mm²）
　　　　　　σ_1：曲げモーメント及び軸方向力による垂直応力度(引張を正とする)（N/mm²）
　　　　　　σ_2：σ_1 に直角な方向の垂直応力度（引張を正とする）（N/mm²）
　　　　　　τ：曲げ及びねじりによるせん断応力度（N/mm²）
　　　　　　σ_a：表 2.5 に規定する許容軸方向引張応力度（N/mm²）

二軸方向の合成応力度に対する許容応力度は，許容軸方向引張応力度の 1.1 倍とする．

⑩ 水門扉の許容応力度は，①項〜⑨項の値を基本として，水門扉の用途によって**表 2.12** に示す各係数を乗じた値とする．ただし，PC 鋼材については次のとおりとする．

i) 地震時においても地震時の欄は適用せず，地震時以外の欄を適用する．

ii) 地震時以外の補正係数が 1.00 より大きい場合は，表 2.12 の値を 1.00 と読みかえる．

表 2.12 許容応力度の補正

水門扉の用途		設 計 水 位	補 正 係 数	
			地震時以外	地 震 時
洪水調節用放流設備	クレストゲート	常時満水位及びサーチャージ水位 設 計 洪 水 位	1.00 1.00	1.50 ——
	主ゲート	常時満水位及びサーチャージ水位 設 計 洪 水 位	0.90(1.00) 0.90(1.00)	1.35(1.50) ——
	副ゲーム及び予備ゲート	常 時 満 水 位 サーチャージ水位 設 計 洪 水 位	0.90(1.00) 1.15 ——	1.35(1.50) 1.70
貯水池維持用放流設備	主ゲート	常時満水位及びサーチャージ水位 設 計 洪 水 位	0.90(1.00) 0.90(1.00)	1.35(1.50) ——
	副ゲート及び予備ゲート	常 時 満 水 位 サーチャージ水位 設 計 洪 水 位	0.90(1.00) 1.15 ——	1.35(1.50) 1.70
低水放流設備及び貯水位低下用放流設備	主ゲート	常時満水位及びサーチャージ水位 設 計 洪 水 位	0.90(1.00) 0.90(1.00)	1.35(1.50) ——
	副ゲート・バルブ	常 時 満 水 位 サーチャージ水位 設 計 洪 水 位	0.90(1.00) 1.15 ——	1.35(1.50) 1.70
低水放流設備	選択取水ゲート	(注iv参照) (注v参照)	1.00 1.00	1.80 1.50
その他	修理用ゲート	常 時 満 水 位 サーチャージ水位	1.15 1.15	1.70
	試験湛水用ゲート	試験湛水計画による最高水位	1.15	1.70
	仮排水路閉塞用ゲート	本閉塞までの試験湛水計画による最高水位	1.15	1.70

(注) i)「設計水位」は,「波浪」を加えた水位とする.
 ii) 表2.12の( )内数値は,設計水深が25m未満の場合についての補正係数を示す.
 iii) 選択取水ゲートの下流などに設けられ,放流管及び主・副ゲートの保守管理のために水圧バランス状態で操作するゲートは「その他」の修理用ゲートに準ずる.
 iv) 地震時動水圧として,ツァンガ又はウエスタガードの式を用いた場合を示す.
 v) 地震時動水圧として,ツァンガ又はウエスタガードの式を用いない場合を示す.

> （荷重等の計算方法）
> 第12条　第6条及び前条に規定する荷重の計算その他ダムの構造計算に関し必要な技術的基準は，建設省令で定める．

(1) 本条は，令第6条及び第11条の規定に関する荷重の計算，その他ダムの構造計算に関し必要な技術基準を建設省令（施行規則）で定めることを規定している．

(2) 構造令及び施行規則に規定がないものについての運用は，「河川砂防技術基準（案）同解説」及びJIS規定に従うのが一般である．

　　また構造令及び施行規則の規定に抵触しない部分については，「第2次改訂ダム設計基準」（昭和53年8月　日本大ダム会議）が参考となる．

> （ダムの堤体の自重）
> 規則第3条　河川管理施設等構造令（以下「令」という．）第6条のダム堤体の自重は，ダムの堤体の材料の単位体積重量を基礎として計算するものとする．

(1) 本条は，令第6条のダムの堤体の自重は，堤体に使用する材料の単位体積重量を試験等によって決定し，これを基として計算することを規定したものである．

(2) コンクリートダムの堤体の単位体積重量は，原則として実際に使用する材料とコンクリート配合で試験を行い，その結果に基づき決定する．試験を行わないときには，コンクリートの単位体積重量を $22.56 \text{ kN/m}^3 \{2.30 \text{ tf/m}^3\}$ とすることができる．

(3) フィルダムの堤体の単位体積重量は，原則として，実際に使用する材料について試験を行い，その結果に基づき決定する．

　　貯水時の荷重計算にあっては，検討時における定常状態の浸潤線以上の部分の堤体の自重は湿潤重量を，それ以下の部分の堤体の自重は飽和重量を用いる．水位の急速低下時の荷重計算にあっては，しゃ水部分の堤体の自重は，水位低下前における定常状態の浸潤線以上の部分は湿潤重量を，それ以下の部分は飽和重量を用いる．また，透水部分の堤体の自重は，水位

低下時における定常状態の浸潤線に，上記の水位低下前におけるしゃ水部分の堤体の浸潤線の影響を考慮した浸潤線を定め，それ以上の部分は湿潤重量を，それ以下の部分は飽和重量とするのが一般である．

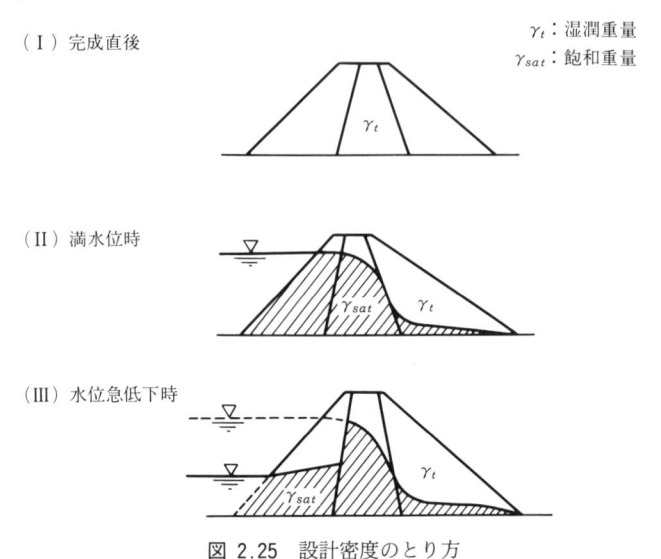

（Ⅰ）完成直後

（Ⅱ）満水位時

（Ⅲ）水位急低下時

γ_t：湿潤重量
γ_{sat}：飽和重量

図 2.25 設計密度のとり方

（貯留水による静水圧の力）

規則第 4 条　令第 6 条の貯留水による静水圧の力は，ダムの堤体と貯留水との接触面に対して垂直に作用するものとし，次の式によって計算するものとする．

$P = W_0 h_0$

この式において，P，W_0 及び h_0 は，それぞれ次の数値を表すものとする．

P　貯留水による静水圧の力（単位　1平方メートルにつき重量トン）

W_0　水の単位体積重量（単位　1立方メートルにつき重量トン）

h_0　次の表の中欄に掲げる区分に応じ，同表の下欄に掲げる水位からダムの堤体と貯留水との接触面上の静水圧の力を求めようとする点までの水深（単位　メートル）

項	貯水池の水位	ダムの非越流部の直上流部における波浪を考慮した水位 （単位　メートル）
1	ダムの非越流部の直上流部における水位が常時満水位である場合	常時満水位に風による波浪の貯水池の水面からの高さ及び地震による波浪の貯水池の水面からの高さを加えた水位
2	ダムの非越流部の直上流部における水位がサーチャージ水位である場合	サーチャージ水位に風による波浪の貯水池の水面からの高さ及び地震による波浪の貯水池の水面からの高さの2分の1を加えた水位
3	ダムの非越流部の直上流部における水位が設計洪水位である場合	設計洪水位に風による波浪の貯水池の水面からの高さを加えた水位

2．令第5条第1項及び前項の地震による波浪の貯水池の水面からの高さは，第2条第1項の規定により定めた設計震度の値を用いて計算するものとする．

(1) 令第6条の貯留水による静水圧の力は，ダムの堤体と貯留水の接触面に対して垂直に作用するものとして，次の単位体積重量に，規則第1条で規定するそれぞれの貯水池の状態の水位から計算しようとする任意の点までの水深を乗じて求めることを規定している．

(2) 貯留水による静水圧の力を求める場合，規則第1条で規定する常時満水位，サーチャージ水位，設計洪水位のそれぞれの水位から計算しようとする任意のダムの堤体と貯留水との接触面との点までの水深を求めることが必要であるが，このときの貯水池の水位は，風による波浪の貯水池水面からの高さ，地震による波浪の貯水池水面からの高さを考慮して決定する．

(3) 風による波浪の貯水池水面からの高さは，S.M.B.法におけるWilsonの改良式より，風速及び対岸距離と波高の関係から求めるのが一般である．

　　コンクリートダムのように，ダムの堤体上流面が大略鉛直であるときは，貯水池の平水面以上の波浪高さは，反射波を考えた全波高としている．

　　フィルダムのように上流面が傾斜しているときは，波のはい上がりによ

る打上高さを考えなければならない．この場合 Saville の方法により斜面の勾配，斜面の保護材料と（波浪の打上高/波高）との関係から求めるのが一般である．

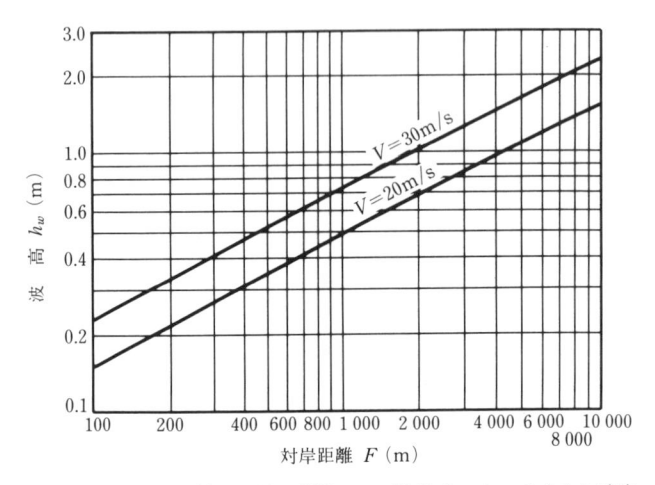

図 2.26 S.M.B.法における Wilson の改良式によって求めた波高

(4) 地震による波浪の貯水池水面からの高さは，佐藤清一の公式を用いるのが一般である．令第 5 条の解説(4)-②を参照されたい．

(5) サーチャージ水位に対応する地震による波浪の貯水池の水面からの高さは，常時満水位に対応する地震による波浪の 1/2 が生ずるものとして，本条第 1 項の規定は構成されている．

したがって，本条第 2 項において，「地震による波浪の貯水池の水面からの高さは，第 2 条第 1 項の規定により定めた設計震度の値を用いて計算するものとする．」を規定したのである．ここで規則第 2 条第 1 項の設計震度とは，常時満水位の状態における設計震度である．

(6) 静水圧は均一型フィルダム及びゾーン型フィルダムの場合には直接考慮すべき力ではないが，間隙圧の大きさに影響する力である．

（貯水池内に堆積する泥土による力）
規則第 5 条　令第 6 条の貯水池内に堆積する泥土による力は，ダムの堤体と貯水池内に堆積する泥土との接触面において鉛直方向及び水平方

向に作用するものとし，鉛直方向に作用する力は堆積する泥土の水中における単位体積重量を基礎として計算するものとし，水平方向に作用する力は次の式によって計算するものとする．

$$P_e = C_e W_1 d$$

この式において，P_e，C_e，W_1 及び d は，それぞれ次の数値を表すものとする．

P_e　泥土による水平力（単位　1平方メートルにつき重量トン）

C_e　適切な工学試験の結果又は類似のダムの構造計算に用いられた値に基づき定める泥圧係数

W_1　堆積する泥土の水中における単位体積重量（単位　1立方メートルにつき重量トン）

d　貯水池内に堆積すると予想される泥土面からダムの堤体と堆積する泥土との接触面上の泥土による水平力を求めようとする点までの深さ（単位　メートル）

(1) 令第6条の貯水池内に堆積する泥土による力は，ダムの堤体と貯水池内に堆積する泥土との接触面に鉛直方向に作用するものとして，鉛直方向に作用する力は堆積する泥土の水中における単位体積重量を基礎として，水平方向に作用する力は，泥圧係数，泥土の水中における単位体積重量及び貯水池内に堆積すると予想される泥土面から計算しようとする任意の点までの深さを乗じて計算することを規定している．

(2) 令第6条の規定により，フィルダムの堤体及び基礎地盤には，貯水池内に堆積する泥土による力を考慮しないこととしている．

　　これは，フィルダムの堤体の上流面に堆積する泥土は，堤体及び基礎地盤の安定に安全側に作用するからである．

(3) 堤体及び基礎地盤に作用するものとする貯水池内に堆積する泥土の深さは，100年間の堆泥量をもととし，河状，貯水池面積の広狭，水深の大小等貯水池の状況を考慮して推定している．

(4) 貯水池内に堆積する泥土は，泥土の空隙を水が満たし，一体となっているから，その重量は

$W_1 = \omega - (1-\nu)\omega_0$

で示される．

W_1：堆積する泥土の水中における単位体積重量（単位 1 m³ につき N {tf}）

ω：貯水池内に堆積する泥土の見かけの単位体積重量（単位 1 m³ につき N {tf}）

ω_0：水の単位体積重量（単位 1 m³ につき N {tf}）

ν：貯水池内に堆積する泥土の空隙率（0.3〜0.45 程度）

(5) 地震による動泥圧は後述する地震時動水圧との関係で一般に考慮しない．

（地震時におけるダムの堤体の慣性力）

規則第 6 条　令第 6 条の地震時におけるダムの堤体の慣性力は，ダムの堤体に水平方向に作用するものとし，次の式によって計算するものとする．

$I = WK_d$

この式において，I，W 及び K_d は，それぞれ次の数値を表すものとする．

I　地震時におけるダムの堤体の慣性力（単位　1 立方メートルにつき重量トン）

W　ダムの堤体の自重（単位　1 立方メートルにつき重量トン）

K_d　第 2 条第 1 項又は第 2 項の規定により定めた設計震度

---

(1) 本条は，令第 6 条の地震時におけるダムの堤体の慣性力は，ダムの堤体に水平方向に作用するものとし，ダムの堤体の自重に，設計震度を乗じた値とすることを規定している．

(2) 設計震度は，規則第 2 条の規定によりダムの実状に応じて適切な数値を定める．

(3) 地震時におけるフィルダムの堤体の慣性力を算定するときのダムの堤体の自重は，計算しようとする貯水池水位の状態において，それぞれの水位を基として求めた浸潤線以上の堤体の部分は湿潤重量を，浸潤線以下の堤体の部分では，水中重量でなく飽和重量を考えるものとしている．

(4) ダムの堤体の頂部に，大規模なゲート等重量構造物が取り付くダムの堤体では，ゲートのピア部分に相当する堤体部の設計震度を増加させることを考慮するのが好ましい．

(5) 地震時におけるダムの堤体の慣性力は，一般に上・下流方向に作用するものとしている．

　　中空重力式コンクリートダムは軸方向の地震に弱いのでダムの堤体のウェブ部分については，堤軸方向にも地震時におけるダムの堤体の慣性力を考慮することとしている．

(6) 大ダムでは，一般に，地震時に堤体の堤頂近くの部分は堤底の部分より大きな震度を受けるとされているので，特に大きなフィルダムでは，この点を考慮した構造とする必要がある．この検討法として，高さ100ｍ程度以下のゾーン型及び均一型のフィルダムでは修正震度法が用いられている．また，場合によっては動的解析法（時刻歴応答解析法）が用いられることもある．

（地震時における貯留水による動水圧の力）

規則第7条　令第6条の地震時における貯留水による動水圧の力は，ダムの堤体と貯留水との接触面に対して垂直に作用するものとし，適切な工学試験又は類似のダムの構造計算に用いられた方法に基づき定める場合を除き，次の式によって計算するものとする．

$$P_d = 0.875 W_0 K_d \sqrt{H_1 h_1}$$

　この式において，P_d，W_0，K_d，H_1 及び h_1 は，それぞれ次の数値を表すものとする．

　　P_d　地震時における貯留水による動水圧の力（単位　1平方メートルにつき重量トン）

　　W_0　水の単位体積重量（単位　1立方メートルにつき重量トン）

　　K_d　第2条第1項又は第2項の規定により定めた設計震度

　　H_1　ダムの非越流部の直上流部における水位から基礎地盤までの水深（単位　メートル）

　　h_1　ダムの非越流部の直上流部における水位からダムの堤体と

貯留水との接触面上の動水圧を求めようとする点までの水深（単位　メートル）

(1) 令第6条の地震時における貯留水による動水圧の力は，ダムの堤体と貯留水との接触面に垂直に作用するものとし，その値は，Zangarの実験式等適切な工学試験又は類似のダムの構造計算に用いられた方法によって求めるものとする．

　また，ダムの堤体の上流面が鉛直に近い場合，適切な工学試験又は類似のダムの構造計算に用いられた方法に基づきその数値を求めることが適当でない場合には，規則第7条の後段に示したWestergaardの式によることができることを規定している．

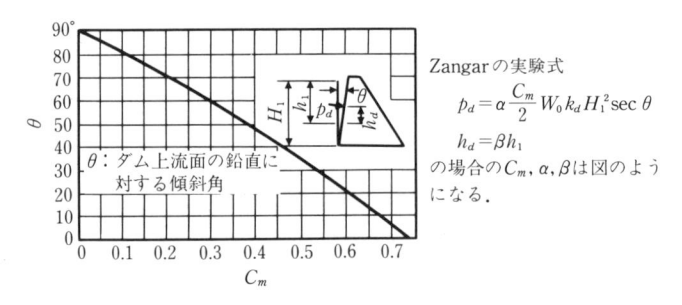

Zangarの実験式
$$p_d = \alpha \frac{C_m}{2} W_0 k_d H_1^2 \sec\theta$$
$$h_d = \beta h_1$$
の場合のC_m, α, βは図のようになる．

図2.27　$\theta - C_m$ 曲線

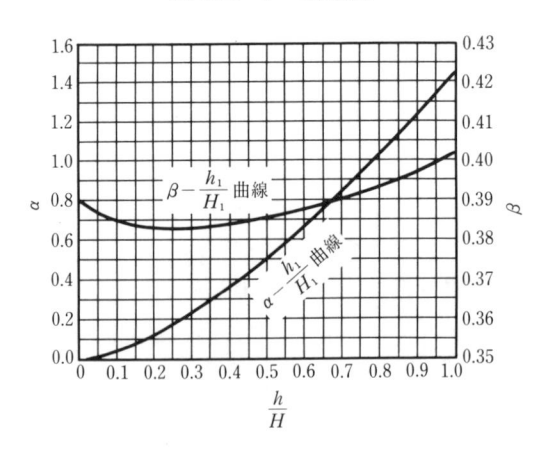

図2.28　h/Hとα及びβの曲線

(2) Westergaardの式は，堤体の上流面が鉛直に近い場合に用いられるもので，工学的には適用範囲に制約を受けるべきものであるが，計算式が簡単であること，ダムの堤体の安定計算に，地震時における貯留水による動水圧の力が及ぼす影響が小さいうえに両式の結果が大差ないこと，Westergaardの式の結果がZangarの式の結果に比べて一般に大きくなること等があるので，便宜上，規定には，Westergaardの式を記載している．しかし，規定の趣旨からして，堤体上流面が緩斜面であるときはZangarの実験式を用いることになんら支障はない．

（貯留水による揚圧力）

規則第8条　令第6条の貯留水による揚圧力は，ダムの堤体及び基礎地盤における揚圧力を求めようとする断面に対して垂直上向きに作用するものとし，断面の区分に応じ，次の表に掲げる値を基礎として計算するものとする．

断面の区分	断面上の位置	(1) 上流端	(2) 上流端と下流端との間			(3) 下流端
			(イ) 上流端と排水孔との間	(ロ) 排水孔	(ハ) 排水孔と下流端との間	
1	排水孔の効果が及ぶ断面	上流側水圧の値	(1)欄の値と(2)の(ロ)欄の値とを直線的に変化させた値	(1)欄の値と(3)欄の値との差の5分の1以上の値に(3)欄の値を加えた値	(2)の(ロ)欄の値と(3)欄の値とを直線的に変化させた値	下流側水圧の値
2	排水孔の効果が及ばない断面又は排水孔の無いダムの断面	上流側水圧と下流側水圧との差の3分の1以上の値に下流側水圧を加えた値	(1)欄の値と(3)欄の値とを直線的に変化させた値			下流側水圧の値

(1) 令第6条の貯留水による揚圧力は，ダムの堤体及び基礎地盤における揚圧力を求めようとする断面に対し，垂直上向きに作用するものとし，ダムの堤体に設けた排水孔の効果が及ぶ断面と，排水孔を設けない堤体又は排

水孔の効果が及ばない堤体の部分の断面に区分して，断面の揚圧力の分布を規定している．

(2) 貯留水による揚圧力は，堤体内及び基礎地盤内に発生する間隙圧に基づくものである．間隙圧は，堤体中の空隙や継目，基礎地盤の節理，ひび割れ等に対する水の浸透により発生する圧力である．土質材料のように変形しやすい堤体の材料等にあっては，土粒子骨格の変形によっても間隙圧は生ずる．

貯留水による揚圧力は，コンクリートダムの安定を検討する場合にのみ用いられ，検討の対象とする任意の面の全面積に分布し，その面に垂直上向きに作用する断面力として取り扱われる．また，フィルダムの場合は，同種の力として間隙圧を用いる．

規則第 8 条の表は，貯留水による揚圧力の分布を，堤体の上流側の水圧，

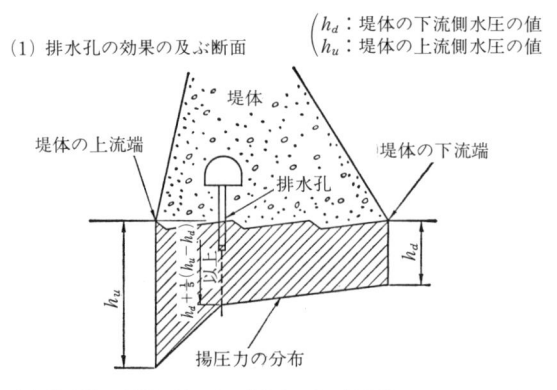

(1) 排水孔の効果の及ぶ断面　　$\begin{cases} h_d：堤体の下流側水圧の値 \\ h_u：堤体の上流側水圧の値 \end{cases}$

(2) 排水孔の効果の及ばない断面，又は排水孔のないダムの断面

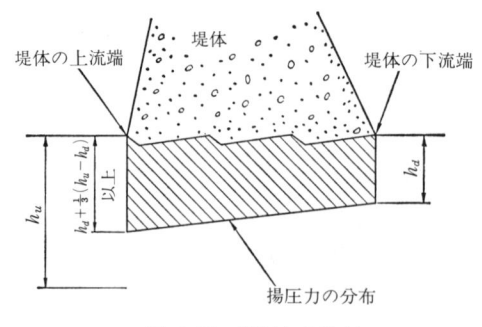

図 2.29　揚圧力の分布

下流側の水圧を基準として示したものであり，これらの分布を基として断面力を求め，堤体の安定計算の荷重とする．

(3) 排水孔は，通常ダムの堤体内に設けられた排水用監査廊(Drainage Gallery)から基礎地盤に達する程度に設けられた直径5～10 cm程度の垂直孔で，その頂部にはTコック等が設けられている．カーテングラウト等による，堤体直下のしゃ水構造を通過した貯水池からの浸透水は，排水孔を通して堤体外に排除され，堤体に及ぼす貯留水の浸透圧を緩和させる．

(計測装置)

第13条 ダムには，次の表の中欄に掲げる区分に応じ，同表の下欄に掲げる事項を計測するための装置を設けるものとする．

項	区分 ダムの種類	区分 基地地盤から堤頂までの高さ（単位メートル）		計測事項
1	重力式コンクリートダム	50 未満		漏水量　揚圧力
		50 以上		漏水量　変形　揚圧力
2	アーチ式コンクリートダム	30 未満		漏水量　変形
		30 以上		漏水量　変形　揚圧力
3	フィルダム	ダムの堤体がおおむね均一の材料によるもの		漏水量　変形　浸潤線
		その他のもの		漏水量　変形

2. 基礎地盤から堤頂までの高さが100メートル以上のダム又は特殊な設計によるダムには，前項に規定するもののほか，当該ダムの管理上特に必要と認められる事項を計測するための装置を設けるものとする．

---

(1) 本条は，ダムの堤体及び基礎地盤等に，ダムの種類及びその規模に区分して，漏水量，揚圧力，変形，浸潤線についての計測装置を設置することを規定している．

(2) 構造令では，新築又は改築の際に確保された安全性を，その構造物が存続する限り維持していく趣旨となっている(令第1条)．ダム等の重要な構

造物については，ダムの維持管理面から構造に対する必要な安全を常に監視し，ダムが致命的な破壊に達する以前に，その徴候を察知して適切な措置を講ずることが肝要であるので，ダムの安全管理上基本となる計測事項を定め，ダムの新築，改築に際して必要な装置を設置することを義務づけ，ダム完成後の管理に，支障が生じないようにするものである．

(3) ダムの堤体及び基礎地盤の計測を実施するに当たり，堤体及び基礎地盤の内部から堤体の局部の現象を計測する装置と，外部等から堤体，基礎地盤のかなりの部分の変化を計測する方法がある．局部的な変化を測定する内部測定計器のあることも好ましいが，長期間のダム管理において，堤体の外部等からの測定計器は，信頼性が高く，必要あれば取換えも可能であること，外部からの計測は，合成された全体の挙動を示すので複雑な解析を行わなくとも，直接的に測定する諸量を知ることができ，その現象の大きさによっては目視が可能となり，異常の早期発見が容易で即応性が大きいこと等の特徴がある．

　計測装置の設置に当たっては，これらの点に留意して，堤体・基礎地盤を外部から計測することが可能な装置をまず設け，必要に応じて，内部計測器を設置するのが一般である．

(4) 漏水量の測定については，一般に堤体下流のり先付近の河床を横断する締切等を設け，堰等により漏水量を測定する．したがって，堤体又は基礎地盤からの漏水を直接把握することが好ましいが，貯水池からの漏水のほか，左右岸の流域からの表流水及び地下水を併せて測定することとなり，その分離が問題となるが，ある程度の期間，測定を継続すれば，貯水池からの漏水の全体量はともかく，相対的な傾向の把握は十分可能であることが多く，ダム管理上は十分その目的を果たすことが多い．また，特にフィルダムにあっては，漏水量の観測が特に安全管理上重要であり，底設監査廊を基礎岩盤内に設けて，万一の補修に利するとともに堤体の主要区分の漏水を観測できるようにすべきである．

(5) ゾーン型フィルダムにあっても，下流側ゾーンの排水機能が低いと予想されるものについては，ダムの堤体がおおむね均一の材料によるフィルダムに準じて，浸潤線の計測が必要である．

ゾーン型及び均一型のフィルダムで貯水池の水位の変動が大幅でかつ急激であるとき，均一型フィルダムのように施工中の過剰な間隙圧が残留するおそれのあるものについては，間隙圧の計測が必要である．

(6) 第2項に係る計測事項としては，歪又は応力，内部温度，継目の開き等がある．

(7) 「地震発生後のダム臨時点検結果の報告」(昭和53.1.20　建設省河開発通達第5号による開発課長通達) により，下記に該当する地震が発生した場合は，ダムの臨時点検の義務が課せられているので，臨時点検の要否を判断するうえで，地震加速度計を設置することが望ましい．

① ダム地域に設置した地震計により観測された震度が設計震度の1/3以上である地震

② ダム地点に地震計を設置していない場合，又は，地震計による観測結果がすぐに判明しない場合においては，その地点について発表された気象庁震度階が4以上である地震

なお，上記①項に関して，「地震後のダム臨時点検要領 (案)」では，「ダムの基礎地盤，あるいは，堤体底部に設置した地震計により観測された地震動の最大加速度が25 gal* 以上である地震」としている．

(放流設備)

第14条 ダムには，河川の流水の正常な機能を維持するために必要な放流設備を設けるものとする．

(1) 法第3条の河川管理施設の趣旨及び法第44条の「ダムは従前の河川の機能を維持しなければならない．」の趣旨に基づき，ダムには流水の正常な機能を維持するために必要な放流施設を設けることを規定している．

(2) 本条で規定するような施設は，ダムの新築，改築時においてダムに設置しておかないと，その設置が困難となって，河川法の関係規定の趣旨が事実上，空文化するおそれがある．

ダムが建設されたことによって，河川の正常な機能が維持されなくなることがある．例えば，発電等の利水のためダムの貯水池から流水を全量取

---

* 加速度の単位 ($1\,\text{gal} = 10^{-2}\,\text{m/sec}^2$)

水し，発電所等の使用地点まで河川を経由せず導水するため，ダム直下の河川に流水がなくなるような場合，ダムに付属した取水施設の構造に起因して洪水時の濁水が長期間放流される場合，従前の河川の流水に比して著しく低温である貯留水が放流される場合等である．法第44条にダムに係る河川の従前の機能の維持についての規定があるが，従来，河道貯留，堆砂等洪水時における従前の河川の機能が減殺される場合に運用されてきた．しかし，近年，特に低水時においても上記のような河川管理上支障を及ぼす問題が発生していることに鑑み，ダムの新築，改築の際必要な放流設備を設け，この種の河川の機能が損なわれないようにするものである．

　河川の流水の正常な機能のなかには，ダムからの放流量のほか，汚濁，水温等放流水の水質の問題が当然含まれている．

　放流設備の容量は，低水基準点で流水の正常な機能を維持するために必要な流量が定められているときは，これに対応するダム地点で必要流量以上の流量を，低水基準点で上記流量が定められていないときは，ダム地点の流域面積 100 km² 当たり 1 m³/sec 程度の流量を目安として定めている．

(3) 本条で規定する放流設備は，その機能上現在及び将来にわたって問題のないときには，各種の利水放流管及びその付属施設と兼用することができる（局長通達 8-(2)を参照）．

(4) 本条で規定する放流設備は，ダムの設置される地点の河川環境によっては，現在及び将来において，ダムに放流設備を設けなくとも河川の流水の正常な機能が維持される場合には，本条の放流設備を設ける必要はないものとされている（局長通達 8-(1)を参照）．

　しかし，実際問題として，ダムに放流設備を設けないで，現在及び将来において，河川の流水の正常な機能が維持される地点は極めて少ないものと考えられる．

　例えば，同一河川において，上・下流に接続してダムが作られ，下流のダムの貯水池内に上流のダムがあるような場合の上流のダムには，本条に規定する放流設備が一見不要のように思われるが，将来，更に上流に新たにダムが作られた場合，このダムから放流する河川の流水の正常な機能を維持する流量を放流することもあるので，現状から直ちに，本条の放流設

備が不要であるといい切るのは難しい面がある．

図 2.30 選択取水設備の例

(地滑り防止工及び漏水防止工)
第15条　貯水池内若しくは貯水池に近接する土地におけるダムの設置若しくは流水の貯留に起因する地滑りを防止し，又は貯水池からの漏水を防止するため必要がある場合においては，適当な地滑り防止工又は漏水防止工を設けるものとする．

(1) 本条は，ダムによる河川の流水の貯留は，堤体のみならず，付近の土地と一体となって目的が達せられるのであって，従来ともすれば，ダムの堤体という人工構造物にのみ限られる傾向があったダムの構造の安全性に対する視野を，広くとる考えに立脚している．ダム及び直接ダムに接する基礎地盤より範囲を広げ，貯水池内及び貯水池に近接する土地におけるダムの設置若しくは流水の貯留に起因する地すべりを防止し，又は貯水池からの漏水を防止するための地すべり防止工，漏水防止工を設けることとして，ダムの構造の安全を図るとともに，ダム及び貯水池に近隣する土地へのダ

ムに起因する被害の防止を図る趣旨の規定である．

(2) 河川管理施設等の建設は，河川の流水によって生じる公利を増進し，また，公害を除去し若しくは軽減することを目的とするが，逆に施設の建設による弊害が問題となり，場合によれば，河川管理施設等それ自体の安全を脅かすことがある．弊害はできるだけ少なく，また未然に防ぐことが好ましいのは当然であり，この見地から規定されたものである．

(3) ダムの建設又は貯水池からの漏水等，ダムの設置若しくは流水の貯留が原因となって，地すべり又は漏水等が生じるおそれがあるときは，現になんらかの措置，対策がとられていることが多いが，これらの措置を積極的に義務づけるものである．

　ダム施設の概念を，本規定では，広く考えて，貯水池及びそれに近接する土地を含めた範囲としている．ダムの構造の安全を確保するためには，対象をダムの堤体の基礎地盤に限らず付近の土地をも含めて考えるのが当然であるのと同様に，ダムの設置若しくは流水の貯留に起因した貯水池内及び貯水池に近接する土地に対する地すべり，貯水池からの漏水に係る安全性を確保しなければならない．

（貯水池に沿って設置する樹林帯）

第16条　貯水池に沿って設置する樹林帯は，建設省令で定めるところにより，貯留水の汚濁又は貯水池への土砂の流入の防止について適切に配慮された構造とするものとする．

（貯水池に沿って設置する樹林帯の構造）

規則第13条　令第16条の貯水池に沿って設置する樹林帯の構造は，成木に達したときの樹木の樹冠投影面積を樹林帯を設置する土地の区域の面積で除した値が10分の8以上であるものとする．

　平成9年の河川法改正に伴い，堤防又はダム貯水池に沿って設置された建設省令で定める帯状の樹林で，堤防又はダム貯水池の治水上又は利水上の機能を維持し，又は増進する効用を有する樹林帯を河川管理施設として位置付けた．

ダム貯水池に沿って設置される樹林帯は，従来ののり面保護工事と同様，治水上又は利水上の機能を有するダム貯水池に沿って，かつ，河川管理上必要十分な範囲で限定する区域の荒廃地（荒廃地化することが確実な土地を含む）からダム貯水池への直接の土砂や濁水の流出を抑制することにより，ダム貯水池の容量を減少させることになる流入土を抑制し，併せてダム貯水池の水の濁りの発生を抑制することを目的として設ける施設である．なお，樹林帯の整備により結果として，生物の生息・生育環境が向上することで，ダム貯水池周辺の自然環境の保全に寄与することも念頭において整備されるべきである．

1. 樹林帯の構造

「河川管理施設等構造令及び同令施行規則の運用について」（平成10.1.23建設省河政発第9号，建設省河計発第6号，建設省河治発第4号，建設省河開発第7号による水政課長，河川計画課長，治水課長，開発課長通達（以下「平成10年課長通達」という））によれば，下記のとおりである．

(1) 樹林帯の植栽に当たっては，地域の特性を考慮して，樹種の選定，樹木の配置等を適切に行うものとすること．また，樹林帯の樹種は，地域の自然環境や土地の状況，在来の樹種等を勘案して適切に選定するものとすること．

(2) 樹林帯の整備を検討するに当たっては，学識経験者の意見等を参考にしつつ，整備する区域や周辺の自然環境の状況等について配慮するものとし，当該地の自然環境の保全に支障を及ぼす場合等，自然環境の状況等から見て，規則第13条又は第14条の2に規定する構造を有する樹林帯の整備が適当でない場合は，当該区域を樹林帯の整備対象から除外すること又は治水上若しくは利水上の機能を確保する代替え手段を検討するものとする．

また，規則第13条によって「貯水池に沿って設置する樹林帯の構造は成木に達したときの樹木の樹冠投影面積を樹林帯を設置する土地の区域の面積で除した値が10分の8以上であるものとする．」とした．

成木の樹林帯が貯水池への土砂の流入の防止の効果を発揮するために，土壌などが適切に保持される必要があるため，適度に土地が被覆されている良好な森林の状態である10分の8を目安とした．なお，10分の8以上であ

っても森林が過度に密集した状態で森林の適正な育成に支障が生じる場合は，管理の問題として適正に保つことはいうまでもない．

2．樹林帯の範囲

樹林帯は人工の施設とは異なって河畔林などの自然物たる樹林帯の区域の境界は不明確であることから樹林帯区域を指定しなければならない．

河川法施行規則（昭和40年建設省令第7号）第1条第二号に「ダム貯水池に沿って設置する帯状の樹林にあっては，ダムによって貯留される流水の最高の水位における水面が土地に接する線からおおむね50メートル以内の土地にあるもの」とあり，この場合50mとは，土地の勾配を考慮した斜距離である．

なお，樹林帯は，道路，農道又は林道が湛水線より50m以内にある場合は，道路，農道又は林道の下部にのみ設置することとし，更に遊歩道など小規模な施設以外は堤防又はダム貯水池との樹林帯間におかないこととする．

なお，ダム貯水池の常時満水位と非越流高との間の敷地は冠水を予定してる区域であり規制を緩和するべき区域ではないことから，樹林帯区域として指定する必要はない．

第3章 堤　　防

第17条　適用の範囲
第18条　構造の原則
第19条　材質及び構造
第20条　高　　　さ
第21条　天　端　幅
第22条　盛土による堤防の法勾配等
第22条の2　高規格堤防に作用する荷重の種類
第22条の3　荷重等の計算方法
第23条　小　　　段
第24条　側　　　帯
第25条　護　　　岸
第26条　水　　　制
第26条の2　堤防に沿って設置する樹林帯
第27条　管理用通路
第28条　波浪の影響を著しく受ける堤防に講ずべき措置
第29条　背水区間の堤防の高さ及び天端幅の特例
第30条　湖沼又は高潮区間の堤防の天端幅の特例

第31条　天端幅の規定の適用除外等
第32条　連続しない工期を定めて段階的に築造される堤防の特例

第3章 堤　　防

> （適用の範囲）
> 第17条　この章の規定は，流水が河川外に流出することを防止するために設ける堤防及び霞堤について適用する．

1. 越流堤，囲繞堤，背割堤，導流堤等の取扱い

　堤防は，一般的に，河川の流水が河川外に流出することを防止するために設けられるものであるが，このほか，遊水地等において流水を調節するため設けられる越流堤，又は囲繞堤，2河川の流水を分流するために設けられる背割堤，河川の流水を導流するために設けられる導流堤等も堤防の一種である．しかし，これらについては，それぞれの設置目的に応じて個別にその構造が定まるものであって，これらの構造基準を統一的に定めることは適当でない．また，これらは普通の堤防に比べて実施例も非常に少ない．このような理由から，越流堤，囲繞堤，背割堤及び導流堤は，構造令の適用範囲から除外している．これらの堤防については，必要に応じ模型実験や水理計算等の検討を行って，それぞれの目的に応じて十分な機能を発揮する安全な構造のものとしなければならない（局長通達 9-(1)を参照）．

2. 霞　　堤

　霞堤の場合，堤防を越水して河川の流水が河川外に流出することはないが，霞堤の不連続部分から河川の流水が河川外に流出することとなる．そこで，普通の堤防と同じ表現にならないので「……及び霞堤」と表現している．なお，霞堤の不連続部分から河川の流水が河川外に流出する頻度を減ずるために，霞堤の不連続部分に小堤又は越流堤を設ける場合があるが，それらは，霞堤には含まれず，構造令の適用はないものである．

3. 高規格堤防

洪水は自然現象である降雨に起因するものであるため,計画の規模を上回る洪水が発生する可能性は常に存在している.特に人口・資産が集中し中枢管理機能等が高密度に集積した東京,大阪等の大都市地域の大河川において,このような洪水が発生し,越水等によりこれらの河川の堤防が破堤すれば,当該地域に壊滅的な被害が発生し,ひいては我が国全体の経済社会活動に致命的な影響を与えることが懸念される.このため,計画の規模を上回る洪水に対して,破堤に伴う壊滅的な被害を回避することを目的として,大都市地域の大河川の特定の一連区間において高規格堤防の整備を進めている.

高規格堤防とは,河川管理施設である堤防のうち,その敷地である土地の区域内の大部分の土地が通常の利用に供されても計画高水流量を超える流量の洪水の作用に対して耐えることができる規格構造を有する堤防と規定している(法第6条第2項を参照).この規定から明らかなように,高規格堤防は本章の規定の適用を受ける堤防の一形態であり,特に高規格堤防を適用除外とする規定がない限り,本章の各規定は高規格堤防についても適用されるものである(「河川管理施設等構造令及び同令施行規則の施行について」平成4.2.1 建設省河政発第31号による河川局長通達(以下「平成4年局長通達」という)1を参照).

4. そ の 他

堤防の高さと堤内地盤高との差が0.6m未満の堤防については,本条の適用範囲から除外していないが,構造令の適用に当たっては特別の取扱いとなるものであり,令第21条(天端幅),第22条(盛土による堤防の法勾配等)及び規則第15条(堤防の管理用通路)等特別の定めがある場合のほか,令第55条(排水機場の吐出水槽等)及び第57条(樋門)等の適用に当たっても,弾力的な運用をすべきものである(局長通達9-(2)を参照).

(構造の原則)

第18条 堤防は,護岸,水制その他これらに類する施設と一体として,計画高水位(高潮区間にあっては,計画高潮位)以下の水位の流水の通常の作用に対して安全な構造とするものとする.

2. 高規格堤防にあっては，前項の規定によるほか，高規格堤防特別区域内の土地が通常の利用に供されても，高規格堤防及びその地盤が，護岸，水制その他これらに類する施設と一体として，高規格堤防設計水位以下の水位の流水の作用に対して耐えることができるものとするものとする．
3. 高規格堤防は，予想される荷重によって洗掘破壊，滑り破壊又は浸透破壊が生じない構造とするものとし，かつ，その地盤は，予想される荷重によって滑り破壊，浸透破壊又は液状化破壊が生じないものとするものとする．

1. 計画高水位の意義

自然河川では，河川の様相を呈する経路の範囲は極めて大幅に変動する．しかも降雨の規模によってはその範囲が平地の全域に広がることもしばしばである．河川改修工事は，計画の対象となる洪水流量（計画高水流量）を定め，それ以下の洪水に対して氾濫原を防御するために行うものである．いわば河川改修工事は，計画高水流量以下の洪水に限って計画河道の中に押し込めようとするものである．すなわち，堤防は，計画高水位以下の水位の流水の通常の作用に対して安全であるよう設置されるものであるといえる．本条第1項ではこのことを明確に表現している．

2. 「通常の作用」について

「流水」には洪水ないしは降雨による浸透水が含まれるものであり，本条第1項は，堤防が洗掘作用に対して安全であることのほか，浸透作用に対して安全でなければならないことを規定したものである（課長通達2を参照）．

堤防は土堤が原則であり，流水の作用に対して必要に応じて護岸等によって保護するものである．このため，一般的には，護岸等は，急流河川は別として，洗掘作用が想定される水衝部を主体として必要な箇所に設けるという考え方となるが，洗掘作用は流水による種々の作用が連鎖した結果の作用であり，具体の洗掘の発生場所，洗掘形状等について三次元的な予測は一般に困難である．例えば，これまで水衝部でなかった箇所が，1回の洪水で流れが変化することによって新たに水衝部となって，更にその箇所に働く洗掘作

用で堤防が破堤するような場合がある．本条第1項は，このような場合は別として，通常起こり得る現象である「流水の通常の作用」に対して堤防は安全に造られるべきことを求めたものであり，ダム等他の工作物と異なり，堤防は計画高水位以下の洪水であっても必ずしも絶対的な安全性を有するものでないことを明記したものである．

また，洪水は自然現象であるため，継続時間が異常に長いものが発生しないとは限らないが，そのような洪水に対して全国どこでも安全性を確保することまでは社会的に合意が得られていないため，このような場合も，前述の「流水の通常の作用」からは除いている．「流水の通常の作用」としては短期集中降雨を対象として考えている．

なお，堤防についてはあらゆる外力に対しての絶対的な安全確保は求め得べくもないので，河川管理の限界を補完するものとして水防活動等の緊急措置が必要となることも多い．洪水による災害を防止又は軽減するためには，河川法と水防法はいわば車の両輪の関係にある．このような河川管理の特殊性からも，本条第1項では堤防の構造原則について「……流水の通常の作用に対して安全な構造とするものとする．」と規定したものである．

3．堤防の設計外力

河川管理施設等は，水位，流量，地形，地質その他の河川の状況及び自重，水圧その他の予想される荷重を考慮した安全な構造のものでなければならない（法第13条第1項を参照）．

普通の堤防（構造令で対象としている堤防のうち，高規格堤防以外のものをいう．以下同じとする．）は，そのほとんどが長い歴史の中で，過去の被災の状況に応じて嵩上げ，腹付け等の補強・修繕工事を重ねてきた結果の姿であるので，通常起こり得る現象に対しては経験上安全な断面形状及び構造となっていると考えられる．一方で，堤防についての補強・修繕工事の歴史的な記録は残されておらず，また，長大な延長にわたって設置されている堤防の基礎地盤の性状把握には限界があるため，断面形状及び構造について理論的な手法により照査しても，既設の堤防すべての安全性が把握できるものではない．このようなことから，普通の堤防において，嵩上げ，腹付け等の補強・修繕工事を実施する場合には，過去の経験を優先して，過去の経験に基

づいた既設の堤防の断面形状及び構造を踏まえて設計することを基本としている．その際，被災履歴，地盤条件，背後地の状況等を勘案することとしている．一方，普通の堤防を新設する場合には，優先すべき過去の経験がないこと，詳細な基礎地盤の調査が可能であること等から，断面形状及び構造について理論的な手法により照査することを基本とする．照査方法の詳細については，「河川砂防技術基準（案）同解説」を参照されたい．

　高規格堤防については，新設の堤防であり過去の経験がないこと，堤防の敷地である土地の大部分の土地が通常の土地利用に供され，高規格堤防設計水位時における越流水による洗掘に対する安全性等，普通の堤防にない機能が要求されることから，断面形状及び構造について理論的な手法により照査することとしており，令第22条の2及び第22条の3並びに規則第13条の2から第13条の5までに規定した性能規定に従って，浸透破壊やすべり破壊に対する安定性等についての構造計算により検討しなければならない．

　なお，地震と洪水は同時に発生する可能性が少なく，また，土堤の場合はコンクリート構造物等と異なり，地震による被害を受けても，復旧が比較的容易であり，洪水や高潮の来襲の前に復旧すれば，普通の堤防の機能は最低限度確保することができるため，従来より地震を外力として考慮せず，洪水のみを外力として考慮し，これに対しての防御を優先させてきた．ちなみに，過去の地震による堤防被害事例の調査結果によれば，被害の有無やその程度はおもに基礎地盤の良否に強く支配され，特に基礎地盤が液状化した場合に被害の程度が著しくなる傾向にあるが，被害が最も著しい場合でも普通の堤防すべてが沈下してしまった事例は確認されておらず，ある程度の高さ（最も沈下したものでも堤防高の25％程度以上）は残留していた（図3.1参照）．しかし，堤内地が低いゼロメートル地帯等では，河川水位や堤防沈下の程度によっては，被害を受けた普通の堤防を河川水が越流し，二次的に甚大な浸水被害へと波及するおそれがあるため，阪神・淡路大震災を契機として，このような浸水による二次災害の可能性がある普通の堤防では外力として地震を考慮することとした．このため，現在では，普通の堤防においては，地震により壊れない堤防とするのではなく，壊れても浸水による二次災害を起こさないことを原則として耐震性を評価し，必要な対策を行っている．なお，自

110　第3章　堤　　防

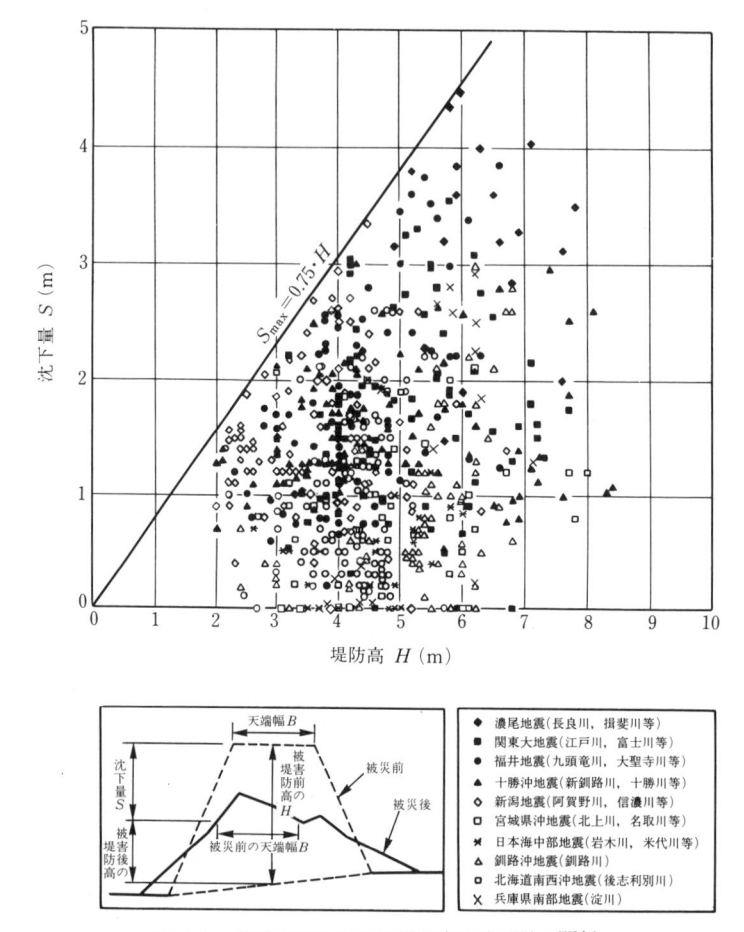

図 3.1　既往地震における堤防高と沈下量の関係

立式構造の特殊堤では，従来より地震を外力として考慮してきており，「河川砂防技術基準（案）同解説」等を参考にしつつ，地震に対して十分安全となるよう設計する必要がある．

4．高規格堤防の構造

(1) 高規格堤防設置区間

　高規格堤防設置区間は，大都市地域において破堤による極めて甚大な被害の発生を防止することを目的として，過去の主要な洪水，高潮等及びこれによる災害の発生状況並びに流域及び災害の発生を防止すべき地域の気象，地

形，地質，開発の状況等を総合的に考慮し，更に，上下流及び左右岸のバランスを勘案して，一連の高規格堤防を設置すべき区間として，河川整備基本方針に定められるものである．

なお，この高規格堤防設置区間は，当該河川の区間そのものとして超過洪水対策としての高規格堤防の設置をすべき区間であり（平成4年局長通達2-①を参照），実際に高規格堤防を設置する区間は高規格堤防設置区間に当該河川の背水区間（「河川管理施設等構造令及び同令施行規則の運用について」平成4.2.1　建設省河政発第32号，建設省河計発第37号及び建設省河治発第10号による水政課長，河川計画課長及び治水課長通達（以下「平成4年課長通達」という）1-(3)を参照）を含めた区間となるので注意する必要がある．

(2)　高規格堤防設計水位

高規格堤防設計水位は，令第2条第10号において，「高規格堤防を設置すべきものとして河川整備基本方針に定められた河川の区間（令第46条第2項において「高規格堤防設置区間」という．）の流域又は当該流域と水象若しくは気象が類似する流域のそれぞれにおいて発生した最大の洪水及び高潮に係る水象又は気象の観測の結果に照らして当該区間の流域に発生するおそれがあると認められる洪水及び高潮が生ずるものとした場合における当該区間の河道内の最高の水位」としている．ここで，「当該区間の河道内の最高の水位」とは，高規格堤防設置区間の断面ごとに決定される最高の水位であり（平成4年課長通達1-(1)を参照），その決定方法については「河川砂防技術基準（案）同解説」を参考とされたい．なお，高規格堤防設計水位は，高規格堤防の構造設計に当たっての，設計の対象とする河道内の水位であり，河川整備計画等の洪水による災害を防止する計画の対象とする水位は，計画高水流量の流水が河道を流下する場合の水位である計画高水位であることに変わりはない（平成4年局長通達2-②を参照）．

(3)　高規格堤防の構造

高規格堤防の基本的な構造は治水上の観点から定まる．具体的には，高規格堤防設置区間及び当該区間に係る背水区間において，高規格堤防設計水位以下の水位の流水に伴う河道内の洗掘作用，越流水による洗掘作用，静水圧

の作用，間隙圧の作用，浸透水による作用，揚力，抗力，波圧による作用等からなる「高規格堤防設計水位以下の水位の流水の作用」に対して安全なよう，河道内流水によるせん断力，揚力，抗力，流水圧，越流水によるせん断力，堤体の自重，静水圧，間隙圧，地震時慣性力，浸透水による浸食力，波圧等を考慮して設計する（平成4年課長通達1-(1)及び(2)を参照）．

ただし，高規格堤防は，高規格堤防特別区域の土地利用をなんら限定せず，高規格堤防特別区域の土地が住宅，工場，道路，公園，農地等の通常の土地利用に供されることを前提として，永久的な構造物として築造するものである．この場合，将来にわたって高規格堤防特別区域の土地利用を特定することは不可能であり，また一方で，高規格堤防は，高規格堤防特別区域の土地が基本的に通常の土地利用としてどのような利用状況となっても十分な機能が発揮される構造でなければならないため，高規格堤防は，当面予想される土地利用とは別に，基本的に堤防の破壊にとって最も厳しい土地利用を想定して設計する必要がある．そのうえで，当該区域内の土地利用が良好に行われるよう，沿川の地域整備に関する計画と十分調整を行い，また，地権者，施設管理者，地方公共団体等と必要，かつ，十分な調整を行いその細部構造を決定する（平成4年局長通達3-②及び③を参照）．

なお，高規格堤防設置区間に係る背水区間においては，本川合流部の高規格堤防設計水位により水門及び樋門の構造計算を行うこととなる（平成4年局長通達4を参照）．

（材質及び構造）

第19条　堤防は，盛土により築造するものとする．ただし，高規格堤防以外の堤防にあっては，土地利用の状況その他の特別の事情によりやむを得ないと認められる場合においては，その全部若しくは主要な部分がコンクリート，鋼矢板若しくはこれに準ずるものによる構造のものとし，又はコンクリート構造若しくはこれに準ずる構造の胸壁を有するものとすることができる．

---

1. 「土堤原則」について

本条は，いわゆる「土堤原則」を規定したものである．土堤を原則として

いる理由は，工事の費用が比較的低廉であること，材料の取得が容易であり，構造物としての劣化現象が起きにくいこと，堤防は連続した長大構造物であり不同沈下が起きやすいが，この修復が容易であること，基礎地盤と一体としてなじむこと，嵩上げ，拡幅等が容易であることなど，他の材料に対して極めて優れた利点を有するからである．また土堤は，地震時において被災した場合の復旧の容易さ，所要工期の短さ等の点で優れた利点を有している．更に，豊かな自然環境を有し，地域の中においても良好な生活環境の形成に重要な役割を担うことができるものとして土堤は高く評価されている．このように，我が国においては，古くから土堤が用いられてきたものであり，土堤は歴史的に見ても極めて優れた実績を有した構造物である．

　ただし，土堤は，長時間の浸透水により強度が低下すること，浸透に伴って特に引水時にすべりが発生しやすいこと，流水により洗掘されやすいこと，越流に対して弱いこと等の欠点も有しているので，これらを手当てすることにより，更に機能を向上させることができる．

2．**特殊堤について**

　本条において「その全部若しくは主要な部分がコンクリート，鋼矢板若しくはこれに準ずるものによる構造のもの」とは，いわゆる自立式構造（盛土（押え盛土を除く）の部分がなくても自立する構造）の特殊堤をいうものであ

図 3.2　主要な部分がコンクリート構造の堤防の例

図 3.3　主要な部分が直壁構造の堤防の例

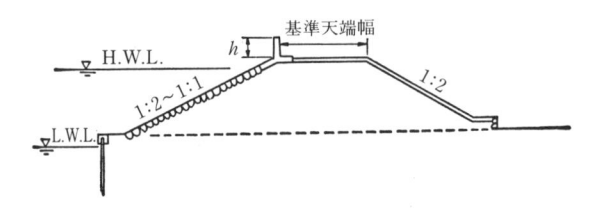

図 3.4　コンクリート構造の胸壁を有する堤防の例

る(課長通達3を参照).コンクリートの自立式擁壁(図3.2参照)又は矢板等による自立式構造(図3.3参照)の堤防がこれに該当し,三面張構造の特殊堤はこれに該当しない.また,「コンクリート構造若しくはこれに準ずる構造の胸壁を有するもの」とは,いわゆるパラペット構造の特殊堤をいうものである.パラペット構造の特殊堤については,令第20条第4項及び第31条第2項にそれぞれ盛土部分の高さと天端幅の規定があり,計画高水位(又は計画高潮位)以上の高さの土堤にパラペットが設けられたものである(図3.4参照).パラペットの高さは,余裕高(又は波高相当高)未満であれば構造令違反とはならないものであるが,パラペットの高さがあまり高くなると,視界をさえぎり河川巡視等の河川管理に支障を与えるとともに,美観を損ね,人の川へのアプローチを阻害するなど河川環境を損うことにもなりかねないので,極力低くするものとし,高くする場合でも1m程度,できれば80cm程

度以下にとどめることが望ましい．

　自立式構造の特殊堤及びパラペット構造の特殊堤は，ともに土地利用の状況その他の特別の事情によりやむを得ないと認められる場合に特例的に設けられるものであるが，中でも自立式構造の特殊堤は特例中の特例と考えるべきであり，東京や大阪等の都市河川の高潮区間等において限定的に設けられている．

（高　さ）

第20条　堤防（計画高水流量を定めない湖沼の堤防を除く．）の高さは，計画高水流量に応じ，計画高水位に次の表の下欄に掲げる値を加えた値以上とするものとする．ただし，堤防に隣接する堤内の土地の地盤高（以下「堤内地盤高」という．）が計画高水位より高く，かつ，地形の状況等により治水上の支障がないと認められる区間にあっては，この限りでない．

項	1	2	3	4	5	6
計画高水流量（単位　1秒間につき立方メートル）	200未満	200以上500未満	500以上2 000未満	2 000以上5 000未満	5 000以上10 000未満	10 000以上
計画高水位に加える値（単位　メートル）	0.6	0.8	1	1.2	1.5	2

2．　前項の堤防のうち計画高水流量を定める湖沼又は高潮区間の堤防の高さは，同項の規定によるほか，湖沼の堤防にあっては計画高水位に，高潮区間の堤防にあっては計画高潮位に，それぞれ波浪の影響を考慮して必要と認められる値を加えた値を下回らないものとするものとする．

3．　計画高水流量を定めない湖沼の堤防の高さは，計画高水位（高潮区間にあっては，計画高潮位．次項において同じ．）に波浪の影響を考慮して必要と認められる値を加えた値以上とするものとする．

4．　胸壁を有する堤防の胸壁を除いた部分の高さは，計画高水位以上とするものとする．

1. 「堤防の高さの原則」について

堤防は土堤が原則であるので，一般的には，越水に対して極めて弱い構造である．したがって，堤防は計画高水流量以下の流水を越流させないよう設けるべきものであり，洪水時の風浪，うねり，跳水等による一時的な水位上昇に対し，堤防の高さにしかるべき余裕をとる必要がある．また，堤防には，その他洪水時の巡視や水防活動を実施する場合の安全の確保，流木等流下物への対応等種々の要素をカバーするためにもしかるべき余裕の高さが必要である．令第20条第1項の規定は，それらの余裕（余裕高という）を計画高水位に加算すべき高さとして規定したものである．したがって当該値は堤防の構造上必要とされる高さの余裕であり，計画上の余裕は含まないものである．過去の洪水経験からは予想できない現象は別として，計画上予想すべき河床変動による水位上昇，湾曲部の水位上昇，水理計算の誤差等については，計画高水位を決定するときに考慮されるべきものである（課長通達4-(2)を参照）．

2. 余裕高の特例

堤内地盤高が計画高水位より高い区間にあって，地形の状況等により治水上の支障がないと認められる場合は，所定の余裕高を持たない低い堤防を計画することがあり，令第20条第1項のただし書が定められている．この場合の堤防の高さについては，背後地の状況や上下流又は対岸の堤防の高さ等を考慮のうえ決定する．

中小河川では，一般に計画の規模（安全度）が小さく，計画を超える洪水の頻度が高いため，越水被害を極力小さくする配慮が特に必要である．このため，中小河川では堀込河道が一般的である．以下，中小河川を中心に，本条第1項ただし書運用の例を紹介しておきたい．

① 堤内地盤高が，計画高水位より高い，いわゆる掘込河道の場合であっても，溢流部を特定させるのを避けるため，又は管理用通路の設置や官地の明確化等のため河岸にはある程度の盛土部分があることが望ましい．このような場合には堀込河道であっても，一般には0.6m程度の余裕高を確保するものとされている．

② 背後地が人家連担地域である場合は，計画高水流量に応じ所定の余裕高を確保することが多い．

③ 掘込河道に余裕高を設けることは築堤河道部分に計画以上の負担を課すこととなるので，このような場合には，余裕高を状況に応じ 0〜0.6 m とする．

④ 内水による氾濫の予想される河川において，余裕高のための盛土がかえって内水被害を助長すると考えられる場合は，余裕高を 0〜0.6 m とする場合が少なくない．

以上に述べたことのほか，令第76条及び規則第36条第2号に定める小河川の特例がある．すなわち，計画高水流量が 50 m³/s 未満の河川については，堤内地盤高が計画高水位より低い場合であっても，その差が 0.6 m 未満であるときは，余裕高を 0.3 m 以上とすることができる（図 3.5 参照）．

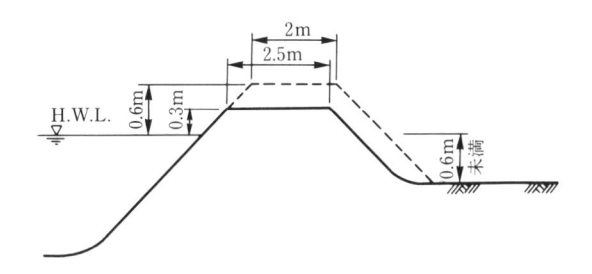

図 3.5 小河川の特例（余裕高と天端との関係）

しかし，この余裕高の特例が適用できるのは，規則第36条第2号に明記されているとおり「堤防の天端幅が 2.5 メートル以上である場合」であるので，注意を要する．なお，令第21条第1項の規定（天端幅≧3 m）にかかわらず規則第36条第1号及び第3号の規定により，計画高水流量が 100 m³/s 未満の場合は天端幅を 2.5 m 以上とすることができるものである．これらの小河川の特例については，令第76条の解説で記述する．

3. 余盛と余裕高との関係

堤防は土堤が原則であり，しかも，堤防を設ける場所は一般に地盤のよくない所が多く，また堤体自体の圧縮もあるので，堤防の沈下は通常避けられない．そこで，堤防を築造するときは，一般的に「余盛」と称して，沈下相当分を所要の余裕高に増高して施工することとしている．すなわち，余盛は施工上の配慮として行うものであり，本条に規定する堤防の高さには，余盛

は含まないのである(課長通達4-(1)を参照). 余盛の施工基準については, 「堤防余盛基準について」(昭和44.1.17 建設省河治発第3号による治水課長通達)を参照されたい.

4. 余裕高の増高

本条第1項の表に掲げる基準値は, 最低基準を示したものであり, 余裕高については, 河川の重要度(背後地の重要性), 上下流又は対岸における堤防の高さ等を考慮のうえ, 必要に応じ, 基準値より増高する必要がある.

5. 湖岸堤及び高潮堤防

計画高水流量を定める湖沼の湖岸堤及び高潮堤防については, 計画高水流量に応じて定める余裕高のほか, 波浪の影響を考慮して高さを決定しなければならない. 一方, 琵琶湖や霞ヶ浦等水面積の大きい湖沼にあっては, 計画高水流量を湖沼の下流端で定めることはできても, 地点ごとに定めることはできないし, また流水の貯留効果が著しく大きいので, その意味もない. このように, 水面積の大きい湖沼等計画高水流量が定められない湖沼の湖岸堤の高さについては, 計画高水位(このような湖沼のうち例えば浜名湖等高潮の影響を受ける湖沼の区間にあっては計画高潮位)に波浪の影響を考慮して必要と認められる値を増高するものとする.

なお, 計画高潮位が定められていない河川にあっては, 令第20条第2項の

図 3.6 高潮堤防の例

図 3.7 高潮堤防を緩傾斜堤とした例

適用がないものである．

6. 波浪の影響から必要となる堤防の高さ

「波浪の影響を考慮して必要と認められる値」については，波浪による打上

表 3.1 5大湾内代表地点の高潮計画諸元一覧表

(単位：m)

5大湾名	伊勢湾	有明海	東京湾	大阪湾	広島湾
代表地点名	木曽川河口	筑後川河口	荒川河口	淀川河口	太田川河口
台風期朔望平均満潮位	TP+0.97	TP+2.65	AP+2.10 (TP+0.97)	OP+2.20 (TP+0.90)	TP+2.00
偏　　差	3.55	2.37	3.00	3.00	2.40
計 画 潮 位	TP+4.52	TP+5.02	AP+5.10 (TP+3.97)	OP+5.20 (TP+3.90)	TP+4.40
波高相当分	2.98	2.48	2.90	2.90	2.50
計画堤防高	TP+7.50	TP+7.50	AP+8.00 (TP+6.87)	OP+8.10 (TP+6.80)	TP+6.90
既往最高潮位	TP+3.89 (名古屋)	TP+4.35	AP+4.21	OP+4.20	TP+3.30
備　　考	－	打上げ波高 2.32 m	消波工による消波効果を0.5 m程度見込む	消波工による消波効果を1.30 m程度見込む	打上げについては未検討

げ，風による吹き寄せ等について配慮する必要があるものであり，その検討に当たっては，地形による波浪の増幅又は減衰，河道又は湖沼の副振動あるいはセイシュ，波浪の方向，屈折，回折及び反射，消波の効果，堤防の構造（のり勾配又は波返工の有無等）等のほか，堤内地の利用状況（将来を含む）及び許容越波量，関連他事業計画との調整等の外的環境条件についても十分配慮する必要がある．

（天端幅）

第21条　堤防（計画高水流量を定めない湖沼の堤防を除く．）の天端幅は，堤防の高さと堤内地盤高との差が0.6メートル未満である区間を除き，計画高水流量に応じ，次の表の下欄に掲げる値以上とするものとする．ただし，堤内地盤高が計画高水位より高く，かつ，地形の状況等により治水上の支障がないと認められる区間にあっては，計画高水流量が1秒間につき500立方メートル以上である場合においても，3メートル以上とすることができる．

項	計画高水流量（単位　1秒間につき立方メートル）	天端幅（単位　メートル）
1	500 未満	3
2	500 以上 2 000 未満	4
3	2 000 以上 5 000 未満	5
4	5 000 以上 10 000 未満	6
5	10 000 以上	7

2．計画高水流量を定めない湖沼の堤防の天端幅は，堤防の高さ及び構造並びに背後地の状況を考慮して，3メートル以上の適切な値とするものとする．

1．天端幅の意義等

堤防は，計画高水位以下の流水の通常の作用に対して安全でなければなら

ないものであり，道路等の盛土と異なりのり勾配を50％以下（2割以上）の緩やかなものとするとともに（令第22条），必要な断面幅を有していなければならない．堤防の断面形は，基本的には高さと天端幅とのり勾配によって決定されるため，構造令では，堤防の断面形に関連する事項として高さに関する規定のほか，天端幅とのり勾配について具体的に規定している．

　堤防の天端は，浸透水に対して必要な堤防断面幅を確保するためにしかるべき幅が必要であることのほか，常時の河川巡視又は洪水時の水防活動等のためにもしかるべき幅が必要である．天端幅も余裕高と同様，本来的には，個々の区間について，背後地の重要性，洪水の継続時間，堤防又は地盤の土質条件等の特性に応じて定めるべきであるが，実態上それは極めて困難である．また，天端幅が区間によって異なることは，堤防天端を管理用通路等として使用するうえで適当でなく，また堤防の断面形が区間によって異なることは地域住民に与える心理的影響が大きい等の難点もある．このような観点から本条第1項においては，余裕高の場合と同様，計画高水流量に応じて段階的に最低基準を定めているものである．なお，実際の運用に当たっては，計画高水流量の変わる箇所で天端幅を急変することは地域住民に与える心理的影響も大きいので，できるだけ山付等区切りのつく所で変えるのが一般的である．また，地形上適当な区切りのない場合であっても，相当の延長にわた

図 3.8　管理用通路拡幅の事例

り穏やかにすり付けるよう心がけるべきである．なお，堤防天端は，散策路や高水敷へのアクセス路として，河川空間のうちで最も利用されている空間であり，これらの機能を増進し，高齢者等の河川利用を容易にするため，及び河川水を消火用水として利用する場合，消防車両等の緊急車両が堤防天端を経由して高水敷に円滑に通行できるようにするため，都市部の河川を中心に堤防天端幅をゆとりのある広い幅とすることが望ましい（図3.8参照）．

また，堤防天端は，雨水の堤体への浸透抑制や河川巡視の効率化，河川利用の促進等の観点から，河川環境上の支障を生じる場合等を除いて，舗装されていることが望ましい．ただし，雨水の堤体への浸透を助長しないように舗装のクラック等は適切に維持管理するとともに，堤防のり面に雨裂が発生しないように，アスカーブ及び排水処理工の設置，適切な構造によるのり肩の保護等の措置を講ずるものとする（図3.9参照）．また，暴走行為等による堤防天端利用上の危険の発生を防止するため，必要に応じて，車止めを設置する等の適切な措置を講ずるものとする（「河川管理施設等構造令及び同令施行規則の運用について」平成11.10.15　建設省河政発第74号，建設省河計発第83号，建設省河治発第39号による水政課長，河川計画課長，治水課長通達（以下「平成11年課長通達」という）1を参照）．

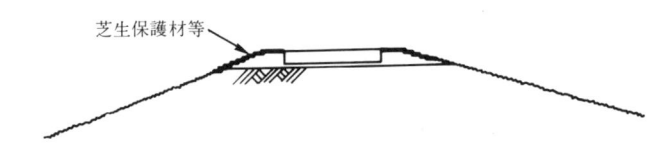

図 3.9　のり肩保護の例

2.　天端幅の特例

① 本条第1項ただし書は，堤内地盤高が計画高水位より高い区間に設けるいわゆる余裕高堤防についての緩和規定である．例えば下流に堤防の山付箇所がある場合等地形の状況等により治水上の支障がないと認められる一連区間に限定して，天端幅の緩和を行って差し支えないものである．しかし，この場合にあっても，管理用通路としての最小必要幅を確保するため，3m以上としたものである．

② 堤防の高さと堤内地盤高との差が0.6m未満の堤防は，令第20条(高さ)第1項の規定からわかるように，堤内地盤高が計画高水位より高い場合であり，この場合には堤防を設けないときもあり得る特別の扱いとなっている．したがって，天端幅についても特別の扱いであって，本条第1項により「堤防の高さと堤内地盤高との差が0.6メートル未満である区間」については，天端幅の規定が適用除外となっており，構造令には基準値の規定がない．しかし，0.6m未満の高さの堤防についても，しかるべき管理用通路の幅を確保する必要がある(局長通達9-(2)を参照)．なお，0.6m未満の高さの堤防に設ける管理用通路の必要幅については，令第27条(管理用通路)の解説を参照されたい．

③ 計画高水流量が100 m³/s未満の小河川については，令第76条及び規則第36条（小河川の特例）第1号の規定により，堤内地盤高が計画高水位より低い場合であってもその差が0.6m未満のときは，特例的な取扱いができることとなっており，その詳細については，令第76条（小河川の特例）の解説を参照されたい．

3. 高規格堤防の天端幅

高規格堤防の天端幅等は，普通の堤防の天端に対応する部分の幅をいう(図3.10参照)．

高規格堤防は普通の堤防の機能を包含するものであり，本条の規定する天端幅を最低限確保する必要がある．しかし，高規格堤防においては，表のり

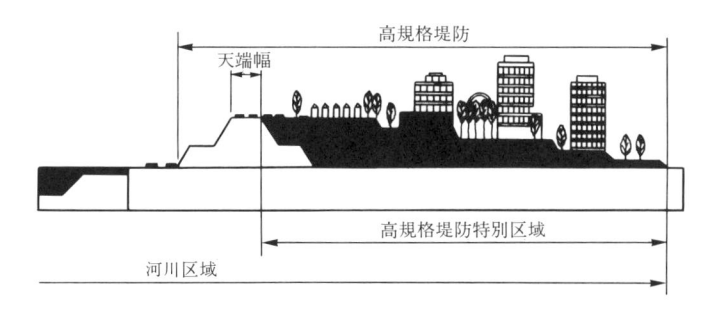

図 3.10　高規格堤防特別区域

肩から計画の天端幅までの地点から堤内地側の土地の区域が高規格堤防特別区域に指定され（図3.10参照），通常の土地の利用に供されることから，従来活用していた裏のり等を河川の巡視，洪水時の水防活動，緊急車両の通行等河川管理のために使用することができなくなる．また，対象とする河道内水位が，計画高水位を越え流水による洗掘力が増大する結果，天端幅が普通の堤防の天端幅のままでは不足し，河川管理上重大な支障を生じるおそれがある．このようなことから，高規格堤防においては，当該地区の重要性，流水による洗掘力の増大，水防活動における技術革新，社会状況の変化に伴い河川空間に期待される役割の増大等を勘案し，天端幅を適切に定めなくてはならない．

4．計画高水流量を定めない湖沼の天端幅

計画高水流量を定めない湖沼の堤防については，普通の堤防とは異なり流水の作用は浸透水及び波浪によるものが主体であることから，堤防設置箇所の状況により個々に検討を行い，天端幅を決定することが特に必要である．このような観点から，「堤防の高さ及び構造並びに背後地の状況を考慮して，3メートル以上の適切な値」としたものである．なお，堤防の高さ，構造並びに背後地の状況等の運用としては，**表3.2**により増幅することを標準とする．ただし，6m以上となる場合は1mを減じることができるものとする．

表 3.2 湖岸堤の天端幅の増幅値

項	区 分		増幅値 (m)
1	構 造	三 面 張 り	0
		三面張り以外	1.0
2	堤 防 高（堤 内 側）	3m 以 上	1.0
		3m 未 満	0
3	波 浪 高	1m 以 上	1.0
		1m 未 満	0
4	背後地の状況	市 街 化 区 域	1.0
		市街化区域以外	0

(盛土による堤防の法勾配等)
第22条 盛土による堤防(胸壁の部分及び護岸で保護される部分を除く．次項において同じ．)の法勾配は，堤防の高さと堤内地盤高との差が0.6メートル未満である区間を除き，50パーセント以下とするものとする．
2． 盛土による堤防の法面(高規格堤防の裏法面を除く．)は，芝等によって覆うものとする．

1．のり勾配

　堤防は，道路等の盛土と異なり，河川水及び雨水の浸透に対して安定したのり面を有していなければならない．従来小規模な堤防等において1.5割ののり勾配のものがあったが，洪水時の河川の浸透や雨水の浸透によってすべり，のり崩れ等の現象が多く発生している．なお，すべりは特に引水時に発生しやすい．このような過去の経験又は実験等から，堤防は護岸で保護される部分を除き，50％以下（2割以上）の緩やかなのり勾配でなければならないものとしている．

　堤防ののり勾配は，特に大河川においては，堤防又は地盤の土質条件，洪水の継続時間等河川の特性に応じて決定されるべきで，構造令に適合するという理由だけで2割勾配を採用するということにはならない．大河川の堤防は，古くに造られた堤防を順次拡築してできあがっている例が多く，この場合は，堤防又は地盤の土質条件が必ずしも明確ではない．また，洪水の継続時間についての理論的な取扱いが難しく，過去の洪水実績を参考にして検討する等の面もあるので，過去の災害等の経験を十分ふまえて必要に応じのり勾配を緩やかにするなどの特別の配慮がなされているのが通例である．

　従来，堤防には多くの場合小段が設けられてきた．しかし，小段は雨水の堤体への浸透をむしろ助長する場合もあり，浸透面から見ると緩やかな勾配(緩勾配)の一枚のりとしたほうが有利である．また，除草等の維持管理面や堤防のり面の利用面からも緩やかな勾配ののり面が望まれる場合が多い．このため，小段の設置が特に必要とされる場合を除いては，原則として，堤防は可能な限り緩やかな勾配の一枚のりとするものとする(図3.11，3.12参照)．一枚のりとする場合ののり勾配については，すべり破壊に対する安全性等を照

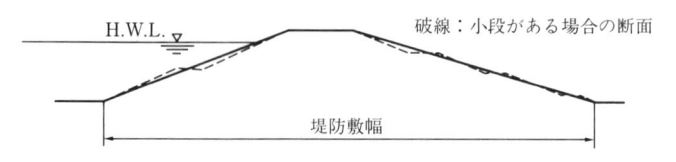

図 3.11 小段のあるのり面を緩勾配の一枚のりにする例

図 3.12 緩勾配の一枚のりの例

査したうえで設定するものとする．なお，堤防のすべり安全性を現状より下回らないという観点からは，堤防敷幅が最低でも小段を有する断面とした場合の敷幅より狭くならないことが必要である．また，一枚のりの緩やかな勾配とした場合，のり面への車両の侵入，不法駐車等が行われる場合があるので，これらによる危険発生防止のため，必要に応じて裏のり尻に 30～50 cm 程度の高さの石積み等を設置するものとする（平成 11 年課長通達 2 を参照）．

2．護岸ののり勾配

護岸で保護される堤防の部分ののり勾配については，特に 50 ％以下という規定はない．堤防としての機能と安全性が確保できるよう河川環境にも配慮して適切にのり勾配を定める必要がある．

3．のり面保護

第 2 項は，堤防のり面が降雨及び流水等によるのり崩れ又は洗掘に対して安全となるよう規定したものであり，護岸を設けない部分は芝等によって覆う必要があるものである．なお，高規格堤防の裏のり面は，高規格堤防特別

区域の土地であり，通常の利用に供されるため適用除外とされている．

ここに，「芝等」とは，芝のほか，チガヤ，その他の植生を含むものである．堤防ののり面等に，根が深い植生が繁茂すると，根の腐敗に伴い堤防が弱体化し，のり崩れ，ひび割れ等が発生する場合がある．カラシナや菜の花が堤防に繁茂し，枯れた根を餌とするミミズが増殖し，このミミズを餌とするモグラが繁殖し，堤防のり面にモグラによる穴が多く発生している事例もある．また，草丈が高い植生が繁茂すると，河川巡視の際の堤防の変状等についての外観点検の著しい支障となる．このようなことから，堤防ののり面において，カラシナ，菜の花，イタドリ，スイバ，ススキ，ヨモギ，スギナ，クズ等の植生が繁茂することは好ましくない．

堤防ののり面の植生としては，①活着が早く，容易に生育すること，②入手が容易で，施工上の取扱いも容易であること，③草丈が低く，表層に広く根が張って，流水及び降雨の侵食に強いこと等の長所を有している芝を主体とした植生が本来は望ましい．しかし，芝を維持するためには，頻繁な除草の実施が必要であり，多大な労力と費用を要し，限られた財政の下では芝を主体とした植生の維持は現実的には困難である．このため，現状では芝に近い特性を有するチガヤを主体とした植生が多くなってきている．

なお，地域の独自性を活かした個性ある川づくりのためにも，今後，芝やチガヤ以外の植生について，その強度，施工性や維持管理方法等に関して研究を進め，背後地の状況，流下能力その他河川の状況を勘案しつつ，積極的に用いていくべきと思われる．

4．漏水防止工・ドレーン工

堤防には，浸透水のしゃ断及びボイリング現象，パイピング現象の防止を目的として，堤体材料，基礎地盤材料，水位，高水の継続時間等を考慮しつつ，必要に応じて漏水防止工を設けるものとしている．

また，堤防の浸透水を安全に排水するため必要に応じてドレーン工を設けるものとしている（図3.13参照）．ドレーン工の設計方法については，「河川砂防技術基準（案）同解説」，「ドレーン工設計マニュアル」（（財）国土開発技術研究センター，平成10年3月）等を参照されたい．

128 第3章 堤　　防

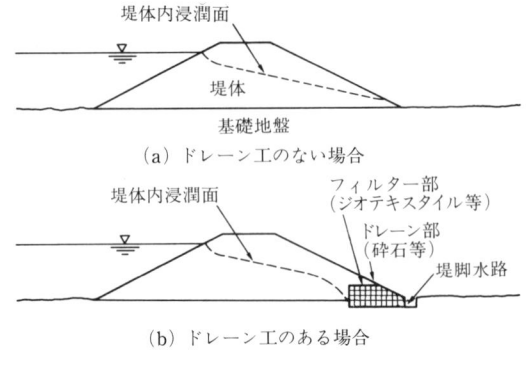

(a) ドレーン工のない場合

(b) ドレーン工のある場合

図 3.13　ドレーン工の構造とその効果

5. 余盛とのり勾配との関係

　堤防を築造するときには，一般に，堤防の沈下を考慮して余盛を行う．余盛は，沈下後の堤防断面が計画堤防となるように行うものであるので，堤防天端のみでなくのり面にも行われ，しかものり面の余盛はのり尻で零となるよう下方に漸減させることが多い．したがって，堤防築造後から沈下が終わるまでの間は，のり勾配が50％を超える場合もあるが，これは構造令違反とはならないものである．構造令は完成の姿を描いたものであって，余盛の部分が沈下して計画堤防となるまでの間は，未完成いい換えれば工事途中であると解釈される．ただし，施工段階において計画堤防と余盛（施工断面）との関係が明確になっていることが前提となっており，この点には注意を要する．堤防沈下の予測が困難なときは，施工時ののり勾配自体が50％以下となるよう，のり面の余盛について配慮する必要がある（課長通達5を参照）．

（高規格堤防に作用する荷重の種類）

　第22条の2　高規格堤防及びその地盤に作用する荷重としては，河道内の水位に応じ，次の表に掲げるものを採用するものとする．

項	河道内の水位	荷　重
一	計画高水位以下である場合	W, P, I, P_p
二	計画高水位を超え，高規格堤防設計水位以下である場合	W, P, P_p, τ

備考

この表において，W, P, I, P_p 及び τ は，それぞれ次の荷重を表すものとする．

　　W：高規格堤防の自重
　　P：河道内の流水による静水圧の力
　　I：地震時における高規格堤防及びその地盤の慣性力
　　P_p：間げき圧（高規格堤防及びその地盤の内部の浸透水による水圧）の力
　　τ：越流水によるせん断力

（荷重等の計算方法）
第22条の3　前条に規定する荷重の計算その他高規格堤防の構造計算に関し必要な技術的基準は，建設省令で定める．

令第22条の2は高規格堤防の設計に用いられる荷重の種類と組合せを規定したものである．具体的な荷重の計算方法は令第22条の3により施行規則にゆだねている．

高規格堤防は，超過洪水による諸荷重に対して，堤防及びその地盤において，川表側からの洗掘破壊，越流水による洗掘破壊，すべり破壊及び浸透破壊が発生しないよう設計しなければならない．

また，高規格堤防では，普通の堤防と異なり，河道内の水位が計画高水位以下の場合における地震による荷重を考慮する．これは，高規格堤防特別区域が通常の土地利用に供されるため，高規格堤防が地震によって被災した場合，その復旧に場合によっては数年の年月を要し，その間の出水に対処できないこと等による．

高規格堤防については，新設の堤防であり過去の経験がないこと，堤防の敷地である土地の大部分の土地が通常の土地利用に供されるため普通の堤防にない機能が要求されることから，断面形状及び構造について理論的な手法により照査することとしており，令第22条の2及び第22条の3並びに規則第13条の2から第13条の5までに規定した性能規定に従って，浸透破壊や

すべり破壊に対する安定性等についての構造計算により検討しなければならない．

なお，構造の検討時には，高規格堤防は，施工中及び施工後に，高規格堤防特別区域内の通常の土地利用や，隣接する他の河川管理施設，堤内地の土地利用等に重大な支障を与える変状が生じないようにしなければならないので，これらのこともあわせて検討する必要がある．

（高規格堤防に作用する荷重）

規則第13条の4　第3条，第4条第1項及び第6条の規定は，高規格堤防及びその地盤に作用する荷重について準用する．この場合において，第3条及び第4条第1項中「ダムの堤体」とあるのは，「高規格堤防」と，第4条第1項中「貯留水」とあるのは，「河道内の流水」と，「次の表の中欄に掲げる区分に応じ，同表の下欄に掲げる水位」とあるのは，「河道内の流水の水位」と，第6条中「ダムの堤体」とあるのは，「高規格堤防及びその地盤」と，「第2条第1項又は第2項の規定により定めた設計震度」とあるのは，「第13条の3第1項に規定し，又は同条第3項の規定により定めた設計震度」と読み替えるものとする．

2．令第22条の2の越流水によるせん断力は，高規格堤防と越流水との接触面において作用するものとし，次の式によって計算するものとする．

$$\tau = W_0 \cdot h_s \cdot I_e$$

この式において，τ，W_0，h_s及びI_eは，それぞれ次の数値を表すものとする．

τ：越流水によるせん断力（単位　1平方メートルにつき重量トン）

W_0：水の単位体積重量（単位　1平方メートルにつき重量トン）

h_s：高規格堤防の表面における越流水の水深（単位　メートル）

I_e：越流水のエネルギー勾配

高規格堤防に作用する荷重としては，堤防の自重，静水圧の力及び地震時における慣性力に加えて，高規格堤防の特質である越流水によるせん断力等がある．

① 高規格堤防の自重

　　高規格堤防の自重は，高規格堤防の材料の単位体積重量を基礎として計算するものとし，単位体積重量は，原則として，実際に使用する材料について試験を行い，その結果に基づいて決定するものとする．

② 地震時慣性力

　　地震時における高規格堤防の堤体の慣性力は，堤体に水平に作用するものとし，堤体の自重に設計水平震度を乗じて求めるものとする．

③ 越流水によるせん断力

表 3.3　想定する河道内水位と荷重

堤防破壊形態	堤防破壊機構	設計において想定する河道内水位	採用する荷重
川表側からの洗掘破壊	河道内の流水による堤防の川表側の洗掘	高規格堤防水位，計画高水位，平水位，水位低下時	河道内の流水によるせん断力
越流水による洗掘破壊	越流水による堤防の川裏側の洗掘	高規格堤防設計水位	τ
すべり破壊	水の浸透による間隙圧の変化による堤防及び地盤のすべり	高規格堤防設計水位，計画高水位，平水位，水位低下時	W, P, P_p
すべり破壊	地震時慣性力に伴う不安定化による堤防及び地盤のすべり	計画高水位，平水位，水位低下時（計画高水位以下）	W, P, P_p, I
浸透破壊	浸透水の堤防裏面からの流出に伴う堤防の侵食（浸透水侵食破壊）	高規格堤防設計水位，計画高水位，平水位，水位低下時	P, P_p
浸透破壊	浸透水によるパイプ状の地盤土砂流出路形成・発達（パイピング破壊）		
液状化破壊	地震時慣性力の作用により地盤が液状になることに伴う堤防沈下・変形等の発生	計画高水位，平水位	W, P, I 発生に伴う P_p

注1）「水位低下時」とは，河道内の水位が高規格堤防設計水位以下で，かつ，水位が急速に低下する場合である．ただし「（計画高水位以下）」とある場合は，計画高水位以下での水位低下に限定する．

注2）荷重の記号の説明は，次のとおりである．
　W：高規格堤防の自重
　P：河道内の流水による静水圧の力
　I：地震時における高規格堤防及びその地盤の慣性力
　P_p：間隙圧（高規格堤防及びその地盤の内部の浸透流による水圧，及び地震時の過剰間隙水圧）の力
　τ：越流水によるせん断力

高規格堤防上に越流水が流下した場合，流水との接触面に越流水の流下方向にせん断力が働く．このせん断力が一定以上になると堤体表面が浸食され，洗掘を受けることになる．

④　間隙圧

高規格堤防及びその地盤の内部の浸透流による水圧の力，及び地震時の過剰間隙水圧の力である．

高規格堤防の破壊形態，破壊機構，想定する河道内水位及び採用する荷重の組合せを**表**3.3に示す．

（高規格堤防の構造計算）

規則第13条の2　高規格堤防及びその地盤に関する構造計算は，河道内の水位が次に掲げる場合及び河道内の水位が高規格堤防設計水位以下で，かつ，水位が急速に低下する場合における荷重を採用して行うものとする．

一　平水位である場合

二　計画高水位である場合

三　高規格堤防設計水位である場合

2．高規格堤防の構造計算は，高規格堤防の表法肩から令第21条第1項及び第2項の規定による天端幅の部分より堤内地側の部分の敷地である土地が，通常の利用に供することができるものであるものとして行うものとする．

本条は令第22条の3の構造計算を具体に実施する荷重状態を規定したものである．

第1項の規定は河道内の水位の条件を規定したものであり，以下のように取り扱う（平成4年課長通達1-(8)を参照）．

① 平水位とは，非洪水時の通常の水位であること．

② 水位が急速に低下する場合とは，高規格堤防設計水位から平水位に水位が低下する場合であること．

③ 高規格堤防設計水位から平水位に水位が低下する場合の構造計算は，すべり計算を行うものであり，そのときの荷重は高規格堤防の自重，間隙圧

の力，河道内流水による静水圧の力及び地震時慣性力であること．

　第2項の規定は，設計上考慮すべき高規格堤防特別区域の土地利用状況を規定したものであり，高規格堤防の設計上前提とする高規格堤防上の土地利用は，通常最も高い建ぺい率である80％，標準街区における最低の道路面積率18％である場合の利用を基本とする（平成4年課長通達1-(8)を参照）．

　なお，高規格堤防の横断方向に連続した地下工作物のような堤防の耐浸透性機能を低下させるおそれがあるものについては，法第26条第1項及び第27条第1項に基づく規制により，配置上の工夫やしゃ水対策等を担保することとなる．

> **（高規格堤防の構造計算に用いる設計震度）**
> 規則第13条の3　高規格堤防及びその地盤の滑りに関する構造計算に用いる設計震度は，第2条第4項の強震帯地域，中震帯地域及び弱震帯地域の区分に応じ，それぞれ0.15，0.12及び0.10とする．
> 2．　高規格堤防の地盤の液状化に関する構造計算に用いる高規格堤防の表面における設計震度は，前項に規定する値に1.25を乗じて得た値とする．
> 3．　河道内の水位が平水位を超え計画高水位以下である場合は，高規格堤防及びその地盤の構造計算に用いる設計震度は，前2項に規定する値の2分の1の値とすることができる．

　高規格堤防の構造計算に用いる設計震度は，規則第2条第4項に示された強震帯地域，中震帯地域及び弱震帯地域の区分に応じて，それぞれ0.15，0.12及び0.10とする．

　また，高規格堤防の地盤の液状化に関する構造計算に用いる高規格堤防の表面における設計震度は，上記の値に1.25を乗じて得た値とする．

　河道内の水位が平水位を超える場合の設計震度を上記の値の2分の1とするのは，洪水と地震の同時生起時の設計震度に非洪水時と同じ設計震度を用いることが，地震による堤防破壊の危険性を過大に評価することになるからであり，仮に壊れれば甚大な災害を招くダムの設計においても，計画高水位に相当するサーチャージ水位等に対しては，平常時の2分の1としている．

ただし，上記の設計震度は，地盤条件がⅢ種地盤(沖積層厚が25m以上の地盤)，かつ，堤防幅・高さ比が20以上の場合を想定したものであるので，高規格堤防設置区間における地震履歴，土質，地盤の特性及び堤防規模等がこの前提と異なり，上記の値よりも大きな設計震度を用いる必要があると判断される場合には，適切な方法を用いて上記の値とは別に設計震度を定めるものとする．

(高規格堤防の安定性)
規則第13条の5　高規格堤防は，第13条の2第1項に規定する場合において，河道内の流水による洗掘に対し，必要な抵抗力を有するものとし，かつ，河道内の水位が高規格堤防設計水位である場合において，越流水によるせん断力による洗掘に対し，必要なせん断抵抗力を有するものとする．
2．高規格堤防は，第13条の2第1項に規定する場合において，高規格堤防の内部及び高規格堤防の地盤面の付近における滑りに対し，必要な滑り抵抗力を有するものとする．
3．第10条第2項の規定は，前項の滑り抵抗力について準用する．
4．高規格堤防は，第13条の2第1項に規定する場合において，浸潤線が高規格堤防の裏側の表面と交わらない構造とするものとし，かつ，高規格堤防の地盤面の付近における浸透に対し，必要な抵抗力を有するものとする．
5．高規格堤防の地盤は，河道内の水位が計画高水位以下である場合において，地震時の液状化に対し，必要な抵抗力を有するものとする．

1．河道内の流水による洗掘に対する安全性
第1項前段は河道内の流水による洗掘に対する安全性を規定したものである．

高規格堤防は，高規格堤防設計水位以下の水位による河道内の流水の作用によって洗掘破壊が生じてはならない．このため，水衝部等において，計画規模の洪水から超過洪水になる際の堤防表のり側への流水による荷重(外力)の増大量が無視できないほど大きい場合には，必要に応じて護岸，水制等を

設けるなど，その外力に見合う措置を高規格堤防の設計に組み込まなければならない．なお，ここでいう河道内の流水の作用には，表のり肩付近における越流水の作用も併せて考えるものとする．

2．越流水による洗掘に対する安全性

第1項後段は，越流水による洗掘に対する安全性を規定したものである．

高規格堤防の堤体は，高規格堤防特別区域において通常の土地利用がされても越流水による洗掘に対して耐え得るものでなければならない．このため，高規格堤防設計水位時における越流水の流速を堤体表面のせん断破壊を生じない流速以下にする必要があるが，越流水の流速は高規格堤防の川裏側の勾配に左右されるため，越流水による高規格堤防上部の表面のせん断力が，高規格堤防表面の許容せん断力を超えないように以下の式を基に高規格堤防の川裏側の勾配を定めるものとする．

$$\tau = W_0 \cdot h_s \cdot I_e = 0.3446 \cdot q^{3/5} \cdot I^{7/10}$$

$$\tau \leqq \tau_a$$

ここに，

τ：越流水によるせん断力（kN/m² {tf/m²}）

W_0：水の単位体積重量（kN/m³ {tf/m³}）

h_s：高規格堤防の表面における越流水の水深（m）

I_e：越流水のエネルギー勾配

q：単位幅越水量（m³/s/m）

（$q = 1.6 h_k^{3/2}$：h_k は計画堤防天端高を基準とする高規格堤防設計水位の水深（m））

I：堤防の川裏側の勾配（$I = I_e$）

τ_a：許容せん断力（0.078 kN/m² $\{0.008$ tf/m²$\}$）

ただし，その際，一般に越流水が道路部に集中する状況が最も厳しいので，道路面に作用するせん断力が許容せん断力より小さくなるように，上式より堤防の川裏側のり勾配を定める必要がある．

3．すべりに対する安全性

第2項及び第3項は，高規格堤防のすべりに対する安全性を規定したものである．

高規格堤防は，規則第13条の2第1項に規定する場合において，浸透及び地震時の慣性力によるすべり破壊に対して安全な構造となるよう，河川水位と降雨を考慮した外力条件で非定常浸透流解析等により浸潤面を算出し，円弧すべり法によるすべり安定計算を行い，本条第3項に示される最小安全率(1.2)を満たすように設計しなければならない．ここで最小安全率を1.2としているのは，高規格堤防特別区域内の土地においては，地震時の安全性を通常の市街地と同程度以上に確保する必要があるためである．

また，軟弱地盤上の築堤で既設堤や周辺地盤への影響が懸念される場合には，別途検討を行い，必要に応じ適切な対策を行うものとする．

4. 浸透に対する安全性

第4項は浸透に対する安全性を規定したものである．

第4項前段は，高規格堤防の浸透水による破壊に対する安全性を規定したものである．高規格堤防において，浸透水が川裏側の堤体ののり先より高い位置で浸出すると，堤体ののり面等が泥ねい状になって，浸透水で堤体が侵食されやすくなる．このため，浸潤線が川裏側ののり面と交わらないようにしなければならない．

浸潤線は，有限要素法による非定常浸透流解析等により算出するものとし，この検討における川裏側ののり面位置としては，のり尻部を除き実際ののり面位置よりも1.5m低い位置としている．これは，高規格堤防特別区域においては，堤防表面から一定の深さまでは掘削・埋戻しが自由に行われるからである（法第27条第2項を参照）．

第4項後段は，高規格堤防のパイピング破壊に対する安全性を規定したものである．パイピングは，堤体とその地盤の接合部，構造物とその地盤の接合部及びそれらの付近における浸透現象であり，高規格堤防の堤体及びその地盤は，パイピング破壊が生じないよう必要な有効浸透路長を確保することとし，以下のレーンの加重クリープ比により評価するものとする．

$$C = (L_e + \Sigma l)/\Delta H = \{L_1 + L_2/3 + \Sigma l\}/\Delta H$$

ここに，C：レーンの加重クリープ比（**表3.4**参照）

L_e：水平方向の有効浸透路長

L_1：水平方向の堤防と堤防の地盤の接触長さ

L_2：水平方向の堤防の地盤と地下構造物の接触長さ

Σl：鉛直方向の地盤と構造物の接触長さ（通常 0 とする）

ΔH：水位差

表 3.4　レーンの加重クリープ比

地盤の土質区分	C	地盤の土質区分	C
極めて細かい砂又はシルト	8.5	細砂利	4.0
細　　　　砂	7.0	中砂利	3.5
中　　　　砂	6.0	栗石を含む粗砂利	3.0
粗　　　　砂	5.0	栗石と砂利を含む	2.5

ここで L_1, L_2, ΔH は図 3.14 のようになり，L_2 は高規格堤防特別区域に建ぺい率 80 ％で建物の地下等が入った場合を想定し設計するものとする．

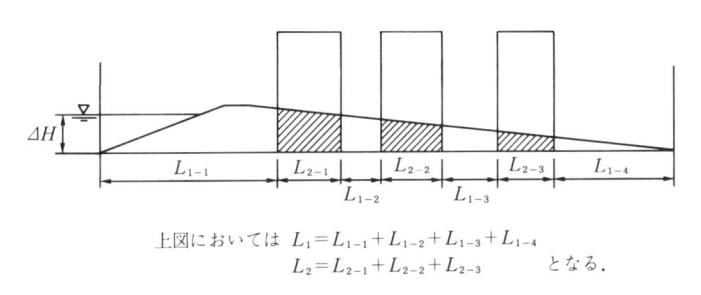

上図においては $L_1 = L_{1-1} + L_{1-2} + L_{1-3} + L_{1-4}$
$L_2 = L_{2-1} + L_{2-2} + L_{2-3}$ となる．

図 3.14　浸透破壊に対する安定性の検討

5. 液状化に対する安全性

第 5 項は地震時の液状化に対する安全性を規定したものである．

高規格堤防の地盤については，液状化に対する抵抗率 F_L が 1.0 以下の土層について液状化するものとする．なお，地震時には設計震度が生じた時点より後の過剰間隙水圧の上昇により，安全度が低下する場合もあるので，このような場合には過剰間隙水圧の算定によりチェックを行うものとする．

なお，液状化に対する抵抗率 F_L の求め方及びその他の細部事項については「道路橋示方書・同解説Ⅴ耐震設計編」（（社）日本道路協会）に準拠するものとする（平成 4 年課長通達 3-(6)を参照）．

> **（小　段）**
> 第23条　堤防の安定を図るため必要がある場合においては，その中腹に小段を設けるものとする．
> 2．堤防の小段の幅は，3メートル以上とするものとする．

　従来，堤防には多くの場合小段が設けられてきた．しかし，小段は雨水の堤体への浸透をむしろ助長する場合もあり，浸透面から見ると緩やかな勾配（緩勾配）の一枚のりとしたほうが有利である．また，除草等の維持管理面や堤防のり面の利用面からも緩やかな勾配ののり面が望まれる場合が多い．このため，本条第1項に規定されている堤防の安定を図るため必要がある場合を除いては，原則として，堤防は可能な限り緩やかな勾配の一枚のりとするものとする．

　これまでの小段の設置事例によれば，川表にあっては，堤防の天端高と河床高又は高水敷高との差が6m以上の場合に，天端から3mないし5m下りるごとに，川裏にあっては，堤防の天端高と堤内地盤高との差が4m以上の場合に，天端から2mないし3m下りるごとに設け，その幅を3m以上とすることが多い．

　小段の幅は堤防の安定上必要なものとして定められるものであるが，水防活動時の通行上最低1車線は確保する必要がある等の理由もあり3m以上としたものである．

　なお，堤脚を保護するため堤防川裏の堤脚部に設けられる狭い平場は「犬走り」と称し，小段及び側帯とは区分して取り扱われている．外見上は判別しにくい面もあるが，小段は堤防の中腹に，側帯は計画堤防外に設けられるという点でそれぞれ犬走りとは区別ができよう．

> **（側　帯）**
> 第24条　堤防の安定を図るため必要がある場合又は非常用の土砂等を備蓄し，若しくは環境を保全するため特に必要がある場合においては，建設省令で定めるところにより，堤防の裏側の脚部に側帯を設けるものとする．

(堤防の側帯)

規則第14条　令第24条に規定する側帯は，次の各号に掲げる種類に応じ，それぞれ当該各号に定めるところにより設けるものとする．

一　第1種側帯　旧川の締切箇所，漏水箇所その他堤防の安全を図るため必要な箇所に設けるものとし，その幅は，一級河川の指定区間外においては5メートル以上，一級河川の指定区間内及び二級河川においては3メートル以上とすること．

二　第2種側帯　非常用の土砂等を備蓄するため特に必要な箇所に設けるものとし，その幅は，5メートル以上で，かつ，堤防敷（側帯を除く．）の幅の2分の1以下（20メートル以上となる場合は，20メートル）とし，その長さは，おおむね長さ10メートルの堤防の体積（百立方メートル未満となる場合は，百立方メートル）の土砂等を備蓄するために必要な長さとすること．

三　第3種側帯　環境を保全するため特に必要な箇所に設けるものとし，その幅は，5メートル以上で，かつ，堤防敷（側帯を除く．）の幅の2分の1以下（20メートル以上となる場合は，20メートル）とすること．

1．側帯の意義

(1)　第1種側帯

堤防は，河川の氾濫原等一般に地質条件のあまりよくない所に設けられ，しかも旧堤を利用して設けられることが多いが，計画堤防はそれぞれの河川の特性を十分ふまえて決定されるものであり，この断面が確保されていれば，そ

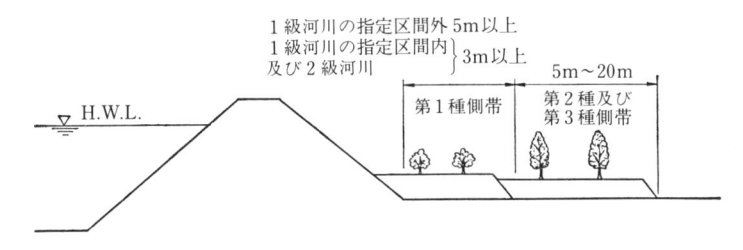

図 3.15　側帯の設置例

の河川における標準的な地質又は土質条件に対しては安全なものである．しかし，旧川の締切箇所又は特に地盤の悪い箇所に設けられている堤防，堤体材料の特に悪い堤防等局地的には，一連区間の中の他の箇所の堤防と同程度の堤防の安定を図るため，更に特別の措置が必要である．この場合，基盤漏水に対しては，止水矢板工法，ブランケット工法，リリーフウェル工法等の漏水対策工法もあるが，堤体漏水に対する効果も併せ考えると，第1種側帯を設け断面の拡大を図ることが最も基本的であろう．更に，第1種側帯は，河川の環境を保全するためにも役立つものである．

(2) 第2種側帯

水防の第一義的な責任は市町村が負うものであり(水防法第3条)，その指導責任は都道府県にある(水防法第3条の6)．しかし，洪水，高潮等による災害の発生を防止又は軽減することは，河川法の目的とするところでもあって，堤防等河川管理施設が損傷を受け，災害発生の危険が具体化した場合は，河川管理者としても，これを防止し，又は被害を軽減するための応急措置をとらなければならない．これは，河川法の趣旨に鑑み公物管理者としての河川管理者の当然の責務でもある．このような観点から，水防団等が活用することも想定して，洪水時等における非常用の土砂等の備蓄，木流し用の木の植樹など，水防管理者（市町村長等）が行う水防活動及び河川管理者が行う応急措置活動のため必要な機能を持つ第2種側帯を設けるものである．水防管理者が行う水防活動及び河川管理者が行う河川管理施設の保全活動や緊急復旧活動と両々あいまって防災・減災効果を十分発揮することが期待されるものである．

なお，近年，人口，資産等の河川氾濫区域内への集積が進み，ひとたび洪水等により破堤した場合には，その被害が拡大する傾向にあること，円滑な河川管理施設の保全活動や緊急復旧活動が必要となってきていることなど，洪水時等の河川管理施設保全活動及び災害時の緊急復旧活動を行う拠点を設け，洪水時等における円滑な対応が望まれる状況となってきている．このため，各地で河川防災ステーションの整備を推進しているところであり，この第2種側帯とネットワーク化し，洪水時等において有機的に利用されることが望まれる．

(3) 第3種側帯

　河川は，洪水，高潮等による災害の発生が防止され，適正に利用され，流水の正常な機能が維持され，及び河川環境の整備と保全がされるように総合的に管理しなければならないものであり（法第1条），良好な河川環境に対する国民の期待が大きくなってきている現状において，河川環境については，国民の期待にこたえるべく十分な整備と保全を図っていかなければならない．「桜堤」という言葉があるように，古くから堤防には桜の木が植えられたりして，堤防は地域の人たちの憩いの場として親しまれてきたが，伊勢湾台風時における堤防上の樹木の倒伏・堤防の崩壊（図3.16参照）等の過去の災害経験を通じて，現在では，堤防上の植樹は原則として禁止している．しかし，禁止するだけでは，河川の環境が整備・保全されるべくもなく，環境を整備・保全するための第3種側帯を設ける意義はここにある．第3種側帯は従来堤防上に行われてきた植樹を治水上の配慮から計画堤防外の堤脚部で行おうとするものであり，堤防ひいては，良好な河川環境を整備・保全するため必要な堤防部分である．

図 3.16　伊勢湾台風時における堤防上の樹木の倒伏・堤防の崩壊

2．側帯の構造

(1) 盛土高

　側帯については，それぞれの目的に応じ，単にスペースを確保すればよいという場合もあり，原理的には，必ずしも盛土を必要とするものではない．し

かし，第2種側帯については，その目標となる土量に応じて当然盛土が必要であり，堤内地盤高と堤防の高さとを考慮し，堤内地盤高から1m以上の適切な高さで盛土をするものとしている．第1種側帯についても，通常は盛土が必要であろう．第3種側帯については，河川環境の整備・保全が主目的であるため，機能的には必ずしも盛土を必要としないが，他の側帯の機能を兼ねることができるものであり，また官民境界を明確にする上からもしかるべき盛土をすることが望ましい．

(2) 幅

① 第1種側帯の幅については，本来は堤防又は地盤の土質条件等から側帯設置箇所ごとに個別に定められるべきであろう．しかし，浸透流解析等を行って土質工学的に第1種側帯の幅を定めることは，第1種側帯の設置が必要と思われる箇所ごとに，数多くのボーリング調査等綿密な調査を実施することとなり，実務的には困難な場合が多く，通常，過去の経験的判断に基づいて決定せざるを得ない場合も少なくない．運用上の指針として標準的なものを下記に示しておくので，第1種側帯の幅の決定に当たっては，土質工学的に定まる場合その他特別の場合を除き，これによることが必要である．（課長通達6-(1)を参照）．

　イ　1級河川の指定区間外については，旧川の締切箇所，特に著しい漏水箇所等堤防又は地盤の土質条件等の劣悪な場合は，10〜20m又は当該地点の計画堤防の敷幅の20〜30％の長さ，その他の場合は5〜10mとすること．

　ロ　1級河川の指定区間及び2級河川については，旧川の締切箇所，特に著しい漏水箇所等堤防又は地盤の土質条件等の劣悪な場合は，5〜10m，その他の場合は，3〜5mとすること．

すなわち，規則第14条第1号は，1級河川の指定区間外とその他の区間とに分けて，最低基準を規定したものであり，第1種側帯の幅については，必要に応じ増幅すべきものである．

なお，規則第14条第1号の規定及び上記の標準は，従前の運用を考慮して，1級河川の指定区間外とその他の区間とに区分しているが，1級河川の指定区間内及び2級河川であっても1級河川の指定区間外に準ずる重要

な河川にあっては，1級河川の指定区間外に準じて第1種側帯を設置することが望ましい．

② 第2種側帯の幅については，土俵詰め等水防活動時の必要スペースを考慮して，最小幅を5mと規定したものである．また，第2種側帯は，通常第3種側帯の機能をも兼ねるものであり，幅を必要以上に大きくするよりはむしろ堤防に沿っての長さを長くするほうが望ましいことから，第3種側帯に準じて最大幅を20mとしたものである．

(3) 長さ

第2種側帯の長さに関する規則第14条第2号の規定は，第2種側帯がおおむね1kmごとに設けられるという前提で定めている．しかし，第2種側帯の配置計画は，地形の状況，廃川敷地の予定箇所等を考慮して定められるのが通例であるので，第2種側帯の長さについては，第2種側帯の配置を勘案して決定する必要がある．規則第14条第2号において「おおむね」とあるのは，このような趣旨からである．

3. 側帯に工作物を設ける場合の取扱い

① 側帯は堤防の一部ではあるが，第2種側帯及び第3種側帯は，令第55条第1項の規定により，構造令の適用に当たって特別の取扱いを受けるものである．すなわち，令第55条第1項に規定しているとおり，令第55条（排水機場の吐出水槽等），第57条（樋門）第1項，第65条（護岸等）第2項，第70条（構造）第1項及び第72条（深さ）の適用に当たっては，第2種側帯及び第3種側帯の部分は堤防として取り扱わないこととしている．

② 第2種側帯又は第3種側帯が設けられている場所に許可工作物を設置しようとする場合において，側帯の機能が著しく損なわれると認められるときは，原因者の負担において側帯の移設等機能回復のための措置を講ずるものである．ただし，側帯の機能を著しく損なわない場合又は代替措置を講ずることが著しく困難な場合はこの限りでない（課長通達6-(2)を参照）．

4. その他の留意事項

① 法第20条（河川管理者以外の者の施行する工事等）の規定により，土地改良事業等として河川工事が行われる場合にあっては，特に地元の要請が

あって土地改良等の事業者が実施する必要を認めた場合を除き，土地改良事業等としては第2種側帯及び第3種側帯を設置させる必要はない（課長通達6-(3)を参照）．

　なお，一連区間の堤防整備が完了し，廃川敷地とし得る河川区域が生じた場合は，旧川締切箇所等において十分な幅や高さの第1種側帯を設置するとともに，第2種側帯，第3種側帯，樹林帯，河川防災ステーション等の河川管理用の用地として極力活用を図る必要がある．

② 　第3種側帯を設けるに当たっては，農地の保全その他地域の土地利用との調和に十分留意するものとし，農業振興地域の整備に関する法律（略称「農振法」）第8条（市町村の定める農業振興地域整備計画）第2項第1号の農用地区域に設ける場合において，1級河川の指定区間外にあっては地方農政局に，1級河川の指定区間又は2級河川にあっては都道府県の農振法担当部局に事前に協議する必要がある．また，第3種側帯は，国有林野（林野庁所管の国有林野及び官行造林地をいう），都道府県知事の立てる地域森林計画の対象林，保安林（予定森林を含む）及び保安施設地区（予定地区を含む）には設けないものとする（局長通達10を参照）．

③ 　第3種側帯は，第1種側帯又は第2種側帯の機能を損なわない場合にはそれらの側帯と兼ねることができるものであるが，それによることが適当でないと認められるときは，第1種側帯又は第2種側帯とは別に第3種側帯を設けることができるものである（課長通達6-(4)を参照）．

④ 　側帯に植樹するときの基準については，「河川区域内における樹木の伐採・植樹基準」（平成10.6.19　建設省河治発第44号による治水課長通達）を参照されたい．

⑤ 　高規格堤防の堤内側には側帯を設けないものとすること（平成4年局長通達5を参照）．

（護　岸）

第25条　流水の作用から堤防を保護するため必要がある場合においては，堤防の表法面又は表小段に護岸を設けるものとする．

1. 護岸の定義と分類

(1) 定　義

護岸は，流水の作用から河岸又は堤防を保護するために設けられる構造物である．護岸には，高水護岸と低水護岸，及びそれらが一体となった堤防護岸があるが（図3.17参照），本条は堤防を保護するために設ける護岸の規定であるので，この節では河岸を保護するための護岸である低水護岸には特に触れないが，水際部は生物の多様な生息環境であることから，十分に自然環境を考慮した構造とする必要がある．

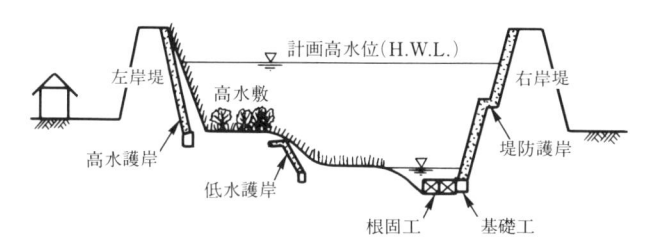

図 3.17　高水護岸，低水護岸及び堤防護岸

高水護岸及び堤防護岸の機能としては，流水の洗掘作用に対するのり面保護機能が主であるが，裏のりの堤脚部における土留めとしての擁壁機能も含まれる．

(2) 分　類

① 構造令では，護岸の構成をのり覆工，基礎工（のり留工を含む．以下において同じ．），根固工の三つの部分に分類する考え方をとっており（図3.18参照），護岸は芝等の被覆工（以下において単に被覆工という）及び水制とは区別して取り扱っている．被覆工及び水制も流水の作用から堤防を保護

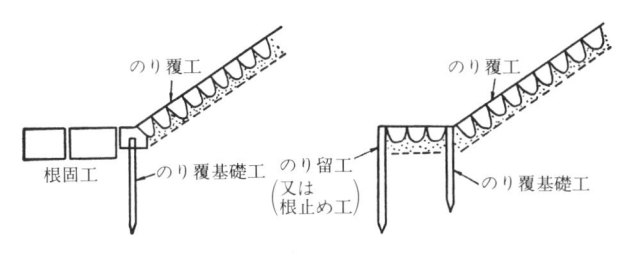

図 3.18　護岸各部の名称

するためのものではあるが，被覆工は機能の程度において護岸と著しく差があり，また水制は流水の方向を規制し又は水勢を緩和することによって堤防を間接的に保護するという点で護岸とは区別されるべきものである．

② のり覆工は，土堤の表面が直接流水に接するのを防ぎ，洗掘作用を受けないために，堤防の表のり面をこれらの作用に対して安全な構造のもので覆うものである．のり覆工は，堤防の表のり面に設ける場合が普通であるが，土留めを目的として裏のりの堤脚部に設ける場合がある．川裏の堤脚部に設けるのり覆工（堤脚保護工）は，堤体内に浸潤した流水及び雨水の排水に支障を与えないとともに，堤体材料の微粒子が吸い出されることのないように特に配慮した空石積等の構造のものとする（図3.19参照）．

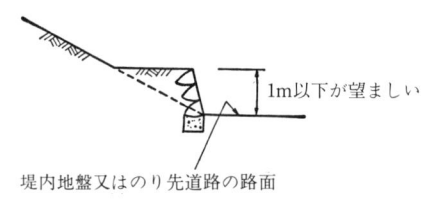

図 3.19 堤脚保護工

③ 基礎工は，のり覆工を支持するものである．また，根固工は，洪水時に洗掘が著しい場所等において，基礎工前面の河床の洗掘を防止し，基礎工の安定を図るために設けるものである．

なお，低水路に護岸を設置する場合，これに伴って河床付近で洗掘力が強くなるので，根固工の設置の必要性について検討する必要がある．

2．護岸設置の考え方

(1) 基本的考え方

本条に規定されているとおり，本条の護岸は流水の作用から堤防を保護するため必要がある場合に設けるものであり，本条の護岸の設置箇所は令第18条（構造の原則）の解釈から定まるものである．同条では「堤防は，護岸，水制その他これらに類する施設と一体として，計画高水位以下の水位の流水の通常の作用に対して安全な構造とする」と規定しており，本条の護岸の設置箇所は水衝部等にほぼ限定される．なお，急流河川では，地形の状況又は水制等によって水衝部になり得ない箇所を除き，乱流によって水衝部が変化す

ると認められる区間についても護岸を要する．
　(2)　護岸の設置箇所
　築堤工事（単なる腹付けは除く）に併せて護岸が必要となる箇所は，次のとおりである．
① 　水衝部
　　現状における河川の状況及びみお筋の経年変化等から水衝部であると認められる箇所のうち必要な箇所．ただし，水制の設置又は河道工事等により水衝部が変化すると考えられる場合は，しかるべき推測が必要である．
② 　構造物の上下流
　　構造物の上下流については，構造令に定める範囲以上の箇所．
③ 　高潮区間等
　　令第 28 条（波浪の影響を著しく受ける堤防に講ずべき措置）の規定に基づき，湖沼，高潮区間又は 2 以上の河川の合流する川幅が著しく広い合流点付近において，波浪の大きさ，堤防の高さ等を勘案のうえ必要な箇所．
④ 　その他の箇所
　　流速，河床勾配，高水敷幅等横断形状，堤防の高さ等を勘案のうえ必要な箇所，堤体漏水の著しい箇所の必要な範囲．
　3．護岸の構造
　本条は，堤防の構造基準の一つとして定めているので護岸そのものの構造については特に触れていない．護岸の構造は，設置の目的を満足する構造とするとともに，水際部が生物の多様な生息環境であることから，十分に自然環境を考慮した構造とすることを基本として，施工性，経済性等を考慮して設計するものとする．設計の詳細については，「河川砂防技術基準（案）同解説」，「護岸の力学設計法」（(財)国土開発技術研究センター，平成 11 年 2 月 山海堂）等を参照されたい．

（水　　制）
第 26 条　流水の作用から堤防を保護するため，流水の方向を規制し，又は水勢を緩和する必要がある場合においては，適当な箇所に水制を設けるものとする．

水制は，洪水時の流水の方向を規制して低水路を堤防から遠ざけるように固定するとともに，河岸又は堤防への水あたりを緩和するために設けられる．また，急流河川等において，洪水時の流速を緩和し，流水の侵食作用から河岸又は堤防を保護するために設ける．航路維持や河川環境の整備・保全のために設けることもある．

水制は，構造，設置目的及び工種から次のように分類される．
① 構造による分類
　透過水制，不透過水制
② 設置目的による分類
　流速の減少を主たる目的とするもの，水はねを主たる目的とするもの
③ 工種による分類
　コンクリートブロック積，自然石積，大聖牛，三角枠，柳等の植生，木工沈床，合掌枠，ケレップ，杭出他

水制はその周辺に多様な流れを形成し，河川環境の保全・創出に効果があるので，活用していくことが望まれる．なお，水制の設置に当たっては，対岸又は上下流への影響，環境への影響について留意する必要がある．

また，前条（護岸）と同様に，本条は，堤防の構造基準の一つとして定めているので水制の構造については特に触れていない．水制の構造については，「河川砂防技術基準（案）同解説」等を参照されたい．

（堤防に沿って設置する樹林帯）
第26条の2　堤防に沿って設置する樹林帯は，建設省令で定めるところにより，洪水時における破堤の防止等について適切に配慮された構造とするものとする．

（堤防に沿って設置する樹林帯の構造）
規則第14条の2　令第26条の2の堤防に沿って設置する樹林帯の構造は，堤内の土地にある樹林帯にあっては，成木に達したときの胸高直径が30センチメートル以上の樹木が10平方メートル当たり1本以上あるものその他洪水時における破堤の防止等の効果がこれと同等以上

のものとする．

1. 樹林帯の意義

樹林帯は，堤防の治水上の機能を維持し，又は増進する効用を有するものである（図3.20参照）．堤防に沿って設置する樹林帯は，破堤・氾濫により著しい被害を生ずるおそれのある場合に，越水時における堤防裏のり尻部の洗掘の防止及び破堤時において氾濫流による破堤部の拡大の防止を図るために設置するものである（平成10年局長通達2を参照）．

図 3.20　樹林帯の例

2. 堤防に沿って堤内側に設置する樹林帯

堤防に沿って堤内側に設置する樹林帯は，堤防を越水する水流あるいは破堤した場合に氾濫する水流を主に樹木の幹で抑制するものであり，そのための樹木の密度は水理模型実験等により約$10\,\mathrm{m}^2$に1本以上が必要とされている．なお，ダム貯水池に沿って設置する樹林帯は貯留水の汚濁又は貯水池への土砂の流入を防止することを目的とするため，堤防に沿って設置する樹林帯と樹林密度が異なる．

樹林帯の植栽や整備に当たっては以下の点に留意する必要がある（平成10年課長通達1を参照）．

① 樹林帯の植栽に当たっては，地域の特性等を考慮して，樹種の選定，樹

木の配置等を適切に行うものとすること．また，樹林帯の樹種は，地域の自然環境や土地の状況，在来の樹種等を勘案して適切に選定すること．

② 樹林帯の整備を検討するに当たっては，学識経験者の意見，沿川住民の意見等を参考にしつつ，整備する区域や周辺の自然環境の状況等について配慮するものとし，当該地の自然環境の保全に支障を及ぼす場合等，自然環境の状況等から見て，規則第14条の2に規定する構造を有する樹林帯の整備が適当でない場合には，当該区域を樹林帯の整備対象から除外すること又は治水上若しくは利水上の機能（ダム貯水池に沿って設置する樹林帯に限る）を確保する代替手段を講ずることを検討すること．

3．その他の留意事項　（「河川法の一部を改正する法律等の運用について」平成10.1.23　建設省河政発第5号，建設省河計発第3号，建設省河環発第4号，建設省河治発第2号，建設省河開発第5号による水政課長，河川計画課長，河川環境課長，治水課長，開発課長通達三を参照）

① 樹林帯は，河川法施行規則（昭和40年建設省令第7号）第1条第1号により，「法第6条第1項第3号の堤外の土地にある」帯状の樹林のほか，堤防に沿って設置する帯状の樹林にあっては，「堤防の裏法尻からおおむね20メートル以内の土地にあるもの」としているが，この「おおむね20メートル以内」とは，土地の勾配を考慮した斜距離であること．

② 樹林帯は堤防に隣接して設置するものであること．また，遊歩道等の小規模な施設以外は堤防と樹林帯の間におかないこと．

（管理用通路）

第27条　堤防には，建設省令で定めるところにより，河川の管理のための通路（以下「管理用通路」という．）を設けるものとする．

（堤防の管理用通路）

規則第15条　令第27条に規定する管理用通路は，次の各号に定めるところにより設けるものとする．ただし，管理用通路に代わるべき適当な通路がある場合，堤防の全部若しくは主要な部分がコンクリート，鋼矢板若しくはこれらに準ずるものによる構造のものである場合又は堤

防の高さと堤内地盤高との差が0.6メートル未満の区間である場合においては，この限りでない．
一　幅員は，3メートル以上で堤防の天端幅以下の適切な値とすること．
二　建築限界は，次の図に示すところによること．

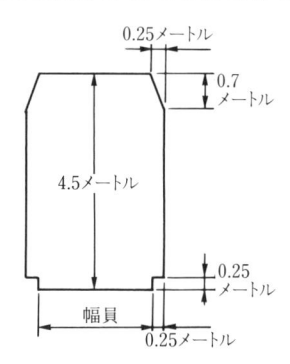

（図：建築限界　上部0.25メートル，上部高さ0.7メートル，中央高さ4.5メートル，幅員，下部0.25メートル，下部両側0.25メートル）

1. 一般原則

　管理用通路は，日常の河川巡視，洪水時の河川巡視又は水防活動，地震発生後の河川工作物点検等のために必要であり，一般には堤防天端に設けられる．

　令第21条（天端幅）の解説でも示したように，管理用通路は，散策路や高水敷のアクセス路として，日常的に住民の利用に供している河川空間であるが，これらの機能の増進，高齢者等の利用の円滑化，消火用水取水時の消防車両の活動の円滑化，都市内における貴重な緑の空間としての活用，河川に正面を向けた建築の促進，出水時の排水ポンプ車の円滑な活動の確保を図ることが必要であることから，都市部の河川を中心に管理用通路を原則として4m以上とすることが望ましい（平成11年課長通達3を参照）．

　これに関して，若干補足する．

　我が国の都市域には川の空間が広く連続している．都市地域（市街化区域）の面積の約1割は川の空間であり，その水辺までの距離はおおむね300m，歩いて5分程度の身近な距離にある．川は，水と緑，生物の賑わい，風と匂いなどがある開けた空間であり，人を健康にし，人の心を癒す機能を有してい

152 第3章 堤　防

河川は都市の中の貴重なオープンスペース

○国土面積に占める河川の面積は3％．
○都市地域[*1]の面積に占める河川の面積は約2 436km^{2}で，約10％を占める．[*2]
　　*1：都市地域とは市街化区域を指す．
　　*2：平成2年度河川現況調査（建設省調べ：1級水系及び主要な2級水系，
　　　　計173水系，約257 232km^{2}をカバーする調査）
○河川・湖沼と都市公園の1人当たり面積

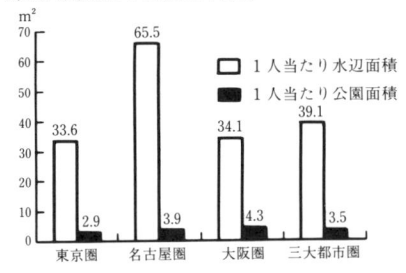

（棒グラフ）
- 東京圏：33.6（1人当たり水辺面積），2.9（1人当たり公園面積）
- 名古屋圏：65.5，3.9
- 大阪圏：34.1，4.3
- 三大都市圏：39.1，3.5

水辺空間までは約300m

○市街地における水辺までの到達距離は約300m程度で，身近な所に水辺空間がある．

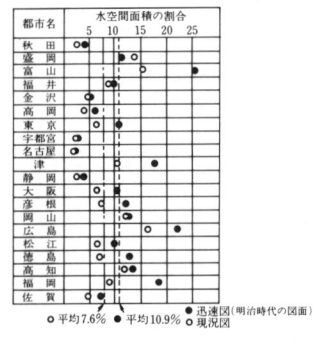

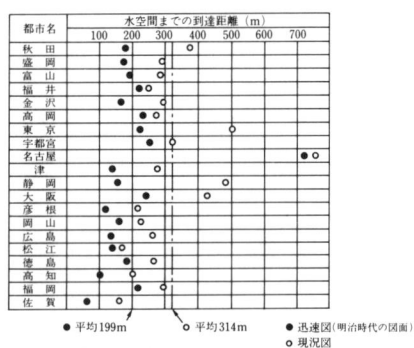

（下段：都市別の水空間面積の割合と水空間までの到達距離(m)の図表）
● 平均7.6％　● 平均10.9％　迅速図（明治時代の図面）／現況図
● 平均199m　○ 平均314m　迅速図（明治時代の図面）／現況図

（出典：「水辺空間の魅力と創造」松浦茂樹，島谷幸宏）

図 3.21　河川の面積・水辺への到達距離[1]

る空間である．また，子供，大人，高齢者，障害を持つ人が世代を越えて交流できる空間である．高齢化社会の到来に伴い，川の持つこれらの機能を活かすことが求められており，「川の365日」を意識した健康づくりやふれあい・交流の場としての川づくりが求められている．

このため，特に次のような事項に留意する必要がある．

① 管理用通路は，可能な場合には適切に幅を拡幅し，ゆとりのある広い幅とすることが望ましい．

② 河川利用促進の観点から，堤防天端は舗装することが望ましい．
③ 川辺や堤防上の散策路，堤内地の歩道等からなるネットワークの形成に配慮して，管理用通路には適当な位置に適当な間隔で，坂路や階段を設置するものとする．
④ 管理用通路や坂路は，高齢者，障害者，車いす等の利用に配慮するものとし，地形の状況や地域の意向を踏まえつつ，可能な限り歩車道の分離，歩道等の有効幅員の確保，歩道等と車道との適切なすり付け等がなされるよう配慮するものとする．
⑤ 階段には，河川の安全な利用のため手すりを設置することが望ましい．その際，治水上支障が生じないよう適切に配慮した構造とするものとする．
⑥ 管理用通路や坂路，階段と横断歩道との取付部には，横断待ちの歩行者のための安全な待ちスペースを確保することが望ましい．
⑦ 前記の①から⑥に当たっては，地域住民，NGO，社会福祉協議会，福祉関係者，障害を持つ人と河川管理者とが協力しあい，街から川へのアクセス，川の通路等の利用性，川に出ることによる効用等について点検するものとする．また，都市部では，利用の多い，あるいは利用が期待される川の区間，地方部では拠点的な川の区間を対象として，これらについて定期的に点検し，優先的に改善すべき箇所について，現状，課題，改善の方向

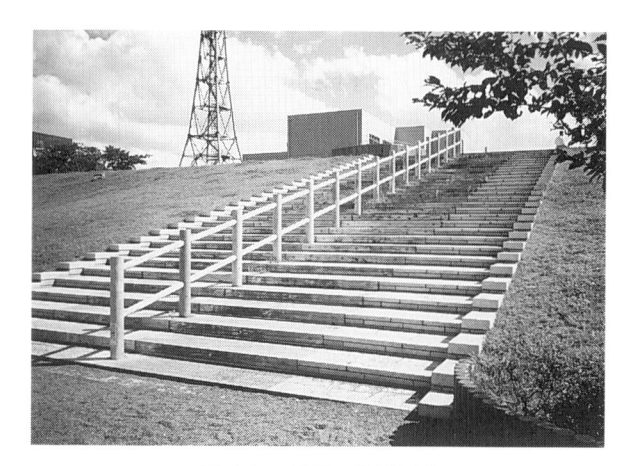

図 3.22 階段の設置事例

等を改善プログラムとしてまとめるものとする．

⑧　地域住民，NGO，福祉関係者，障害を持つ人等の協力を得て，川の点検や川の利用のためのソフト（例：点検，診断のための「川と土手チェックシート」，「川へ行こうガイドマップ」，「健康・福祉・川ガイド」等）を開発し，情報を蓄積するものとする．

なお，最近では，先進的な取り組みや，実践，実例もでてきており[1]，それらを参考とし，各地域の特性を踏まえた積極的な取り組みが期待される．

また，規則第15条第1号で「幅員は，3メートル以上で堤防の天端幅以下の適切な値とすること．」とあるのは，管理用通路の幅員については，極力天端幅が確保されるべきものであり，特にやむを得ない場合であっても，3m以上のできるだけ天端幅に近い幅員を確保しなければならないという趣旨である．

堤防天端に兼用道路を設けることとなった場合の管理用通路の構造については，「解説・工作物設置許可基準」（河川管理技術研究会編，（財）国土開発技術研究センター，平成10年11月　山海堂）等の図書を参考とされたい．

2．特　　例

①　規則第15条の「管理用通路に代わるべき適当な通路がある場合」とは，堤防からおおむね100m以内の位置に存する通路（私道を除く）で，適当な間隔で堤防への進入路を有し，かつ，所定の建築限界を満たす空間を有するものがある場合をいうものである．この場合において，当該通路に係る橋の設計自動車荷重については，従来から運用してきた20t相当以上が望ましいが，河川又は地域の状況を勘案し，河川管理上特に支障がないと認められるときは，14t相当以上のものとすることができる．なお，この場合の特例が適用されるのは，令第66条（管理用通路の構造の保全）の適用において，所定の管理用通路を堤防上に設けることが不適当又は著しく困難であると認められるとき及び計画高水流量が100m³/s未満又は川幅（計画高水位における水面幅をいう）が10m未満のときに限定し，これらの場合においても，規則第15条本文又は第36条（小河川の特例）第3号に規定する基準にできるだけ近い構造の管理用通路を堤防上に設けるよう努めるものとしている（課長通達7-(1)を参照）．

②　「堤防の全部若しくは主要な部分がコンクリート，鋼矢板若しくはこれ

らに準ずるものによる構造のものである場合」とは，令第19条（材質及び構造）のただし書の前段に規定するいわゆる自立式構造の特殊堤の場合のことであるが，この場合にあっても，極力1m以上の適当な幅員の管理用通路を設けることが望ましい．

③　堤防の高さと堤内地盤高との差が0.6m未満である区間の管理用通路についての運用としては，管理用通路に代わるべき適当な通路がある場合又は自立式構造の特殊堤の場合その他特別の事情により管理用通路を設けることが不適当又は著しく困難であると認められる場合を除き，原則として，次に示す基準によるものとする（課長通達7-(2)を参照）．

　イ　川幅が5m未満の場合は，両岸とも1m以上とする．
　ロ　川幅が5m以上10m未満の場合は，片岸を3m以上，対岸を1m以上とすること．
　ハ　川幅が10m以上の場合は，両岸とも3m以上とすること．

　これらの場合の建築限界については，幅員3m以上のものは規則第15条第2号，幅員3m未満のものは規則第36条（小河川の特例）第3号の規定にそれぞれ準ずる必要がある．

　なお，従来から，堤防を設けない河岸の場合においても，常時の河川巡視のほか，河岸決壊に対する水防活動又は災害復旧工事等のため，上記の基準に準じて管理用通路を設けることとしている．ただし，一連の山付区間や山間狭窄部など，治水上支障のない場合はこの限りでない．

④　川幅が10m未満である場合は，規則第36条（小河川の特例）第3号の規定により，管理用通路の幅員を，2.5mまで縮少することができるが詳細については令第76条，規則第36条の解説を参照されたい．

（波浪の影響を著しく受ける堤防に講ずべき措置）

第28条　湖沼，高潮区間又は2以上の河川の合流する箇所の堤防その他の堤防で波浪の影響を著しく受けるものには，必要に応じ，次に掲げる措置を講ずるものとする．

　一　表法面又は表小段に護岸又は護岸及び波返工を設けること．
　二　前面に消波工を設けること．

2. 前項の堤防で越波のおそれがあるものには，同項に規定するもののほか，必要に応じ，次に掲げる措置を講ずるものとする．
   一 天端，裏法面及び裏小段をコンクリートその他これに類するもので覆うこと．
   二 裏法尻に沿って排水路を設けること．

　湖沼，高潮区間，河川の合流点又は川幅が広く波浪の影響のある区間については，令第20条（高さ）第2項の規定によりしかるべき余裕高を計画するものであるが，湖沼，高潮区間においては，一般に計画対象として取り扱う波高は有義波であり，実際にはこれを超過する波高の波が発生すること及び河川の合流点などにおいても，余裕高を高くするより堤防の構造を三面張構造とするほうが用地面等から適当な場合が少なくないこと等の理由から本条に規定する構造を定めているものである．また，コンクリートの護岸部は，周辺景観との調和，河川の生態系の保全等の観点から覆土することが望ましい．

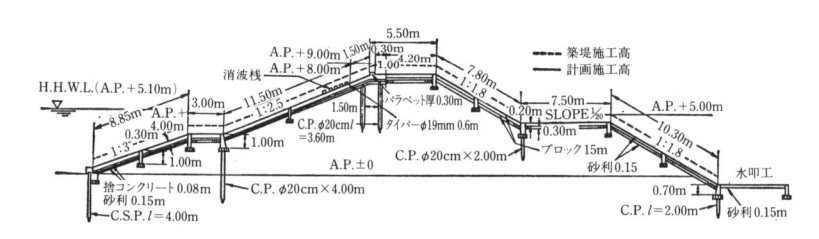

図 3.23　荒川高潮区間の堤防断面例

（背水区間の堤防の高さ及び天端幅の特例）
第29条　甲河川と乙河川が合流することにより乙河川に背水が生ずることとなる場合においては，合流箇所より上流の乙河川の堤防の高さは，第20条第1項から第3項までの規定により定められるその箇所における甲河川の堤防の高さを下回らないものとするものとする．ただし，堤内地盤高が計画高水位より高く，かつ，地形の状況等により治水上の支障がないと認められる区間及び逆流を防止する施設によって背水が生じないようにすることができる区間にあっては，この限りでない．

2. 前項本文の規定により乙河川の堤防の高さが定められる場合においては，その高さと乙河川に背水が生じないとした場合に定めるべき計画高水位に，計画高水流量に応じ，第20条第1項の表の下欄に掲げる値を加えた高さとが一致する地点から当該合流箇所までの乙河川の区間（湖沼である河川の区間を除く。以下「背水区間」という。）の堤防の天端幅は，第21条第1項又は第2項の規定により定められるその箇所における甲河川の堤防の天端幅を下回らないものとするものとする。ただし，堤内地盤高が計画高水位より高く，かつ，地形の状況等により治水上の支障がないと認められる区間にあっては，この限りでない。

1. 支川処理方式と支川堤

　支川が本川に合流する付近の支川処理方式としてバック堤方式，セミバック堤方式，自己流堤方式の三つの方式がある。

　その合流点付近（以下において単に「合流点」という）に逆流防止施設を設けない場合，本川の背水位によって本川の洪水が支川に逆流することとなるので，支川堤は本川堤並みの十分安全な構造でなければならず，この場合の支川堤をバック堤（背水堤）と呼んでいる。バック堤は，後述するセミバック堤（半背水堤）に対して完全バック堤（完全背水堤）と呼ぶこともあるが，以下において単にバック堤といえば完全バック堤のことである。

　合流点に逆流防止施設を設けて本川背水位が支川へ及ぶのをしゃ断できる場合で，かつ，支川の計画堤防高を本川の背水位とは無関係に支川の自己高水位に対応する高さとする場合，この支川堤を自己流堤と称している。一般に支川が逆流防止施設（樋門であることが多い）と自己流堤で処理される場合，本川と支川の流出のピークに時差があっても逆流防止のゲート閉鎖後に支川流出量が支川の河道貯留容量を満たした後支川堤を越水して堤内地に浸水することとなる。したがって，自己流堤処理が可能な場合は，支川が掘込河道の場合又は支川堤の一部に越流堤を設けてこの部分から安全に越流させる計画とした場合など越流しても破堤するおそれのない場合に限られる。

　以上のバック堤及び自己流堤に対し，セミバック堤とは，合流点に逆流防止施設（通常は水門）を設けて本川背水位が支川へ及ぶのをしゃ断できる場

合で，計画高水位についてはバック堤並み，余裕高及び天端幅は原則として自己流堤並みとする場合の支川堤である．すなわち堤防の構造基準をバック堤のそれより低下させる補いとして合流点に逆流防止施設を設けるものである．この方式の利点としては，本川計画高水位に支川のピーク流量が同時合流する場合でも一応の余裕高があるため，自己流堤の場合と異なり直ぐ越水ということにはならないこと，バック堤に比し堤防敷用地が相当減少できること等があげられる．

2. バック堤（背水堤）

(1) 堤防の高さ

第1項の本文は，支川におけるいわゆるバック堤に関する規定である．バック堤は本川に面する堤防と一連のものとして同一区域の氾濫を防止する機能を有し，しかも当該区間における洪水の継続時間は本川の背水ないし逆流によって本川と同程度若しくはそれ以上であるので，バック堤は本川の堤防に準じた構造（高さ，幅）のものとしなければならない．このような観点から堤防の高さについては，少なくとも本川の堤防の高さを下回ってはならないとしたものである．一般的には，合流点の本川堤防高を水平に支川の自己流堤防にすり付けるので，このような表現になっているが(図3.24参照)，本川の計画高水位若しくはそれに近い水位に対して支川が同時合流するような場合には，背水区間の計画高水位は本川の計画高水位を出発水位として不等流計算で決定されるときがあり，このようなときには，背水区間の堤防は，本川の堤防の高さを下回らないというだけでは不十分である．具体的には，バック堤の高さは，次の水位のいずれか高いほうを基準として定める背水区間の計画高水位に本川の余裕高ないし自己流量に応じて定まる余裕高を加えて定め，自己流堤にスムーズにすり付けるものとする．

① 本川が計画高水位であって支川は本川のピーク流量に対応する合流量が流下する場合に，背水計算によって求められる水位（図3.25参照）（ただし，本川と支川の流域の状況が極端に違っている場合で，ピークの出現状況がほとんど関係ないと思われる場合には，合流点の本川水位に対して水平の水位とすることができる）．

② 支川から計画高水流量が合流するときの本川流量に対応する本川水位を

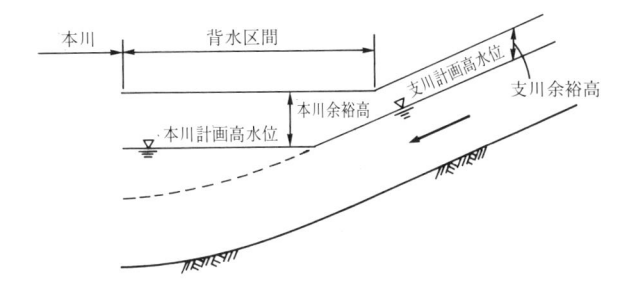

第29条　背水区間の堤防の高さ及び天端幅の特例　159

図 3.24　支川流量が小さい場合の背水区間の例

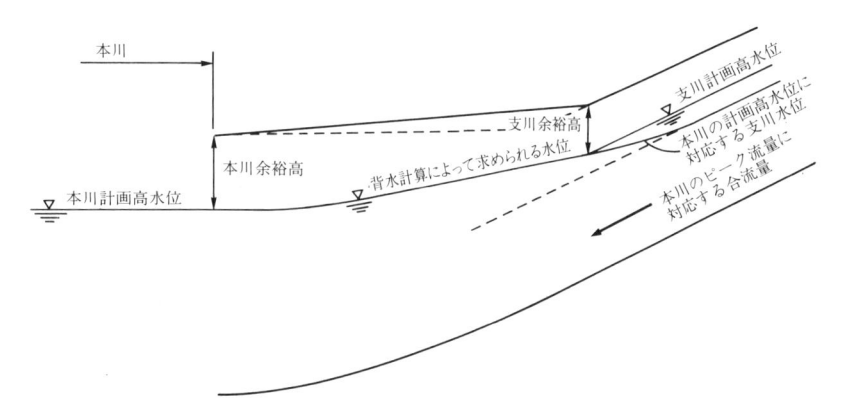

図 3.25　本川の計画高水位に応じたバック堤の高さ

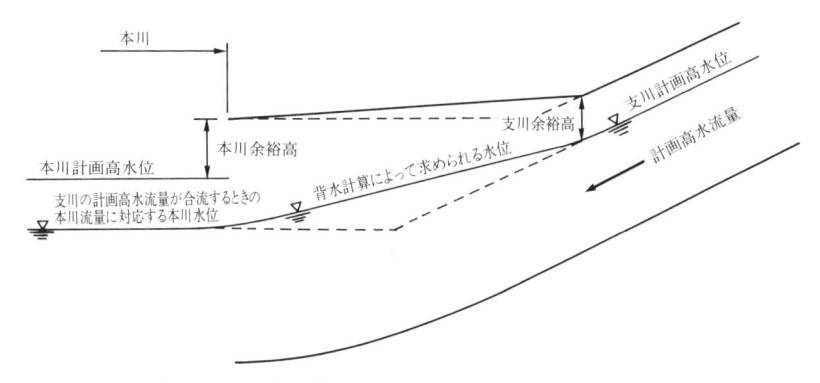

図 3.26　支川の計画高水流量に応じたバック堤の高さ

出発水位として背水計算によって求められる水位(図 3.26 参照)(ただし,本川の計画高水流量に対して支川の計画高水流量が比較的小さいような場合には,支川の計画高水流量に対応して,等流計算によって求められる水位とすることができる).

(2) 天端幅

背水区間における堤防の天端幅は上記と同様の趣旨から,本川の堤防に準じた構造とするため,本川の堤防の天端幅を下回ってはならないと規定している.背水区間の堤防の高さについては,余裕高の規定がなく,必ずしも本川の余裕高と同じでなければならないとは限らないが,本条第2項においては天端幅について直接規定しているので,背水区間の天端幅が本川のそれより小さいことは,原則として,あり得ないものである.ただし,堤内地盤高が計画高水位より高く,かつ,地形の状況等により治水上の支障がないと認められる区間にあっては,特に定めがないものである.

3. セミバック堤(半背水堤)又は自己流堤

(1) 堤防の高さ

第1項ただし書の「……逆流を防止する施設によって背水が生じないようにすることができる区間」とは,水門又は樋門によって本川からの逆流を防止することのできる場合,いい換えれば,セミバック堤又は自己流堤の場合のことである.「この限りでない.」とは,本条の規定を適用する必要がないということであり,セミバック堤の高さについては本川の計画高水位に,また自己流堤の高さについては支川の計画高水位にそれぞれ令第20条第1項で規定されている自己流量に応じた余裕高を加算すればよいものである.

(2) 天端幅

第2項は,ただし書も含めて,バック堤の天端幅についての規定であり,セミバック堤又は自己流堤については触れられていないことに注意する必要がある.すなわち,セミバック堤又は自己流堤の天端幅については,令第21条(天端幅)第1項の規定がそのまま適用されるものであり,自己流堤はもちろんのこと,セミバック堤についても,構造令では,自己流量に応じて定まる天端幅が最低基準となっている.しかし,実際の運用に当たっては,セミバック堤の天端幅は,堤内地盤高からの堤防の高さ(又はのり長),堤防又は地

盤の土質条件，水門の操作を考慮して定まる洪水の継続時間，小段の配置等当該区間の状況に応じて，自己流堤の天端幅と本川堤の天端幅との間の適切な幅とする必要がある．

（湖沼又は高潮区間の堤防の天端幅の特例）
第30条　計画高水流量を定める湖沼又は高潮区間の堤防に第28条第1項第一号に掲げる措置を講ずる場合においては，当該堤防の天端幅は，第21条第1項及び前条第2項の規定にかかわらず，第28条の規定により講ずる措置の内容及び当該堤防に接続する堤防（計画横断形が定められている場合には，計画堤防）の天端幅を考慮して，3メートル以上の適切な値とすることができる．

計画高水流量を定める湖沼は，計画高水流量を定めない湖沼に比べて一般的に水面積が小さいが，上下流の河道部分と比較した場合には，死水域等を有し，流下能力的には余裕がある場合が普通である．また，高潮区間は，令第2条（用語の定義）で規定されているように，計画高潮位が計画高水位より高い河川の区間であり，洪水の流下には十分余裕のある区間といえる．本条は，このような区間の堤防に護岸等の措置を講じた場合の規定であり，管理用通路として最小必要幅の確保を考慮し，3ｍ以上の適切な値としたものである．

（天端幅の規定の適用除外等）
第31条　その全部又は主要な部分がコンクリート，鋼矢板又はこれらに準ずるものによる構造の堤防については，第21条，第29条第2項及び前条の規定は，適用しない．
2．　胸壁を有する堤防に関する第21条，第29条第2項及び前条の規定の適用については，胸壁を除いた部分の上面における堤防の幅からの胸壁の直立部分の幅を減じたものを堤防の天端幅とみなす．

第1項は，背後地の土地利用状況等によりやむを得ず自立式構造の特殊堤とする場合において，天端幅の規定を除外したものである．なお，この場合にあっても，最少限の管理用通路を確保するため，できれば3ｍ以上少なく

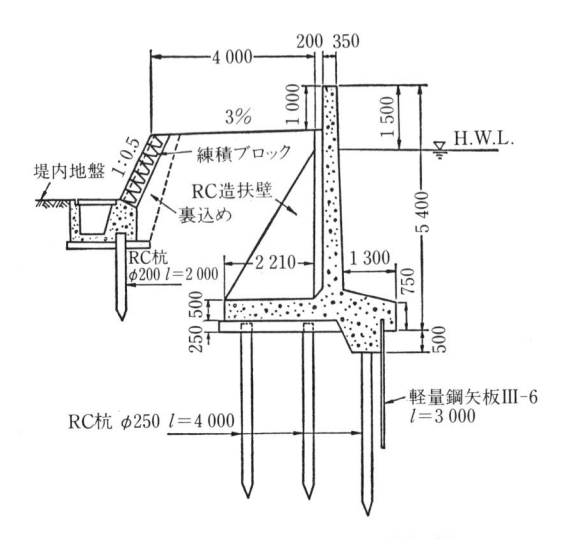

図 3.27 特殊堤における天端幅の例

とも1m以上の盛土部分（三面張りのものを含む）を設けることが望ましい（図3.27参照）．

第2項は，いわゆるパラペット構造の特殊堤の規定であり，パラペットの幅を除いた堤防の部分について令第21条に規定する天端幅を確保しようとするものである（図3.4参照）．

> （連続しない工期を定めて段階的に築造される堤防の特例）
> 第32条　堤防の地盤の地質，対岸の状況，上流及び下流における河岸及び堤防の高さその他の特別の事情により，連続しない工期を定めて段階的に堤防を築造する場合においては，それぞれの段階における堤防について，計画堤防の高さと当該段階における堤防の高さとの差に相当する値を計画高水位（高潮区間にあっては，計画高潮位．以下この条において同じ．）から減じた値の水位を計画高水位とみなして，この章（第29条及び前条を除く．）の規定を準用する．

1. 特例の趣旨

構造令は施設の完成の姿を念頭においてその構造基準を定めているものであるので，本条のように工事途中の場合の規定は，そもそも構造令になじま

ない点もなくはない．しかし，堤防については，他の施設と異なり，暫定施工のまま相当期間存置せざるを得ない場合があり，そのような堤防の特殊性を考慮して，本条を定めたものである．すなわち，堤防の地盤の地質，対岸の状況，上流及び下流における河岸又は堤防の高さその他の特別の事情により，やむを得ないと認められる場合にあっては，暫定堤防（計画堤防に至らない堤防をいう．以下同じとする．）のまま相当期間存置せざるを得ないが，当該堤防についても，この章の規定（令第29条及び第31条を除く）を準用して，暫定の高さに応じてそれなりの安全な構造でなければならないものである．

2. 暫定堤防の構造

① 暫定堤防については，本条の規定により，計画堤防の高さと暫定堤防の高さとの差に相当する値（以下「堤防高の差」という）を計画高水位から差し引いた高さの水位を計画高水位とみなして，この章の規定（令第29条及び第31条を除く）を適用することになっているが，この場合，特に問題となるのは，天端幅であろう．暫定堤防の天端幅については，本条が読替え規定でなく，みなし規定となっているので，構造令上は堤防高の差を計画高水位から差し引いた高さの水位に相当する流量に応じて定まる天端幅でよいものであるが，運用に当たっては，計画堤防の天端幅以上とするよう努めるものとしている（課長通達8を参照）（図3.28参照）．

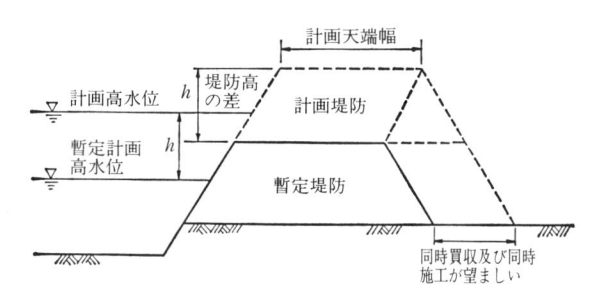

図 3.28 計画堤防と暫定堤防との関係

堤防の高さは完成高，天端幅は計画天端幅以下といういわゆる「カミソリ堤防」は，本条の規定により，新たに設けてはならないものである．

② 護岸の計画がある場合においては，築堤工事を先行し，護岸の施工を後

まわしにする工事の進め方が一般的であるが，暫定堤防といえども高さに応じてそれなりの安全性を有していなければならないので，水衝部等護岸の設置が必要であると認められる箇所については，築堤工事に合わせて護岸を設ける必要がある（局長通達11を参照）．
③　嵩上げを伴わない腹付け等の築堤工事は，堤防の安全性をより高めるものであり，この場合は部分改築と解され，後述するように，附則における「改築」には該当しないものであるので，本条の適用がないものである．

3．「連続しない工期」について

堤防は前にも述べたとおり他の施設とは異なり，すべて当初から計画堤防を完成させるわけにはいかない場合がある．本条の「連続しない工期」とは堤防工事に着工し，一気に計画堤防を完成しないで暫定堤防のまま相当期間存置し，しばらくして計画堤防を完成させるなど工事が継続される場合において，当初の暫定堤防の着工から計画堤防が完成するまでの期間をいうものである．

第 4 章　床　止　め

第 33 条　構造の原則
第 34 条　護床工及び高水敷保護工
第 35 条　護　　　岸
第 35 条の 2　魚　　　道

第4章 床 止 め

1. 床止めの定義

　床止めとは，河床の洗掘を防いで河道の勾配等を安定させ，河川の縦断又は横断形状を維持するために，河川を横断して設ける施設をいう．砂防工学の分野では，床止めのことを「床固め」と称している．河川工学の分野でも，床止めのことを床固めと称している図書等も少なくない．しかし，河川法上の用語としては，法第3条（河川及び河川管理施設）第2項において河川管理施設の例示として「床止め」という語を使用していることもあり，構造令では，床固めも含めて床止めと称することとしている．したがって，砂防工学の分野でいう「床固め」についても，河川法の適用区間に設ける場合は，構造令の適用があるものである．

2. 床止めの分類

　目的別に分類すれば，砂防を目的とするものと単に河床の安定を目的とするものに大別される．前者は，縦侵食を防止して渓床を安定させることによって，渓床堆積の再移動，渓岸の決壊等を防止するものである．後者については，更に，①河床勾配を緩和するためのもの（一般に落差工となる），②乱流を防止し，流向を定めるためのもの（落差工となる場合が多い），③河床の洗掘又は低下を防止するためのもの（一般に帯工となる）に分けられよう．構造的には，落差がある床止めを「落差工」，落差がないか又はあっても極めて小さい床止めを「帯工」と呼んでいる．

3. 床止めの計画に際しての留意事項

① 河道計画上は，洪水流のエネルギーを分散させて，必要な箇所に護岸や水制を設置して堤防を防御することが望ましい．しかし，勾配が急な河川では洪水流のエネルギーが，河岸や河床等との摩擦損失のみでは河岸の侵

食や河床の洗掘のおそれがなくなる程度までは減殺されないことがある．落差工は，通常，このような河川の区間において，洪水流のエネルギーを1箇所に集中させ，その場所でエネルギーを減らすために設置するものである．

このため，落差工の付近では高速流や2次流が発達する．落差工付近の被災をきっかけとして連鎖的な堤防の破壊現象に至ったこともある．昭和49年のいわゆる多摩川水害では，堰下流の取付護岸が破壊されたのを発端に，堰を迂回する流れが発生し，これによって高水敷の侵食が進行し，更に堤防をも欠け込むことになった．最終的には，堤防が延長260 mにわたって流失し，堤防に隣接する堤内地が侵食され，堤内の家屋19棟と約3 000 m^2 の土地が流失する被害が生じた．落差工を設置する場合は，このような治水上の問題を十分意識しつつ，一方で，堤防が危険となることのないよう措置する必要がある．

具体的には次の措置が必要である．

イ　落差工が被災しても堤防に支障を生じないよう，落差工本体と堤防とを絶縁すること．その際，落差工本体と堤防が近接している場合などは，必要に応じて堤防基礎部を矢板で補強しつつ絶縁する等の対策を講じること．

ロ　落差工本体の端部を擁壁構造とするとともに，高水敷や本体下流部の河岸の侵食を防止するため，適切な範囲に高水敷保護工を設置すること．

ハ　落差工下流部において河床低下や洗掘が発生すると，洪水時の上下流の水位差が設計時に想定したものより大きくなり，流速や衝撃が大きくなり，危険性が増加する．このため，設置後も適切な頻度で下流部の河床低下や洗掘について状況を把握し，安全性について検討しておく必要がある．

② 床止めは，一般に，上下流で落差を生じさせたり，床止め本体上で浅い水深の流れを生じさせ，流水の連続性を断ち，魚類の遡上等を妨げる．このため，床止めは，河床等の安定を図る上でやむを得ない場合に限って設置することを基本とする．やむを得ず床止めを設置する場合は，令第35条の2の規定に従って魚道を設置したり，床止め本体を緩傾斜型の構造とす

るなどの対策を講じる必要がある．

> **（構造の原則）**
> 第33条　床止めは，計画高水位（高潮区間にあっては，計画高潮位）以下の水位の流水の作用に対して安全な構造とするものとする．
> 2．床止めは，付近の河岸及び河川管理施設の構造に著しい支障を及ぼさない構造とするものとする．

1．第　1　項

　第1項の規定は，堰等他の工作物と同様，床止め自体が流水の作用に対して安全でなければならないことを規定したものであるが，床止めについては，このことからコンクリート構造物が最良であると即断してはならない．落差工は，通常，コンクリート構造で造られ，落下する水のエネルギーによる吸出し，転倒，滑動等に対して安全な構造となるよう設計するが，帯工については，流水によって流失するようなものが不適当なことは当然としても，河床変動に対して順応できる屈とう性の構造のものが望ましい．

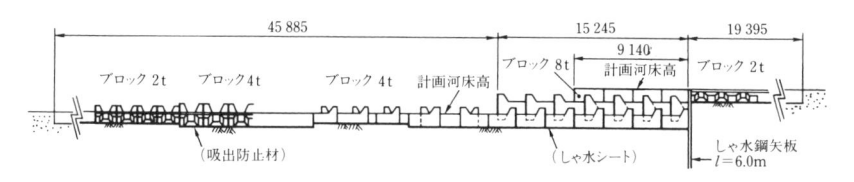

図 4.1　屈とう性の床止めの例

　帯工には，コンクリート，コンクリートブロック，木工沈床，鉄筋コンクリート方格枠等のものがあるが，帯工は永久的なコンクリート構造物とするよりもむしろ屈とう性のものとして，洪水ごとにその状況を把握のうえ必要に応じて構造の手直しをすべきものであろう．河床低下の傾向が著しい河川においては，他の河川管理施設等への影響もあるので，特にこのような弾力的な姿勢が必要である．

2．第　2　項

　第2項の規定は，付近の河川管理施設等に著しい支障を及ぼしてはならないことを規定したものである．本条第2項においては，令第36条(構造の原

則）第2項のように「計画高水位以下の水位の洪水の流下を妨げず」，「接続する河床及び高水敷の洗掘の防止について適切に配慮された構造」という表現がないからといって，このような配慮が不要であると解してはならない．前述のように，床止めは，河床の洗掘を防いで，河川の縦横断形を維持し，河道の安定を図るために設けるものであるので，河道計画の一環としてそのような配慮がなされるべきは，床止めの設置目的からして当然のことである．

　以下においては，床止めの構造に関しての基本的な留意事項を述べることとする．なお，床止め上の越流現象や床止め下流側の跳水現象等は，計画流量流下時が最も危険な状態となるとは限らないものである．このため，床止めの設計に当たっては，低水流量から計画流量までの流量のうちで，最も危険となる流量を選定し，床止め上の越流現象や床止め下流側の跳水現象等の検討を行うものとする．これらの床止め本体の構造，水叩きの長さ等の構造の詳細については，「河川砂防技術基準（案）同解説」及び「床止めの構造設計手引き」（㈶国土開発技術研究センター，平成10年12月　山海堂）を参照されたい．

(1) 平面形状

　床止めの平面形状は，洪水の流心方向に直角の直線形を原則としている．詳細については，令第36条（構造の原則）の解説を参照されたい．

(2) 天端高

　床止めの天端の高さは，河道計画に基づき決定されるものであるが，計画河床（計画横断形の河床に係る部分をいう．以下同じとする．）と一致させることを基本としており，河床変動の著しい河川では現況河床及び将来の動向を想定して定める必要がある．また，一般に床止め上下流の落差は1～2m程度とする．

(3) 端部の構造（嵌入，取付護岸）

　床止め本体の端部処理については，従来は堤体に嵌入することとしていたが，この場合，床止め取付部の護岸が被災し，一方で床止め本体が残存することにより堤防にまで被災が及ぶ危険性がある．このため，現在では，床止め取付部の上下流を擁壁構造の護岸としている．また，複断面河道では，高水敷上の流水が高水敷や本体下流部の河岸の洗掘を生じさせ堤防の決壊を起

こす危険性があることから，これを防止するため，高水敷に保護工を設けることとしている（図4.2参照）．

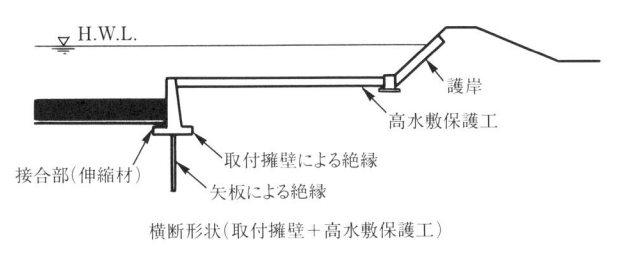

```
          ▽H.W.L.
                                        護岸
                               高水敷保護工
   接合部(伸縮材)  取付擁壁による絶縁
              矢板による絶縁
       横断形状(取付擁壁＋高水敷保護工)
```
図 4.2 床止めの端部の構造

また，落差工が被災しても堤防に支障を生じないよう，落差工本体と堤防とを絶縁する必要がある．その際，落差工本体と堤防が近接している場合などは，必要に応じて堤防基礎部を矢板で補強しつつ絶縁する等の対策を講じるものとする．

(4) 水叩き

上流から流下する流水や転石による直接衝撃や大規模な洗掘に対して，所要の長さを有する強固な構造とするとともに，下面から働く揚圧力に耐える重量（構造）のものとすることとしている．水叩きの構造，長さ等の詳細については，「河川砂防技術基準（案）同解説」を参照されたい．なお，下流部の洗掘に対しては所要の長さを有する護床工を設置して対処することとしている．

また，水叩きの縦断形状は，魚類の遡上等，流水の減勢等を考慮して，下流の河床よりも掘り込んでウォータークッション化する等の工夫を図ることが望ましい．

（護床工及び高水敷保護工）

第34条　床止めを設ける場合において，これに接続する河床又は高水敷の洗掘を防止するため必要があるときは，適当な護床工又は高水敷保護工を設けるものとする．

1．護　床　工

床止めでは，屈とう性を有する床止めの場合を除き，通常本体と一体構造

で水叩きを設け，その上下流側に護床工を設ける．

　上流側の護床工は，床止め直上流で生ずる局所洗掘を防止し，本体及び取付擁壁部を保護するために設けるもので，水理実験や既設の事例によれば，最低でも計画高水位時の水深程度以上の長さは必要である．また，下流側の護床工は，落差による流水への影響がなくなると推定される範囲まで設けるもので，水叩き下流での跳水の発生により激しく流水が減勢されるまでの区間（護床工A）と，その下流の整流区間（護床工B）とに大きく分けられる（図4.3参照）．一般に，護床工Aの区間長は水叩き下流端から跳水が発生するまでの射流で流下する区間長に跳水発生区間長（下流側水深の4.5〜6倍程度）を加えた長さとなり，護床工Bの区間長は水理模型実験結果などによると，下流側計画高水位時の水深の3〜5倍程度必要であることが明らかとなっている．護床工の構造，長さ等の詳細については，「河川砂防技術基準（案）同解説」を参照されたい．

　なお，護床工部分で平水時の流れが伏流すると，魚類の遡上等の妨げとなることがあるので，流水が連続するよう留意する必要がある．

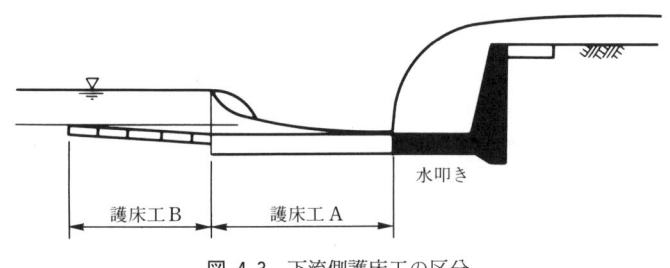

図 4.3　下流側護床工の区分

2．高水敷保護工

　床止めが低水路のみに設けられる場合，取付護岸ののり肩付近は，しかるべき範囲を高水敷保護工で保護する必要がある．床止めに落差のある場合は，高水敷から低水路に落ち込む流れや，逆に乗り上げる流れ等の局所流が生ずるため，下流側取付護岸ののり肩付近には特に広範囲に高水敷保護工を設ける必要がある．

　高水敷保護工は，通常は，落差工の上下流の護床工の位置まで敷設する必要がある．なお，高水敷に落差ができる場合は別途検討を要する．高水敷保

護工の幅は，急流河川の高水敷では全幅が望ましく，それ以外の河川でも10m程度以上は必要と考えられる．高水敷保護工を設けない範囲が堤防ののり先よりおおむね15m以内となるときは，堤防ののり先まで連続して設けることとする．また，護床工の更に上下流では，護岸ののり肩を保護するのり肩工を設ける必要がある．のり肩工の幅は護岸の天端工の幅としてよい．なお，天端部分に作用する流速が1〜2m/sを超える場合には，護岸天端背面において洗掘が生じる可能性があるので，天端保護工を設置することが望ましい．

　高水敷保護工及びのり肩工は，カゴマット，連節ブロック等の屈とう性のあるもので，洪水時の掃流力に耐えうる構造のものとする．また，高水敷保護工及びのり肩工は，周辺景観との調和，河川の生態系の保全等の観点から覆土することを基本とする．

（護　岸）
第35条　床止めを設ける場合においては，流水の変化に伴う河岸又は堤防の洗掘を防止するため，建設省令で定めるところにより，護岸を設けるものとする．

（床止めの設置に伴い必要となる護岸）
規則第16条　令第35条に規定する護岸は，次の各号に定めるところにより設けるものとする．ただし，地質の状況等により河岸又は堤防の洗掘のおそれがない場合その他治水上の支障がないと認められる場合は，この限りでない．
一　床止めに接する河岸又は堤防の護岸は，上流側は床止めの上流端から10メートルの地点又は護床工の上流端から5メートルの地点のうちいずれか上流側の地点から，下流側は水叩きの下流端から15メートルの地点又は護床工の下流端から5メートルの地点のうちいずれか下流側の地点までの区間以上の区間に設けること．
二　前号に掲げるもののほか，河岸又は堤防の護岸は，湾曲部であることその他河川の状況等により特に必要と認められる区間に設けること．

三 河岸（低水路の河岸を除く．以下この号において同じ．）又は堤防の護岸の高さは，計画高水位以上とすること．ただし，床止めの設置に伴い流水が著しく変化することとなる区間にあっては，河岸又は堤防の高さとすること．
四 低水路の河岸の護岸の高さは，低水路の河岸の高さとすること．

1. 護岸の構造

床止めの設置に伴い必要となる護岸を設ける範囲は規則第16条第1号に定めるとおりであるが，この区間のうち，床止めから越流落下水により跳水が発生する取付区間では，特に流水の乱れが激しく，河岸部に強いせん断力が発生し，また，高水敷からの落込流による河岸侵食のおそれもある．このため，この区間では強固な河岸防護工として取付擁壁構造の護岸を設置する必要がある．取付擁壁の設置範囲は，床止め下流側では跳水の発生区間（護床工Aの範囲まで）を原則とする．上流側では，低下背水による流速増に対する安全を見込み，本体より5m程度上流までを設置範囲とすることが望ましい．

更に，床止め周辺では大きな流速が発生するため，取付擁壁の上下流の河岸及び高水敷の侵食のおそれがある範囲に侵食防止として護岸を設置する必要がある．特に床止め下流部では，高水敷からの落込流及び低水路からの乗上げ流が発生することがあるため，この対策として高水敷保護工ないしはのり肩工とともに護岸を設置する必要がある．

取付擁壁の構造は，堤防の機能を損なわず流水の乱れに伴って生じる河岸侵食を防止するように，仮に床止め本体及び水叩きが流失しても安定である構造（床止め本体及び水叩きをなしとした場合の安定計算を行う必要がある）とするものとし，必要に応じて周辺景観との調和に配慮するものとする．床止め本体及び水叩きと取付擁壁との接合部は絶縁し，擁壁の基礎は水叩きや護床工の底面より1m程度低い所に設けるほか，護床工下流の擁壁及び護岸前面には根固工を設ける等により洗掘に備える必要がある．また，直壁形状の取付擁壁は拡幅した形状として下流の河岸に取り付けられるが，この場合，下流の河岸部においては，取付擁壁に沿う流れと本体を直進してきた流れが

集中することによって局所で大きな洗掘力が生じる．このため，取付擁壁の下流側護岸とのすり付け角度は，流水のはく離が生じないとされている角度とすることが望ましい．その角度は，従来はおおむね30度程度とされてきたが，これよりも緩やかな角度としてすり付けることが望ましい．既往の実験結果によると，11度程度を目安とするとはく離流の発生が防止できるという結果が得られている．

　また，護岸の構造は，一般に，流水の乱れに伴って生じる河岸侵食を防止するため，コンクリートブロック構造，コンクリート張り構造等とし，その際，必要に応じて周辺景観との調和に配慮するものとするが，既往の調査研究成果等を参考にして，対象地点の流速，洗掘深等を評価したうえで工種，諸元を定めるものとする．なお，護岸の構造については，各河川において，河川の状況等を踏まえた創意工夫が望まれる．

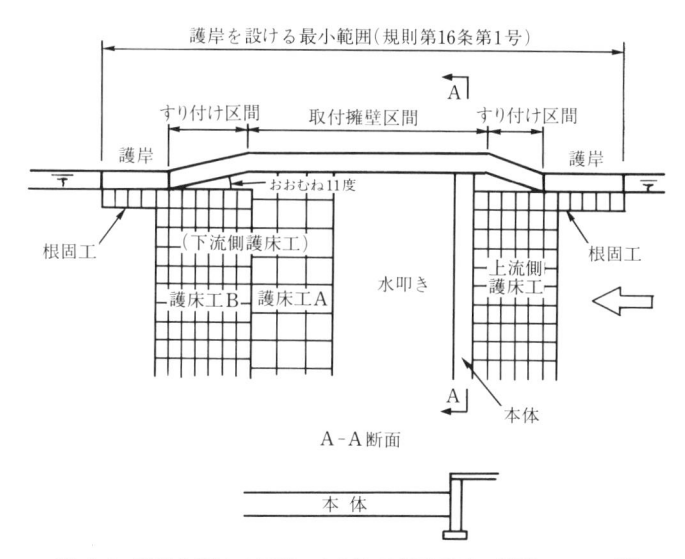

図 4.4　護岸を設ける区間のうち取付擁壁構造の護岸とする区間

2．護岸を設ける区間

① 洪水時には河床そのものが動いており，床止めの設置によってその連続性が失われるので，その上下流において局所洗掘が生じやすい．このことは，射流が生じなくても変わりはない．したがって，射流の有無にかかわ

らず，床止めの上下流の河岸又は堤防は，しかるべき範囲を護岸で保護しなければならない．その範囲は，規則第16条第1号に規定しているように，上流側は床止めの上流端から10mの地点又は護床工の上流端から5mの地点のうちいずれか上流側の地点，下流側の水叩きの下流端から15mの地点又は護床工の下流端から5mの地点のうちいずれか下流側の地点までの範囲を最低限としている（図4.5参照）．

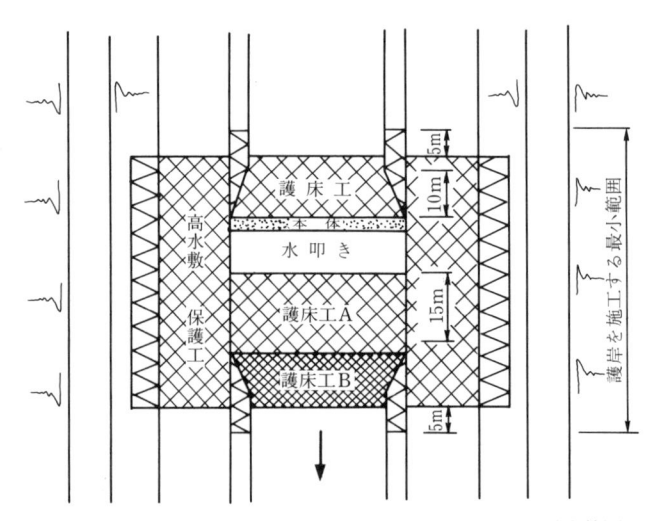

図 4.5 床止めの設置に伴い必要となる護岸を設置する最小範囲

なお，床止めの上下流における局所洗掘は，河床の連続性が失われることによるものよりも，射流及び跳水現象によるもののほうがはるかに大きい．これに対処して，前述のとおり，適切な長さの護床工が設けられるが，更に，護床工の先端から5m程度の範囲は，護床工に起因する局所洗掘が生じやすい．したがって，射流が生じる場合の取付護岸の範囲については，適切な長さの護床工が設けられることを前提として，護床工の先端に5mを加えた範囲としたものである．

規則第16条第1号で規定している護岸の設置範囲は最低基準値であるので，必要な場合には数値計算（必要に応じて水理模型実験）等による流速評価を行い，設置範囲を決定するものとする．

② 床止めの設置位置は，河道の平面形状や，落差工を設置したことによる

流水の変化等を十分検討して定めるものであるが，規則第16条第2号は，床止めが湾曲部に設けられる場合やその他河川の状況によっては，上記の範囲外でも流水変化の著しい区間が生じることがあるので，当該区間について護岸を設けるよう規定したものである．

③　規則第16条第3号及び第4号は，河岸又は堤防の護岸の高さについて規定したものである．第3号ただし書の「河岸の高さ」とは，計画高水位に令第20条第1項の余裕高を加えた堤防の高さに相当する高さをいうものである．

④　規則第16条ただし書の「地質の状況等により河岸又は堤防の洗掘のおそれがない場合」とは，床止め両端の取付部付近が岩盤等であって，洗掘のおそれのない場合をいうものであり，「その他治水上の支障がないと認められる場合」とは，次に述べる「屈とう性を有する床止め」の場合等を想定しているものである．

3．屈とう性を有する床止め

屈とう性を有する床止めとは，いわゆる異形コンクリートブロック等を並べて床止めとするものを指し，異形ブロック単体相互間のかみ合わせによって一体性を保ちつつ，全体的には屈とう性をもって不同沈下になじむ構造のものである．

屈とう性を有する床止めについては，それ自体が一般の床止めの場合の護床工とみることができるので，別個に水叩き及び護床工を設ける必要はないものである．

また，屈とう性を有する床止めは，構造上揚圧力が働かないし，また支持河床材料が徐々に洗掘流送されても全体の屈とう性によって河床になじみながら安定していく点が最大の特長である．ただし，上下流の河床変動に屈とう性を有する床止めが追従できない場合，床止めとしての機能が失われてしまうことになるため，河床変動について十分に検討する必要がある．また，平水時の流れが伏流すると，魚類の遡上等の妨げとなることがあるので，流水が連続するよう留意する必要がある．

屈とう性を有する床止めに設ける護岸については，規則第16条のただし書が該当するものであり，特に長さの規定がないが，それ自体を護床工とみな

図 4.6 屈とう性を有する床止めの例

して，規則第16条第1号の規定を準用するのが適当である．すなわち，屈とう性を有する床止めに接する河岸又は堤防に設ける護岸は，上流側は床止めの上流端から5mの地点から，下流側は床止めの下流端から5mの地点までの区間以上の区間に設けるものとする．

(魚　道)
　第35条の2　床止めを設ける場合において，魚類の遡上等を妨げないようにするため必要があるときは，建設省令で定めるところにより，魚道を設けるものとする．

(床止めの設置に伴い必要となる魚道)
　規則第16条の2　令第35条の2の魚道の構造は，次に定めるところによるものとする．
　　一　床止めの直上流部及び直下流部における通常予想される水位変動に対して魚類の遡上等に支障のないものとすること．
　　二　床止めに接続する河床の状況，魚道の流量，魚道において対象とする魚種等を適切に考慮したものとすること．

床止めの魚道と堰の魚道とでは構造上差異はないので，両者について以下でまとめて述べることとする．

1. 魚道の必要性

　床止め及び堰は河川の低水路部分を横断して設置される工作物であり、上下流の落差等の構造によっては魚類(魚類以外の水生生物を含む。以下同じ。)の遡上等を妨げるものである。このような場合には魚道の設置が必要であり、平成9年に構造令及び施行規則を改定し、令第35条の2に魚道の設置基準等を規定し、規則第16条の2に魚道の構造を規定したものである。なお、床止めを設置するときの魚道の規定である令第35条の2の規定を、従前から準用している護床工等と同様、令第44条により、堰を設置するときにも準用することとしている。

　ここで、魚類の遡上等を妨げないようにするため必要があるときは魚道を設置することとしているが、魚類の遡上等を妨げる落差は河川に生息する魚種等によって異なり、全国一律には定まらないため、個別の箇所ごとに魚道設置の必要性を判断するものとする。その際、許可工作物にあっては、設置者の十分な理解を得るよう努める必要がある。

2. 魚道の構造

① 　規則第16条の2第1号では、通常予測される水位変動の範囲内で魚道が機能するべきことを規定している。

　　この場合の「通常予測される水位変動」は、河川の状況、取水の状況等に応じて現地で個別に検討し、決定すべきものであり、一律には決まらないものであるが、一般には、堰の直上流部にあっては設計取水位を基準とした場合の取水量及び河川水量による水位変動であり、洪水や異常渇水、また施設の点検(施設点検時の水位降下等)等による水位変動は含まない。また、堰の直下流部にあっては前記による河川の水位変動及び干満による潮位変動(感潮区間のみ)である。

② 　規則第16条の2第2号では、魚道の構造についての考慮事項を規定している。

　　なお、「床止めに接続する河床の状況」とはみお筋等の河床の変動状況であり、これに適切に対応した構造とすることを規定している。また、「等」は魚道において対象とする魚種の習性等である。

③ 　魚道の構造形式等については種々の図書が出されているので、それらを

参照されたい．

④　本条項は，「一般的技術的基準」である構造令の施行規則であるため，設置及び維持管理の容易性及び経済性への配慮は規定していない．ただし，工作物の新築等に当たってこれらに配慮するのは当然であり，許可工作物の審査に当たってもこれらへの配慮が必要である．

第 5 章　堰

第 36 条　構造の原則
第 37 条　流下断面との関係
第 38 条　可動堰の可動部の径間長
第 39 条　可動堰の可動部の径間長の特例
第 40 条　可動堰の可動部のゲートの構造
第 41 条　可動堰の可動部のゲートの高さ
第 42 条　可動堰の可動部の引上げ式ゲートの高さの特例
第 43 条　管 理 施 設
第 44 条　護 床 工 等
第 45 条　洪水を分流させる堰に関する特例

第5章　堰

1. 堰の定義と分類

堰とは，河川の流水を制御するために，河川を横断して設けられるダム以外の施設であって，堤防の機能を有しないものをいう．

河川の流水を制御するという堰の目的を更に細分して，堰は用途別に次のように分けられる．

図 5.1　可動堰の例（北上大堰）

① 分流堰：河川の分派点付近に設け，水位を調節又は制限して洪水又は低水を計画的に分流させるもの(分水堰ともいう)．このうち，洪水を分流させる堰については，その設置目的から，令第45条(洪水を分流させる堰に関する特例)に規定するとおり令第37条(流下断面との関係)及び第41条(可動堰の可動部のゲートの高さ)の規定の適用はないものである．

② 潮止堰：感潮区間に設け，塩水の遡上を防止し，流水の正常な機能を維持するためのもの．

③ 取水堰：河川の水位を調節して，都市用水，かんがい用水及び発電用水

等を取水するためのもの．

④ その他：河川の水位及び流量（流水）を調節するための堰及び多目的の堰．河口堰は潮止堰としての機能を有する多目的の堰の場合が多い．

一般的には，堰は河川の水位を調節しても流水を貯留することによって流量調節を行うことは少ない．これに対し，ダムは，流水を貯留して積極的に流量調節を行うものである．一般的には，この点で堰とダムとの区別がつくものであるが，最近は流量調節を行って積極的に流水の正常な機能を維持するための堰が設けられるようになってきているので，堰とダムの区別が必ずしもはっきりしなくなってきている．発電用水の逆調節池についても，堰とダムとの区別がつけにくいものがある．構造令の適用においては，次の点に基づいて，堰とダムとを区分すればよい．

① 基礎地盤から固定部の天端までの高さが15m以上のものはダム．
② 流水の貯留による流量調節を目的としないものは堰．
③ 堤防に接続するものは堰．

次に，堰と水門又は樋門との区別は，堤防の機能を有しているかどうかで定まる．堤防の機能を有しているもの，いい換えれば，洪水又は高潮による流水の氾濫を防止又は軽減するためのものは，水門又は樋門であって，堰には該当しない．

なお，構造上の分類として，堰は，可動堰と固定堰に分けられ，ゲートによって水位の調節ができるものを可動堰といい，調節のできないものを固定堰（又は洗い堰）という．

2．可動堰の部分の用語について

可動堰の部分は，用途別に次のように分けられる．

① 可動部：ゲートを有する部分のうち，洪水の流下を妨げないよう特に配慮した部分で，洪水吐きともいう．
② 土砂吐き：ゲートを有する部分のうち，用水の取入口付近に設け，みお筋を維持し，取水時における用水路内への土砂の流入を防止するとともに，取入口付近の堆積土砂の排除を容易にするための部分．
③ 舟通し：ゲートを有する部分のうち，通常土砂吐きに接して舟運のために設けられる部分．舟通しには閘門を含む．

④ 流量調節部：ゲートを有する部分のうち，堰上流の湛水位又は下流への放流量の微調節を行うことが特に必要なときに設けられる部分．これらの微調節は，可動部の副ゲートや土砂吐きのゲートによって行われることも多い．
⑤ 魚道：通常可動部又は土砂吐きに接して，魚類の遡上等の通路として設けられる部分．特殊な場合としてゲートを有する場合がある．

また，構造上の分類として，可動堰の部分のうち，ゲートを有する部分を可動部，その他の部分を固定部と呼ぶことがある．

令第37条（流下断面との関係），第38条（可動堰の可動部の径間長）及び第39条（可動堰の可動部の径間長の特例）でいう可動部とは，用途別に分類した場合の可動部であり，床版部分（ゲートの下端の戸当り部分）は含まれない．いい換えれば，洪水吐きのことであり，当該部分のゲートを支持する堰柱部分を含むものである．

令第40条（可動堰の可動部のゲートの構造），第41条（可動堰の可動部のゲートの高さ）及び第42条（可動堰の可動部の引上げ式ゲートの高さの特例）でいう可動部とは，構造上の分類でいう可動部のことであり，土砂吐き及び舟通し等を含むものである．

また，堰の可動部は，ゲートの形式により，引上げ式のものと起伏式のものに大別されるが，起伏堰の構造については，この章の終わりにまとめて解説することとする．なお，以下において特にことわらない限り，堰の可動部とは，引上げ式のものをいうものとする．

（構造の原則）
第36条　堰は，計画高水位（高潮区間にあっては，計画高潮位）以下の水位の流水の作用に対して安全な構造とするものとする．
2．堰は，計画高水位以下の水位の洪水の流下を妨げず，付近の河岸及び河川管理施設の構造に著しい支障を及ぼさず，並びに堰に接続する河床及び高水敷の洗掘の防止について適切に配慮された構造とするものとする．

一般に河道の流下断面内に工作物を設置した場合には，当該工作物によっ

て河積が阻害され，洪水の流下になんらかの影響が及ぶこととなるが，特に堰についてそれが顕著である．しかし，堰は，河川の利水機能を増進するために不可欠の施設でもある．したがって改修の計画を策定する段階でその設置計画及び治水上の影響について慎重に検討して改修上の配慮を行うとともに，堰の設置に当たっては，治水上の支障を最小限度にとどめるよう配慮する必要がある．このような趣旨から本条第2項が述べられている．以下において本条に関連して堰の構造についての留意事項を述べる．

(1) 平面形状及び方向

堰を流下する流水は，通常，堰と直角の方向に流れるものであり，その平面形状のいかんによっては，下流側の水衝作用を助長したり，局所洗掘の原因となることが多い．従来，取水の都合から，斜堰が用いられた例も少なくないが，このような理由から，堰の河川横断方向の線形は洪水の流心方向に直角の直線形（直堰）とし，堰柱の方向は，洪水の流心方向とすることを基本としている．なお，中小河川において，下流部での局所洗掘，堰付近での洪水流の著しい乱れ等による治水上の支障が生じるおそれがない場合は，円弧形の緩傾斜（全面魚道タイプ）の堰とすることができる．ここで堰と流下断面との関係は令第37条によるものとする．

(2) 敷高，端部の構造，堰柱

① 敷高

堰の敷高（又は固定部）は，令第37条の規定により一般に，計画河床と一致させる．

② 端部の構造（嵌入等）

堰の端部の構造（嵌入等）については令第33条の解説を参照されたい．

③ 堰柱

イ 堰柱の構造

可動堰の固定部等は，令第37条（流下断面との関係）の規定により流下断面内に設けてはならないこととなっているので，河積阻害で最も問題となるのは，堰柱の幅である．堰柱の幅については，ゲートの大きさ，堰柱の高さ，地盤の土質条件等によって左右されるため，構造令には特にそれを規定する条項が定められていないが，本条第2項の趣旨から，技

術的に無理のない範囲で，極力小さくするよう配慮されなければならないものである（課長通達9-(2)を参照）．堰柱（管理橋の橋脚を含む）による河積の阻害率（計画高水位における流向と直角方向の洪水吐き部の堰柱の幅の総和が川幅（無効河積分を除く）に占める割合）（図5.2参照）は，おおむね10％を超えないものとする．やむを得ずこれを超える場合は堰柱によるせき上げ，背水の計算を行い，上流側水位に与える影響を検討し，場合により河積拡大の措置を講ずる必要がある．

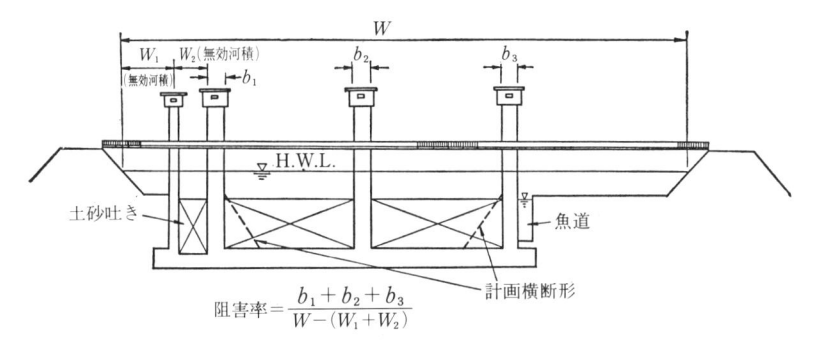

$$阻害率 = \frac{b_1 + b_2 + b_3}{W - (W_1 + W_2)}$$

図5.2　堰の阻害率

なお，堰柱の断面形状については，洪水時の流水抵抗を少なくするため，できるだけ細長い楕円形又はこれに類する形状のものとする必要がある．

ロ　両端の堰柱の位置

第2項の規定により，堰の構造は「付近の河岸及び河川管理施設の構造に著しい支障を及ぼさず」，「堰に接続する河床及び高水敷の洗掘の防止について適切に配慮された構造」でなければならないものであり，両端の堰柱の位置については，計画堤防を著しくおかさないよう配慮するものとする．両端の堰柱を計画堤防内に設ける場合の問題点は，それが堤防の弱点になることである．一方，両端の堰柱を計画堤防外に設ける場合の問題点としては，堤防との間に無効河積が生じて堰による河積の阻害が大きくなる点と堤防との間に流木等により閉塞しやすくなる点があげられる．以上の点を総合的に勘案のうえ，両端の堰柱の位置を決定する必要がある．

また，堰が低水路部分のみに設けられる場合には，原則として，低水路ののり肩線に堰柱の内面（ゲート側）を合わせるものとするが，低水路の断面積が上下流に比べて著しく大となるとき及び起伏堰にあっては堰の設置前の低水路断面積と等値となるよう両端の堰柱の位置を決定して差し支えないであろう．なお，この場合においても，令第38条（可動堰の可動部の径間長）又は第39条（可動堰の可動部の径間長の特例）に定める径間長の規定を満たさなければならないことはいうまでもない．

（流下断面との関係）

第37条　可動堰の可動部（流水を流下させるためのゲート及びこれを支持する堰柱に限る．次条及び第39条において同じ．）以外の部分（堰柱を除く．）及び固定堰は，流下断面（計画横断形が定められている場合には，当該計画横断形に係る流下断面を含む．以下この条，第58条第1項及び第61条第1項において同じ．）内に設けてはならない．ただし，山間狭窄部であることその他河川の状況，地形の状況等により治水上の支障がないと認められるとき，及び河床の状況により流下断面内に設けることがやむを得ないと認められる場合において，治水上の機能の確保のため適切と認められる措置を講ずるときは，この限りでない．

---

1. 基本的考え方

河川法における許可工作物の許可に対する基本的な考え方は，設置の必然性があり，かつ，治水上，河川環境上等著しい支障がないと認められる場合に限って許可できるというものである．堰の固定部（又は固定堰）は，利水機能上からは現状又は計画の流下断面内に設けなければならない必然性がないものであり，また洪水の流下に与える影響も極めて大きく，洪水氾濫の原因となった事例も全国に数多く見受けられる（図5.3参照）．土砂吐き，舟通し，魚道等については，それらの機能確保のため流下断面内に設けざるを得ない場合も多いが，それらを現状又は計画の流下断面内に設けることは，堰上流部における洪水時の水位上昇，下流部における局所洗掘等を招き，洪水による被害（内水を含む）の危険性を増大させるものである．したがって，堰

第 37 条　流下断面との関係　189

図 5.3　昭和 49 年多摩川水害の被災状況

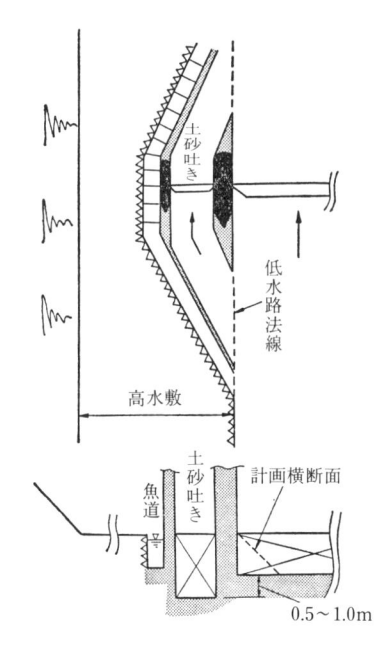

図 5.4　可動堰に併設する土砂吐き及び魚道の配置（計画横断面外の解説）

の固定部(又は固定堰)，土砂吐き，舟通し，魚道等は，原則として，現状又は計画の流下断面内に設けてはならないものである．いい換えれば，本条のただし書を適用して現状又は計画の流下断面内に設けることができる場合は，現状又は計画断面外にこれらの部分を設けることが著しく困難又は不適当と認められる場合に限定されるものである．なお，令第39条(可動堰の可動部の径間長の特例)の規定に基づき設けられる土砂吐き及び舟通しは，本条にいう可動部に該当するものである．

以上にいう流下断面とは，令第2条（用語の定義）第6号に定義されているように，流水の流下に有効な河川の横断面をいい，いわゆる死水域（樹木群等による死水域を含む）とみなされる河積の部分は含まれないものである．

2．改修の計画と利水計画との調整

河川は，「洪水，高潮等による災害の発生が防止され，河川が適正に利用され，流水の正常な機能が維持され，及び河川環境の整備と保全がされる」ものでなければならないので(法第1条)，河川の河道計画についても，治水のみに偏することなく，利水，河川環境等を十分考慮しなければならないものである．しかし，利水の計画については，河川管理者以外の者が計画することが多く，それらの計画がはっきりしない場合は，改修の計画を策定する段階においてそれらの計画を折り込むことができないのはやむを得ないことであろう．したがって，堰の設置を含む利水の計画が明らかとなった時点においては，河川管理者は，堰の設置位置等について検討するとともに，既定の改修の計画についても見直しを行い，それぞれについて所要の変更をする必要がある．

(1) 設置位置等の検討

堰の設置位置等の検討に当たっては，規則第21条の解説及び「工作物設置許可基準」によられたい．なお，堰についても既存の施設の統廃合に努めることとされているので留意されたい（「工作物設置許可基準」第四（設置位置の一般的基準）五を参照）．

(2) 改修の計画の検討

改修の計画について検討を行う場合は，次の点に留意をするものとする．

① 河川の湾曲部に堰を設けることは極力避けるべきであるが，やむを得ず

設けるときには，堰の上流側（特に水裏）に土砂が堆積してゲートの開閉に支障を及ぼすこととならないよう，複断面形又は複々断面形等の計画横断形について検討するものとする．
② 河状の安定しない区間には堰を設けることは極力避けるべきであるが，やむを得ず設けるときには，模型実験等によって治水上の影響について十分検討を行い，適切な計画縦断形又は計画横断形を策定するものとする．
③ 河川の状況を勘案のうえ，堰のゲート付近に土砂が堆積することを避けるためにゲートの戸当り部（固定部）に凸部（落差）を設ける必要があると考えられる場合は，凸部の上端を計画河床とするよう計画縦断形の検討を行うものとする．
④ 令第41条第2項の「起伏式ゲートの倒伏時における上端の高さは，可動堰の基礎部（床版を含む．）の高さ以下とするものとする．」という規定は，ゲートの倒伏時における上端の高さが計画河床以上にならないようにする趣旨であるが，土砂等の夾雑物による不完全倒伏のおそれがある場合は，計画河床に必要最小限度の落差を付けることが好ましいので，縦断計画においてこのことを考慮するものとする．

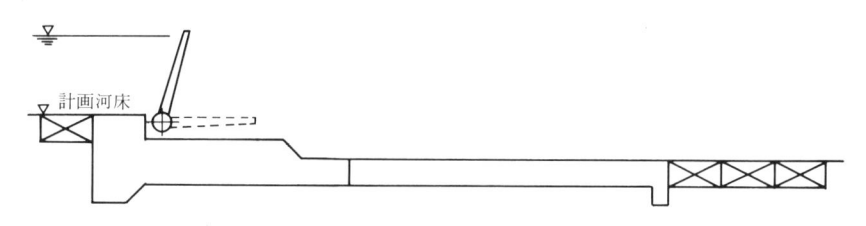

図 5.5　推砂しにくい床版構造の例

⑤ 現状と計画の横断形が著しく異なる場合において，堰の機能が著しく阻害されることとなるおそれのあるときは，堰の設置時期と関連河川改修工事の実施時期についての調整を行うとともに，関連の河川改修工事の促進を図る必要がある．しかし，関連の河川改修工事が著しく遅れる場合もあり，このような場合において，可動堰の可動部が引上げ式の堰にあっては，暫定的な上げ越し構造（ゲート戸当り部のゲタばき構造）とすれば通常支障は生じない．しかし，起伏堰にあってはそのような措置がとり得ないの

で，処理に困ることが多い．このような場合，治水上暫定改良工事実施計画によって改修を促進することが適当であると認められるときは，暫定改良工事実施計画を策定するものとされている（局長通達16-(1)イ及びロを参照）．
⑥　河床低下の著しい河川にあっては，現況並びに将来の河床低下を考慮して計画縦断形を検討するものとする．

3．緩和の特例

(1) 土砂吐き等の取扱い

本条本文の規定の趣旨により土砂吐き，舟通し，魚道等はまず現状又は計画の流下断面外に設けることを検討すべきであるが，河床の状況によっては，これら（固定堰は除く）を現状又は計画の流下断面外に設けるとその機能が発揮されない場合も少なくない．本条ただし書の「河床の状況により流下断面内に設けることがやむを得ないと認められる場合」は，このような場合を指しており，次の取扱いによって，現状又は計画の流下断面内に設けることができるものである（局長通達12及び課長通達10-(2)及び(3)を参照）．

①　計画横断形又は現状の流下断面積をそれぞれ小さくすることなく，かつ，治水上支障のない範囲で部分的に低水路の法線形を修正することは差し支えないものである．なお，このほか堰の設置に伴って計画横断形（計画縦断形を含む．以下において同じ．）を変更する場合があるが（前記2-(2)①②及び⑥を参照），この場合について計画横断形の変更により本条本文が適用されるものである．

②　令第39条（可動堰の可動部の径間長の特例）第1項の表の第3欄に掲げる径間長に満たない可動部（土砂吐き及び舟通し．それらを設けることにより増えることとなる堰柱を含む．）及び魚道等は無効河積と考え，阻害される河積に相当する河積を別途確保するものとする．ただし，阻害される河積以外の河積が，その上下流の河積に比較して十分に大きく，流下能力に十分余裕がある場合は，別途河積を確保する必要はないものとする．

別途河積を確保する方法は，次によるものとする．

イ　低水路又は川幅の拡幅によるものとし，計画高水位を高くしてはならないものである．ただし，地形の状況により，計画高水位を高くしても，

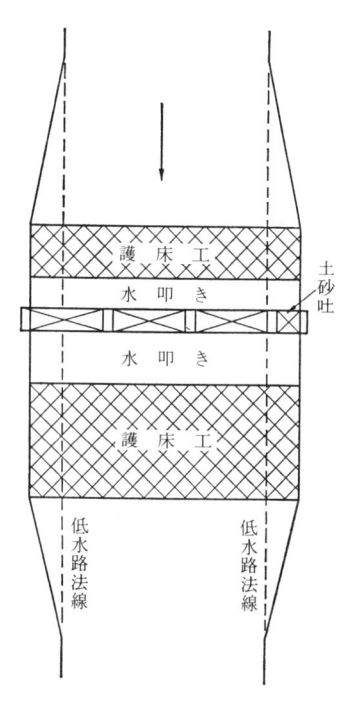

図 5.6 拡幅に伴う取付けの例

当該計画高水位と河岸の高さとの間に，令第20条第1項の規定による余裕高以上の余裕が確保されると認められる場合は，この限りでない．
ロ　低水路又は川幅を拡幅する場合は，原則として，堰上流の護床工の先端から堰下流の護床工の先端までの区間については，拡大した低水路幅又は川幅を確保するものとする．ただし，曲線部等河川の状況により護床工の先端まで一定の幅で拡幅することが適当でないと認められる場合は，この限りでない（図5.6参照）．
ハ　上記の一定の幅で拡幅した部分はそれ以外の区間で現状又は計画の横断形に漸拡，漸縮となるようにし，すり付け部は，水理的に無理のないようにする必要がある．

なお，堰の固定部を流下断面内に設けることはその必然性がないものであり，山間狭窄部であること，その他河川の状況，地形の状況等により治水上の支障がないと認められるとき及び河床の状況により流下断面内に設けるこ

とをやむを得ないと認められる場合において，治水上の機能の確保のため適切と認められる措置が講じられる場合を除き，禁止を緩和できないものである．

(2) 山間狭窄部等に設ける堰の取扱い

本条及び令第38条(可動堰の可動部の径間長)の規定には，それぞれただし書があり，「山間狭窄部であることその他河川の状況，地形の状況等により治水上の支障がないと認められるとき(以下において，山間狭窄部等の場合という)」においては，土砂吐き，舟通し，魚道及び固定堰を流下断面内に設けることができ，径間長についても，基準以下のものでもよいものがある．

「山間狭窄部」という言葉は，必ずしも熟した言葉ではないが，当該地点に堤防を設ける必要のない所であり，しかも，工作物の設置によって洪水の流下が妨げられても，その上流部に治水上の支障を及ぼさない所という概念で使っている．山間部であっても，堤防によって洪水から守るべき土地がある所は該当せず，「狭窄」という言葉には，そのような意味がこめられている．

一方，平野部においても，背後地盤が高く，一連区間において堤防を設ける必要がなく，しかも，工作物の設置によって洪水の流下が妨げられても，その上流部に治水上の支障を及ぼさないような所がある．このような所は，山間狭窄部には該当しないが，工作物設置の取扱いについては山間狭窄部と同じ取扱いとして差し支えないものである．そこで，本条及び令第38条(可動堰の可動部の径間長)では「その他河川の状況，地形の状況等により」としている．

本条及び令第38条のただし書を適用することのできる山間狭窄部等の場合とは，運用上，原則として，堰(固定堰を含む．以下この項において同じ．)の設置地点に堤防(計画堤防を含む．以下この項において同じ．)がない場合であって，かつ，堰の設置による治水上の影響が堰の上下流に及ばない場合に適用されるものである．

① 上流への影響がない場合とは，土砂吐き，舟通し，魚道，固定部又は固定堰等を流下断面内に設けることによって背水の影響が，堰の上流部に存する堤防，家屋，農地等に及ばない場合をいうものである(課長通達10-(1)を参照)．

② 下流への影響がない場合とは，河積阻害により，堰設置地点又は堰の上流付近から越水し，堰付近の家屋，農地等に浸水，又はこの越流水が堰付近の低部又は水路等を通じて，下流側の堤内地に流入するおそれのない場合をいうものである．山間狭窄部等の下流付近に堰を設ける場合が多いが，その場合は特にこの点に留意する必要がある．

③ 山間狭窄部等における令第39条（可動堰の可動部の径間長の特例）第1項の表の第3欄の値に満たない土砂吐き又は舟通し並びに魚道等は無効河積としてせき上げ水位の計算を行う必要がある．なお，固定部又は固定堰を流下断面内に設けるときは，堰の設置に伴い河床が上昇することについて考慮する必要がある（課長通達10-(1)を参照）．小規模な堰では，河床上昇については，固定堰又は固定部の天端高を起点として，現況河床勾配の1/2勾配で推定し，せき上げ水位については不等流計算で推定する方法がよく用いられている．

（可動堰の可動部の径間長）

第38条 可動堰の可動部の径間長（隣り合う堰柱の中心線間の距離をいう．以下この章において同じ．）は，計画高水流量に応じ，次の表の下欄に掲げる値以上（可動部の全長（両端の堰柱の中心線間の距離をいう．次項において同じ．）が，計画高水流量に応じ，同欄に掲げる値未満である場合には，その全長の値）とするものとする．ただし，山間狭窄部であることその他河川の状況，地形の状況等により治水上の支障がないと認められるときは，この限りでない．

項	1	2	3	4
計画高水流量（単位 1秒間につき立方メートル）	500未満	500以上 2 000未満	2 000以上 4 000未満	4 000以上
径間長 （単位 メートル）	15	20	30	40

2. 前項の表1の項の中欄に該当する場合において，可動堰の可動部の全長が30メートル未満であるときは，前項の規定にかかわらず，可動部の径間長を12.5メートル以上とすることができる．

3. 第1項の表3の項又は4の項の中欄に該当する場合において，第1項の規定によれば径間長の平均値を50メートル以上としなければならず可動堰の構造上適当でないと認められるときは，同項の規定にかかわらず，建設省令で定めるところにより，可動部の径間長をそれぞれ同表3の項又4の項の下欄に掲げる値未満のものとすることができる．
4. 第1項の表4の項の中欄に該当する場合においては，第1項の規定にかかわらず，流心部以外の部分に係る可動堰の可動部の径間長を30メートル以上とすることができる．この場合においては，可動部の径間長の平均値は，前項の規定の適用がある場合を除き，40メートル以上としなければならない．
5. 可動堰の可動部が起伏式である場合においては，建設省令で定めるところにより，可動部の径間長を前各項の規定によらないものとすることができる．

（可動堰の可動部の径間長の特例）
規則第17条　令第38条第3項に規定する場合における可動部の径間長は，同条第1項の規定による径間長に応じた径間数に1を加えた値で可動部の全長を除して得られる値以上とすることができる．ただし，可動部の径間長の平均値が30メートルを超えることとなる場合においては，流心部以外の部分に係る可動部の径間長を30メートル以上とすることができる．

（可動堰の可動部が起伏式である場合における可動部の径間長の特例）
規則第18条　令第38条第5項に規定する場合における可動部の径間長は，同条第2項に該当する場合を除き，ゲートの直高が2メートル以下の場合は，ゲートの縦の長さと横の長さとの比の値が10分の1となる値（15メートル未満となる場合は，15メートル）以上とすることができる．

1. 基本的な考え方

可動堰の堰柱は，橋の橋脚と同様に河道内において洪水の流下に対して障害物であることは否めない事実である．したがって，その径間長は，河積の阻害を小さくするため，できるだけ大きくとり，堰柱の数を減ずることが望ましい．また，堰柱によって流木等の閉塞が生じ，それが原因で災害が発生するようなことがあってはならないのであって，そのためにはできるだけ大きい径間長としなければならない．

令第38条の規定は，このような考え方から定められたものであり，従来の幾多の経験的な積重ねの結果，実務上運用されてきた基準をそのまま条文化したものである．

橋の径間長と比較して特に大きく異なる点は，計画高水流量が4 000 m³/s 以上の場合に 40 m 以上あればよいという点であろう．これは，堰の建設技術及び経済性等を勘案した場合，40 m 以上の径間長を基準化して規定することが実際上困難と考えられるからである．

また，例えば，令第63条（径間長）第2項では「河川管理上著しい支障を及ぼすおそれがないと認められるとき」という条件付きの規定になっているのに対し，令第38条第1項及び第2項の規定においてはそれがない．すなわち，2 000 m³/s 未満の区間における最小径間長は同じとはいえ，橋に比べて堰のほうが規定が緩くなっている．これは，次のような事情を勘案してのものである．すなわち，先に述べたように，堰は，利水上必要なものであり，河川法の趣旨からして，本来河川の河道計画に折り込まれて設置されるべきものであるので，設置地点を含めて河川管理上著しい支障を及ぼすことのないよう十分配慮されているはずのものである．

堰の径間長は，このような前提に立って規定されているものであり，今後とも，堰の統廃合を積極的に進めるとともに，河川の河道計画において特に堰の設置が考慮されていない場合には，堰の設置地点を含めて，せき上げの影響等治水上の検討を十分行う必要がある．

2. 一般的基準

(1) 令第38条第1項関係

可動堰の部分は，堰の定義で述べたように，用途別に可動部，土砂吐き，舟

通し，魚道等に分類されるが，本条は，そのような可動部の径間長について規定したものである．

また，径間長とは，本項に定義されているように，隣り合う堰柱の中心線間の距離をいうものであり，堰柱の内面間の距離は，「純径間」と呼ぶこととして，実用上使い分けることとしている．

本項のただし書に規定する山間狭窄部等の場合の取扱いについてはこの節の最後に解説することとし，以下においては本文後段のカッコ書の規定について解説する．「可動部の全長(両端の堰柱の中心線間の距離をいう．次項において同じ．)が，計画高水流量に応じ，同欄に掲げる値未満である場合には，その全長の値」とは，可動堰の可動部の径間数が1径間である場合の径間長について規定したものであるが，「全長の値」という規定以外に，特に基準値の定めがないが，この場合においても，当該径間長については，計画高水位以下の水位の洪水の流下を妨げず，また，両端の堰柱の位置については付近の河岸及び河川管理施設の構造に著しい支障を及ぼすことのないよう，それぞれ適切に配慮しなければならない（課長通達 11-(1)を参照）．この場合の留意事項は，次のとおりである．

① 1径間の場合に径間長の基準を定めていないのは，川幅が令第38条の表に掲げる径間長未満の場合等両端における堰柱の位置が計画堤防内又は堤防に近接して設けられる場合を主として想定しているが，堤防ののり面と計画高水位との交点から堰柱の中心線までの距離が令第39条の表の第3欄に掲げる値未満であるときは，当該部分の河積を無効河積と考えるものとする．

② 堰は，できるだけ流下断面積に余裕のある区間に設けるものとし，堰柱が計画堤防を著しくおかさないよう努めるものとすること．しかし，流下断面積に余裕のない場合も少なくないが，この場合において，堰柱が計画堤防を著しくおかすこととなるときは，堤防の裏腹付け等の補強を十分行うものとすること．

③ 低水路部分のみに1径間の堰を設ける場合で，堰柱から河岸又は堤防までの距離が十分あるときは，できるだけ令第38条の表の下欄に掲げる値以上の径間長とすること．少なくとも令第39条の表の第3欄に掲げる値以上

の径間長でなければならない．ただし，令第37条（流下断面との関係）ただし書適用の場合及び起伏堰の場合については，低水路幅に相当する径間長とすることができるものであること．

(2) 令第38条第2項関係

本項の規定は，計画高水流量が500 m³/s 未満の場合に適用されるものであるが，可動堰の可動部の全長が30 m 未満の場合に，第1項の規定によるものとした場合，1径間にせざるを得なくなり，第1項に規定する15 m に比べて著しく大きくなりすぎるので，2径間に緩和するという趣旨から設けられたものである．この場合において，径間長が12.5 m 以上としているのは，洪水時における流木等の閉塞の問題が考慮されたものである．また，本規定において可動部の全長とは，洪水吐きの両端の堰柱の中心線間の距離をいうものであり，令第39条第1項の表の第3欄に掲げる値に満たない土砂吐き又は舟通しのほか河岸又は堤防ののり面と計画高水位との交点から両端の堰柱の中心線までの部分は含まないものである．土砂吐き等これらの部分は，計画上無効河積と考えなければならないものであるが，通常は洪水の流下に寄与し得るものであり，その点では河積に余裕があるともいえる．ちなみに，橋については，このような余裕がないので，令第63条（径間長）第2項の規定により径間長を12.5 m 以上とするときは，特に治水上の配慮が必要となるものである．

なお，計画高水流量が500 m³/s 以上2 000 m³/s 未満の場合においても，川幅又は低水路幅とスパン割の関係から径間長が令第38条第1項の表の下欄の値（20 m）より著しく大きくなることがあるが，このような比較的大きな河川の場合は，むしろ堰の設置地点について検討を行うべきであろう．川幅の広い区間に堰を設ける場合は，低水路を拡幅する等の措置を講ずることによって，径間長を20 m より著しく大きな値にしないですむはずである．また，山間狭窄部等治水上支障がないと認められる区間に堰を設ける場合は，第1項のただし書を適用することにより，後述するように径間長を小さくすることができるものである．

(3) 令第38条第3項及び規則第17条関係

令第38条第3項及び規則第17条は，計画高水流量が2 000 m³/s 以上の場

合に適用されるものであるが，第1項の規定によることとした場合に，川幅又は低水路幅とスパン割の関係から径間長が50m以上となるときの緩和規定である．北上大堰，淀川大堰等50mを超える長大スパンの可動堰も設置されているが，大河川においても一般的には50m未満のものが多い．第3項はこのような実態を踏まえ，設けられたものであり，径間長が50m以上となって構造上適当でないと認められるときは，規則第17条の規定によって，径間数を1径間増やすことができるものである．規則第17条の本則は，1径間増やすことができるが等スパンでなければならないという趣旨である．

次に，規則第17条のただし書の説明をしておく（図5.7参照）．例えば，$Q=4000\text{m}^3/\text{s}$，$L=156\text{m}$の場合，第1項によれば，156m＝3@52mであるが，第3項と規則第17条本則によれば156m＝4@39mとすることができる．この場合において，もし流心部と流心部以外の部分の区別できる河道であれば，令第38条第4項の趣旨を受けた規則第17条ただし書の規定により156m＝30m＋3@42m（平均39m＞30m）とすることができるものである．

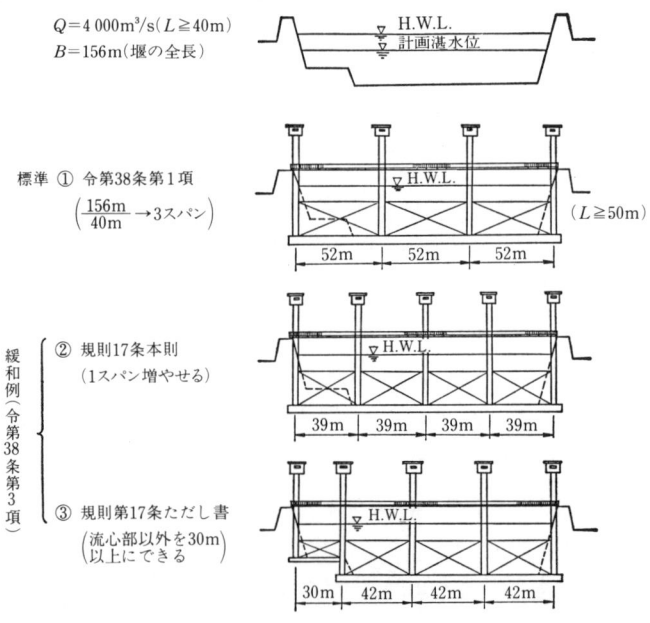

図5.7 令第38条第3項及び規則第17条の図解例

令第38条第4項の規定により，流心部の径間長が50m以上となるからといって，第3項の適用はないものである．例えば，$Q=4\,000\,\mathrm{m}^3/\mathrm{s}$，$L=148\,\mathrm{m}$の場合，第4項によれば，148 m＝30 m＋2＠59 m（平均49.3 m＜50 m）となるからといって，148 m＝30 m＋3＠39.3（平均37 m＜40 m）とはできない．なんとなれば，第1項の規定によれば，148 m＝3＠49.3 mであり，平均値が50 m以上とはなっておらず，第3項の適用を受けることができないからである．また，この場合は，第4項の基準である平均値40 mも満たしていない．この規則第17条のただし書は，この例のように，148 m＝30 m＋3＠39.3 mというような場合を想定して規定されたものではないので，注意されたい．この例のスパン割としては，148 m＝3＠49.3 m，148 m＝49 m＋50 m＋49 m等としなければならないものである．

(4) 令第38条第4項関係

大河川においては，複断面又は複々断面形若しくはそれらに近い横断形となっていることが多い．そのような所において，流心部以外の部分，いい換えれば水深の浅い部分に設ける可動部の径間長は，ゲートの縦横比を思い浮べてもわかるように，構造上あまり大きくできないものである．本項は，このような事情を勘案して設けられた緩和規定である．堤防に近いサイドスパンについても径間長を大きくすべきではないかという意見もあるし，また流速の遅い，流心部以外の部分であっても，流木等による閉塞の可能性は，流心部と特に異なるわけでもないという意見もあるが本項は流心部以外の部分において縮小された長さに相当する分だけ逆に流心部の径間長を長くすれば，治水上の支障がないという考え方に立っている．本項において「径間長の平均値は……，40メートル以上としなければならない．」とあるのは，そのような観点から，令第38条第1項の規定によって定まる所要の径間数ないし平均径間長は変えないという趣旨である．なお，「前項の規定の適用がある場合を除き」とあるのは，前記(3)に述べたように，第1項の規定によれば平均径間長が50 m以上となる場合（先の例では，156 m＝3＠52 m）は径間数を1径間増やすことができるものであるが(156 m＝4＠39 m)，この場合でも流心部以外の部分を30 m以上とすることができる趣旨のものである(156 m＝30 m＋3＠42 m（平均39 m）)．

(5) 令第38条第5項及び規則第18条関係

起伏堰の径間長については，起伏堰に関する他の構造基準と併せてこの章の終わりに別途解説する．

3. 山間狭窄部等に設ける堰の径間長の取扱い

山間狭窄部等の概念及びその場合の基本的な考え方については，令第37条（流下断面との関係）の解説3-(2)で述べたとおりである．径間長についても，令第38条第1項ただし書において「山間狭窄部であることその他河川の状況，地形の状況等により治水上の支障がないと認められるときは，この限りでない．」と規定されており，山間狭窄部等に設ける堰の径間長については，特別の取扱いを受けるものである．以下において，これを説明する．

① 令第39条（可動堰の径間長の特例）第1項の表の第3欄に掲げる値に満たない径間長しか有さない可動部の部分は，計画上有効河積とは到底考えにくいものである．同項の第3欄に掲げる値と第4欄に掲げる値の間の値の径間長については，可動部とみなし計画上有効河積とする．

② 堰の設置地点に堤防がある場合は，原則として，山間狭窄部等に該当しないものであり，令第38条第1項ただし書の適用はないものであるが，堤防がある場合であっても，河川の状況又は地形の状況等によっては治水上の支障がないと考えられる場合もあろう．その場合であっても，径間長は令第39条第1項の表の第4欄（令第38条第1項の表の下欄）に掲げる値以上とすることが望ましいが，運用上次のケースに限って，ただし書を適用するものとする．すなわち，計画高水流量が500 m³/s以上2 000 m³/s未満の場合において，可動部の径間長を20 m以上とするためには川幅との関係で径間長が35 m以上となり，かつ，可動部の拡幅等の措置が極めて困難又は不適当と認められ，更に治水上の支障がないと認められるときは，当該径間長を17.5 m程度まで緩和することができるものとする．

（可動堰の可動部の径間長の特例）

第39条 可動堰の可動部の一部を土砂吐き又は舟通しとしての効用を兼ねるものとする場合においては，前条第1項の規定にかかわらず，当該部分の径間長は，計画高水流量に応じ，次の表の第3欄に掲げる値

以上とすることができる．この場合においては，可動部の径間長の平均値は，同条第2項に該当する可動堰の可動部を除き，同表の第4欄に掲げる値以上でなければならない．

項	1	2	3	4
計画高水流量（単位　1秒間につき立方メートル）	500未満	500以上 2 000未満	2 000以上 4 000未満	4 000以上
可動部のうち土砂吐き又は舟通しとしての効用を兼ねる部分の径間長（単位　メートル）	12.5	12.5	15	20
可動部の径間長の平均値(単位　メートル)	15	20	30	40

2. 前項の規定によれば可動堰の可動部のうち土砂吐き又は舟通しとしての効用を兼ねる部分以外の部分の径間長が著しく大となり当該部分のゲートの構造上適当でなく，かつ，治水上の支障がないと認められる場合においては，建設省令で定めるところにより，可動部の径間長を同項後段の規定によらないものとすることができる．

（可動堰の可動部のうち土砂吐き等としての効用を兼ねる部分以外の部分の径間長の特例）

規則第19条　令第39条第2項に規定する場合における可動部の径間長は，可動堰の可動部のうち土砂吐き又は舟通しとしての効用を兼ねる部分以外の部分（以下この条において「兼用部分以外の部分」という．）の径間長が計画高水流量に応じ，同条第1項の表の第4欄に掲げる値を10メートル以上超えることとなる場合又はゲートの縦の長さと横の長さとの比の値が15分の1以下となる場合においては，当該径間長を同表の第4欄に掲げる値以上とすることができる．ただし，次の各号の1に該当する場合においては，可動部の径間長を当該各号に定める値以上とすることができる．

一　計画高水流量が1秒間につき500立方メートル未満であり，かつ，

204 第5章 堰

　　兼用部分以外の部分の可動部の全長が30メートル未満である場合
　　12.5メートル
　二　計画高水流量が1秒間につき2000立方メートル以上であり，かつ，
　　兼用部分以外の部分の径間長が50メートル以上である場合　令第39
　　条第1項の規定による径間長に応じた径間数に1を加えた値で兼用
　　部分以外の部分の可動部の全長を除して得られる値

1．基本的考え方

① 可動部の径間長は，先に述べた令第38条が原則であるが，土砂吐き又は舟通しについては，令第39条の規定の範囲内で，可動部（洪水吐き）とみなして，流下断面内に設けることができるものである．この場合，原則として，平均径間長は変えてはならない．いい換えれば径間数は変えてはならないこととしている．すなわち，土砂吐き又は舟通しの部分で縮小された径間長の長さに相当する分だけ，それ以外の可動部の径間長を長くして全体として河積の阻害の程度は変えないというのが原則的な考え方である．

　以前は，令第39条のような特例がなく，令第38条に規定する径間長に満たない土砂吐き又は舟通しは，別途河積拡大の措置を講じない限り，流下断面内に設けてはならないとしてきたが，先にも述べたように，土砂吐き又は舟通しは，その機能確保のため，流下断面内に設けざるを得ない場合が多く，もし令第39条の特例がなければ，堰を設けるほとんどの場合が河積拡大の措置を必要とすることとなる．河積拡大の措置としては，高水

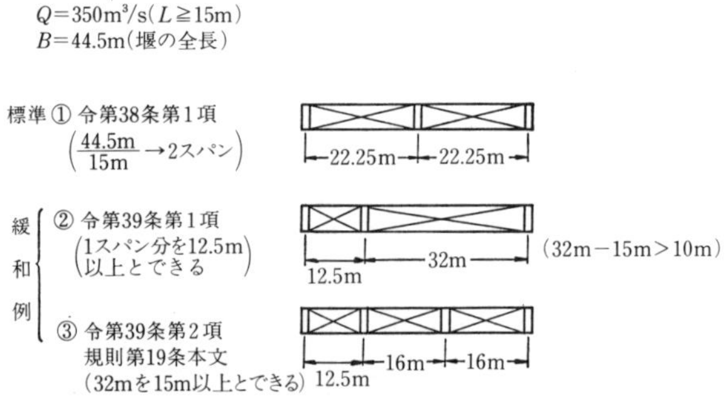

$Q=350\text{m}^3/\text{s}(L≧15\text{m})$
$B=44.5\text{m}$（堰の全長）

標準 ① 令第38条第1項
　　　　$\left(\dfrac{44.5\text{m}}{15\text{m}}→2スパン\right)$　┠―22.25m―╂―22.25m―┨

緩和例 ② 令第39条第1項
　　　　（1スパン分を12.5m以上とできる）　12.5m ┠―32m―┨ （32m−15m＞10m）

　　　③ 令第39条第2項
　　　　規則第19条本文
　　　　（32mを15m以上とできる）12.5m ┠―16m―╂―16m―┨

図 5.8　令第39条の図解例（1）

第39条　可動堰の可動部の径間長の特例　205

$Q=2\,500\text{m}^3/\text{s}(L\geqq 30\text{m})$
$B=177\text{m}$(堰の全長)

標準① 令第38条第1項
$\left(\dfrac{177\text{m}}{30\text{m}}\to 5\text{スパン}\right)$
├35.4m┤├35.4m┤├35.4m┤├35.4m┤├35.4m┤

緩和例
② 令第39条第1項
$\left(\begin{array}{l}1\text{スパン分を}15\text{m}\\ \text{以上とできる}\end{array}\right)$
├15m┤├40.5m┤├40.5m┤├40.5m┤├40.5m┤　$(40.5\text{m}-30\text{m}>10\text{m})$

③ 令第39条第2項
規則第19条本文
(40.5mを30m以上とできる)
├15m┤├32.4m┤├32.4m┤├32.4m┤├32.4m┤├32.4m┤

図 5.9　令第39条の図解例 (2)

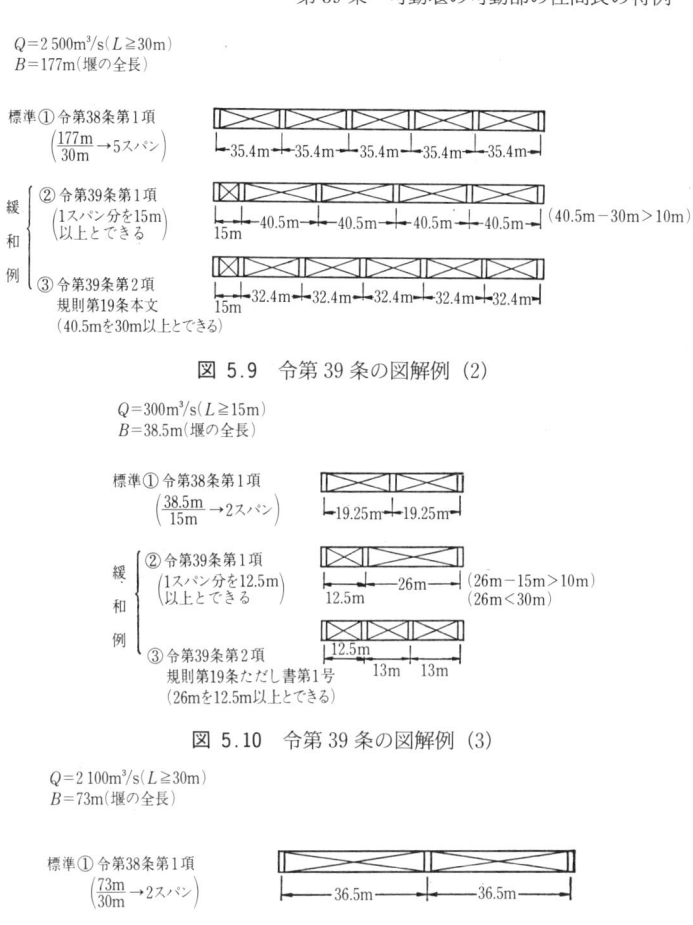

$Q=300\text{m}^3/\text{s}(L\geqq 15\text{m})$
$B=38.5\text{m}$(堰の全長)

標準① 令第38条第1項
$\left(\dfrac{38.5\text{m}}{15\text{m}}\to 2\text{スパン}\right)$
├19.25m┤├19.25m┤

緩和例
② 令第39条第1項
$\left(\begin{array}{l}1\text{スパン分を}12.5\text{m}\\ \text{以上とできる}\end{array}\right)$
├12.5m┤├26m┤　$(26\text{m}-15\text{m}>10\text{m})$ $(26\text{m}<30\text{m})$

③ 令第39条第2項
規則第19条ただし書第1号
(26mを12.5m以上とできる)
├12.5m┤├13m┤├13m┤

図 5.10　令第39条の図解例 (3)

$Q=2\,100\text{m}^3/\text{s}(L\geqq 30\text{m})$
$B=73\text{m}$(堰の全長)

標準① 令第38条第1項
$\left(\dfrac{73\text{m}}{30\text{m}}\to 2\text{スパン}\right)$
├36.5m┤├36.5m┤

緩和例
② 令第39条第1項
$\left(\begin{array}{l}1\text{スパン分を}15\text{m}\\ \text{以上とできる}\end{array}\right)$
├15m┤├58m┤　$(58\text{m}>50\text{m})$

③ 令第39条第2項
規則第19条ただし書第2号
(1スパン増やすことができる)
├15m┤├29m┤├29m┤

図 5.11　令第39条の図解例 (4)

敷のある場合は低水路の拡幅ですむが，それ以外の場合は引堤になり，しかも引堤は一般に非常な困難を伴う．低水路拡幅の場合は，比較的容易に措置できようが，径間長の小さい計画上無効河積と考えざるを得ない部分が河道内に存在することとなり，治水上好ましくないという面もある．こ

のような観点から，令第39条の特例を定めたものである．したがって，土砂吐き又は舟通しをその機能確保のため流下断面内に設けざるを得ない場合においては，令第37条のただし書を適用する前に，まず令第39条の適用が可能かどうかを検討すべきである．すなわち土砂吐き又は舟通しを流下断面外に設けてその機能が確保できる場合はもちろんのこと，令第39条を適用すれば土砂吐き又は舟通しの機能が確保できるときは，令第37条ただし書の「河床の状況により流下断面内に設けることがやむを得ないと認められる場合」に該当しないものである．

② 令第39条第1項の表の第3欄に掲げる値は，土砂吐き又は舟通しであっても，これを満足していれば計画上有効河積，すなわち可動部(洪水吐き)として取り扱うことを規定したものであるが，本来あるべき土砂吐き又は舟通しの径間長を規定したものではない．

③ 用水の取入口が左右岸に設けられる場合において，土砂吐きが左右岸に設けられるときがあるが，令第39条の規定は，必ずしもそのことを妨げてはいない．可動部の一部を土砂吐き又は舟通しとしての効用を兼ねるものとする場合は，当該部分の径間数は必要最小限にとどめるべきである（課長通達12-(1)を参照）．

2．土砂吐き又は舟通しとしての効用を兼ねる部分以外の部分の径間長

(1) 令第39条第1項関係

本項に規定されているように，土砂吐き又は舟通しとしての効用を兼ねる部分以外の部分(以下において，兼用部分以外の部分という)の径間長は，原則として，土砂吐き又は舟通しとしての効用を兼ねる部分も含めた可動部全体の平均径間長が令第38条第1項に規定する径間長となるよう，令第38条第1項に規定する径間長より大きくしなければならないものである．なお，第1項の後段に「同条第2項に該当する可動堰の可動部を除き」とあるのは，これがないと，令第38条第2項を適用しようとする場合，可動部の一つが土砂吐き又は舟通しとしての効用を兼ねることとなるときは，令第39条の規定によって令第38条第2項の規定が実質生かされないこととなるため設けている．

(2) 令第39条第2項及び規則第19条関係

① 可動部の一部を土砂吐き又は舟通しとしての効用を兼ねるものとする場

合において兼用部分以外の部分の径間長が著しく大となり，ゲートの構造上適当でなく，かつ，治水上の支障がないと認められる場合は，令第39条第2項及び規則第19条の規定により，令第38条第1項，第2項又は第3項に規定する径間長まで縮小することができるものである．

② 令第39条第2項において「治水上の支障がないと認められる場合」とは，堰柱による河積の阻害率がおおむね10％を超えることとなること及びせき上げ水位が計画高水位を上回ることなどの治水上の支障がない場合をいうものである．

③ 令第39条第2項において「径間長が著しく大となり当該部分のゲートの構造上適当でなく」とは，規則第19条において，「効用を兼ねる部分以外の部分の径間長が計画高水流量に応じ，同条第1項の表の第4欄に掲げる値を10メートル以上超えることとなる場合」及び「ゲートの縦の長さと横の長さとの比の値が15分の1以下となる場合」としている．堰の可動部に用いられる引上げ式ゲートの場合，通常多段式のガーダー型，シェル型等を用いる例が多いが，これらのゲートの縦横比は，構造上できれば1/15程度，最悪の場合でも1/20程度にとどめるべきとされている．また，1段式のゲートの場合は構造上許される縦横比はせいぜい1/15程度であろう．このような観点から，規則第19条においては「ゲートの縦の長さと横の長さとの比の値が15分の1以下となる場合」と規定したものである．

④ 規則第19条ただし書は，本来令第38条第1項の定める径間長までの緩和が原則であるものを更に緩和する趣旨のものである．規則第19条の特例適用の前提条件である「10メートル以上超えることとなる場合」又は「15分の1以下となる場合」そのものを否定したものではないので注意されたい．

⑤ 規則第19条ただし書第2号において「令第39条第1項の規定による径間長に応じた径間数」とは，兼用部分以外の部分の径間数をいうものであり（課長通達12-(2)を参照），土砂吐き又は舟通しとしての効用を兼ねる部分を含めた全体の径間数のことではないので注意を要する．すなわち，本規定は規則第17条と同様1径間増やすことができるという趣旨のものである．

(可動堰の可動部のゲートの構造)
第40条　第10条第1項から第3項まで，第11条及び第12条の規定は，可動堰の可動部のゲートについて準用する．
2．前項に規定するもののほか，可動堰の可動部のゲートの構造の基準に関し必要な事項は，建設省令で定める．

(可動堰の可動部のゲートに作用する荷重)
規則第20条　第4条，第6条及び第7条の規定は，可動堰の可動部のゲートに作用する荷重について準用する．この場合において，これらの規定中「ダムの堤体」とあるのは，「可動堰の可動部のゲート」と，第4条第2項中「第2条第1項の規定により定めた設計震度」とあり，並びに第6条及び第7条中「第2条第1項又は第2項の規定により定めた設計震度」とあるのは，「第20条第2項に規定する設計震度」と，第4条第1項中「次の表の中欄に掲げる区分に応じ，同表の下欄に掲げる水位」とあるのは，「計画湛水位に風による波浪の影響等を勘案し必要と認められる高さを加えた水位」と，同条第2項中「令第5条第1項及び前項」とあるのは，「前項」と，第7条中「ダム」とあるのは，「可動堰」と，「ダムの非越流部の直上流部における水位」とあるのは，「計画湛水位」と読み替えるものとする．
2．可動堰の可動部のゲートの構造計算に用いる設計震度は，第2条第4項の強震帯地域，中震帯地域及び弱震帯地域の区分に応じ，それぞれ0.12，0.12及び0.10とする．
3．可動堰の可動部のゲートについては，第1項に規定するもののほか，必要に応じ，洪水時又は高潮時における動水圧その他のゲートに作用する荷重を計算するものとする．

1. ゲートの分類

ゲートには種々のものがあり，「ダム・堰施設技術基準(案)(基準解説編・マニュアル編)」((社)ダム・堰施設技術協会，平成11年3月)にならって分類すると，①ローラ形式(ローラゲート等)，②ヒンジ形式(ラジアルゲー

ト，フラップゲート，起伏ゲート，マイタゲート等)，③スライド形式(スライドゲート等)，④その他の形式（ローリングゲート等）となるが，可動堰の可動部（洪水吐き）のゲートは，引上げ式ゲート，起伏式ゲート及びその他の形式のゲートに大別される．引上げ式ゲートとしては，ローラゲート（二段ゲート，フラップ付きゲートのものを含む）が代表的なものである．起伏式ゲートとしては，鋼製転倒ゲート及びゴム引布製ゲートがある．一般に，鋼製転倒ゲートを使用した堰を鋼製起伏堰，また，ゴム引布製ゲートを使用した堰をゴム引布製起伏堰といい，これらを総称して起伏堰という．

2. 構造の原則

(1) 一般原則

堰のゲートについて，基本的な考え方はダムのゲートと変わらないので，ダムのゲートに関する構造の原則（令第10条第1項から第3項）を準用することとなっている．

① 令第10条第1項において「ゲートは，確実に開閉し，かつ，必要な水密性及び耐久性を有する構造とするものとする．」とあるが，堰の場合に「確実に開閉」する構造のものとは一般に，引上げ式のローラゲート（片づり形式のものは除く）及び起伏式ゲート（鋼製転倒ゲート及びゴム引布製ゲート）をいうものである．

② 令第10条（ゲート等の構造の原則）第2項において「ゲートの開閉装置は，ゲートの開閉を確実に行うことができる構造とするものとする．」とあるが，原則として，電動機（電動油圧式を含む）による構造のものとし，予備動力装置として自家発電装置を備えるものとする．ただし，非常に小規模な自動転倒式の起伏式ゲートや引上げ式ゲート等においては，開閉装置を，内燃機関又は手動の油圧ジャッキとすることができる．

なお，起伏式ゲートの場合には，必要に応じ，土砂等の夾雑による不完全倒伏を防止するための装置等を設けることが望ましい．

③ 令第10条第3項において「ゲートは，予想される荷重に対して安全な構造とするものとする．」とあるが，この点については後述する．

なお，本条でいう「可動部」とは，令第41条及び第42条の場合においても同様であるが，令第37条，第38条及び第39条でいう用途上の分類に

よる可動部をいうものではなく，構造上の分類による可動部をいうものであり，土砂吐き，舟通し等を含むものである．

(2) 予備ゲート

分流堰，潮止堰，取水堰等の可動堰にあって，年間を通じて操作を必要とする堰については，主ゲートの保守点検を行うための予備ゲート（角落としを含む）を1門以上設ける必要がある．なお，当該ゲートは，治水上支障のない適当な箇所に格納保管するものとする．

(3) 予備動力

従来，動力源としては市販電力を動力源としている例が多いが，中には台風時の停電等の事故により，ゲートの操作に長時間を要した事例もある．したがって，緊急時にあっても操作を確実にするため，可動堰には(1)で述べたように原則として予備動力装置として自家発電装置を備えるものとした．ただし，小河川に設ける堰で手動によっても操作の代行が十分可能な場合又は起伏式ゲート等で治水上の支障が特に小さいものについては特に配慮する必要がない．

3. ゲートに作用する荷重

ゲートに作用する荷重の種類や計算方法等設計基準的な内容のものについては，ダムに関して，令第11条（ゲートに作用する荷重の種類）及び第12条（荷重の計算方法）が定められており，堰のゲートについて，特にこれを準用しても差し支えないことから，本条の規定により準用することとしているものである．

ただし，堰のゲートに作用する荷重については，令第11条に規定する種類のものがすべてとは限らないものであり，省令として，規則第20条（可動堰の可動部のゲートに作用する荷重）第1項及び第3項の規定を定めたものである．

堰のゲートに作用する荷重についての詳細は，「河川砂防技術基準（案）同解説」等によることとされたい．なお，規則第20条第2項に規定する設計震度は，最低基準を定めたものであり，「河川砂防技術基準（案）同解説」等に定めるところにより，必要に応じ，地域特性，地盤特性等による割増しを行わなければならないものである（課長通達13-(1)を参照）．

4．起伏式ゲートの構造

起伏式ゲートの構造については，この章の終わりに他の構造基準と合わせて解説することとする．

（可動堰の可動部のゲートの高さ）

第41条　可動堰の可動部の引上げ式ゲートの最大引上げ時における下端の高さは，計画高水流量に応じ，計画高水位に第20条第1項の表の下欄に掲げる値を加えた値以上で，高潮区間においては計画高潮位を下回らず，その他の区間においては当該地点における河川の両岸の堤防（計画横断形が定められている場合において，計画堤防の高さが現状の堤防の高さより低く，かつ，治水上の支障がないと認められるとき，又は計画堤防の高さが現状の堤防の高さより高いときは，計画堤防）の表法肩を結ぶ線の高さを下回らないものとするものとする．

2．可動堰の可動部の起伏式ゲートの倒伏時における上端の高さは，可動堰の基礎部（床版を含む．）の高さ以下とするものとする．

1．一般的基準

引上げ式ゲートの最大引上げ時におけるゲートの下端の高さ（令第64条等において本条及び令第42条の規定を準用する場合は，橋の桁下高等と読み替える．この節及び次節において，橋の桁下高等を含めて「ゲートの下端の高さ」という）は，計画高水位との間に洪水時における流木等流下物の浮上高等を考慮して，しかるべき空間が必要であり，一般的には，現状又は計画堤防のいずれか高いほうに合わせなければならない．

しかし，次に記述するように，幾つかの例外的なケースがあるので注意を要する．

① 現状の堤防の高さが計画堤防の高さより高い場合であっても，河床掘削が完了していないことが多く，またたとえ河床掘削が完了していても，現状の堤防を計画堤防の高さまで切り下げ，現状の治水機能を低下させることは問題である．したがって，一般には，ゲートの下端の高さについても，現状の堤防の高さを下回ってはならないものである．しかし，局部的に現状の堤防の高さが高い区間で，仮に現状の堤防を計画堤防の高さまで切り

下げても治水上特に支障がないと認められる場合は，ゲートの下端の高さを計画堤防の高さに合わせて差し支えないものである．また，天井川を切り下げる計画である場合においては，通常切り下げ工事に合わせて堰（又は橋等）の改築を行うが，このようなときはゲートの下端の高さを計画堤防の高さに合わせてよい．しかし，河床の切り下げ工事が同時に行われないときは，いうまでもなく治水上の支障がある．本条第1項の「治水上の支障がないと認められるとき」とあるのは，このような趣旨によるものである．

② 令第20条（高さ）第1項のただし書を適用して計画堤防の高さが所定の高さより低く計画されている場合において，ゲートの下端の高さを堤防の高さに合わせたのでは，ゲートの下端の高さと計画高水位との間に必要な空間が確保できないこととなる．したがって，このような場合には，同条第1項の表の下欄に掲げる値以上の空間を確保するようにしなければならない．本条第1項において「計画高水位に第20条第1項の表の下欄に掲げる値を加えた値以上で」とあるのは，このような趣旨によるものである．

③ 実際の洪水に際し，河川の水位が計画高水位に達した状態で，ゲートの下端の高さと計画高水位との間の空間は，堤防の余裕高相当分では不十分ではないか，洪水による流木等流下物の浮上高は更に大きい場合もあるのではないか，という意見も強い．しかしながら，そのように考えられる場合は，流木等の特に多い河川に限定され，一般的には堤防の余裕高相当分で運用されているという実態を踏まえ，本条第1項の規定となっているものである．もちろん，流木等の特に多い河川においては，必要な値を増高すべきであるが，その値については，過去の実績による等客観的に十分説明できるものでなければならないものである．

④ 堤防の高さに合わせてゲートの下端の高さを決定する場合，両岸の堤防の高さが異なるときは，本条第1項に規定しているように，「両岸の堤防の表法肩を結ぶ線の高さ」を基準に考えればよいものである．

2. **高潮区間の取扱い**

高潮区間においては，本条第1項に「計画高潮位を下回らず」とあるように，ゲートの下端の高さを必ずしも堤防の高さに合わせる必要はないもので

ある．一般に，高潮区間では，計画高水流量の流下のための計画高水位は計画高潮位より相当低く設定されており，ゲートの下端の高さを計画高潮位に合わせてもなお計画高水位との間には十分な空間があるので，洪水疎通に対しては特段の支障がない．しかし，高潮と洪水とがほぼ同時に生起した実績を有するような河川にあっては，洪水の流下に支障のない高さをゲートの下端の高さとすべきは当然のことであろう．本条第1項を適用する場合，ゲート（又は橋桁等）の構造については，高潮による波圧等に対して安全なものでなければならず，その安全性については十分な検討を行う必要があるものである．構造上十分安全であれば，高潮に対する消波効果が期待できるので，今後の計画論上の課題として，例えば消波橋梁という考え方もあろう．しかし，洪水疎通に十分余裕があるからといって，ゲートの下端の高さをあまり低くすると浮力及び流下物による影響等構造上の問題のほか付近の河川管理施設に与える影響もあって，本項では，計画高潮位を下回ってはならない規定となっている．

（可動堰の可動部の引上げ式ゲートの高さの特例）

第42条　背水区間に設ける可動堰の可動部の引上げ式ゲートの最大引上げ時における下端の高さは，治水上の支障がないと認められるときは，前条第1項の規定にかかわらず，次に掲げる高さのうちいずれか高い方の高さ以上とすることができる．

一　当該河川に背水が生じないとした場合に定めるべき計画高水位に，計画高水流量に応じ，第20条第1項の表の下欄に掲げる値を加えた高さ

二　計画高水位（高潮区間にあっては，計画高潮位）

2．地盤沈下のおそれがある地域に設ける可動堰の可動部の引上げ式ゲートの最大引上げ時における下端の高さは，前条第1項及び前項の規定によるほか，予測される地盤沈下及び河川の状況を勘案して必要と認められる高さを下回らないものとする．

1. 背水区間の取扱い

(1) 背水区間の特例

　支川の背水区間では，高潮区間が海（高潮）の影響を受けるのと同様に，本川の水位の影響を受けるので，計画高水位は，本川の計画高水位以上の高さに設定している．したがって，一般的には，支川の洪水流下に対しては，十分流下能力に余裕があり，ゲートの下端の高さ（前節と同様橋の桁下高等を含む．以下同じ．）を計画高水位に合わせても支障はない．しかし，背水区間の上流端付近及び支川の計画高水流量が本川のそれに比べて著しく小さいとはいえない場合においては，ゲートの下端の高さを計画高水位に合わせたのでは，支川の洪水流下に支障を及ぼすおそれがあり，特例を適用することは問題がある（課長通達14-(1)を参照）．以下この点について説明する．

① 背水区間の上流端付近では，自己流量（支川の計画高水流量）によって計画高水位が定まっている区間（自己流水位（当該河川に背水が生じないとした場合に定めるべき計画高水位）が本川の計画高水位より高い区間）はもちろんのこと，本川の計画高水位より自己流水位が低い区間であってもその差の小さい区間においては，少なくとも，ゲートの下端の高さは，自己流水位に自己流の余裕高（支川の計画高水流量に応じて定まる堤防の余裕高）を加えた高さでなければならない．このような観点から，本条第1項においては第2号のほか第1号の規定が定められたものである．しかし，背水区間の上流端付近では，第1号及び第2号を満足してもなお不十分な場合があるので注意する．

　支川の計画高水流量が本川の計画高水流量に比べて著しく小さいときなど，背水計算を行わずに背水区間の計画高水位が定められている場合がある．すなわち，支川の自己流水位を等流計算によって求め，それと本川の計画高水位との高いほうを背水区間の計画高水位としている場合がある．この場合，第1号及び第2号の規定の適用に当たっては，厳密には，支川の洪水がピークのときの背水位が支川の自己流水位（等流計算による水位）にすり付く地点に注目する必要があり，当該地点が，自己流堤の高さ（自己流水位に自己流の余裕高を加えた高さ）と本川の計画高水位と交わる地点より上流となるおそれがある場合は，背水計算によって，そうはならな

いことを確認してからでないと特例を適用してはならない．特に，支川の河床勾配が非常に緩やかな場合にはこの点に注意する必要がある．本条第1項において「治水上の支障がないと認められるとき」とあるのは，一つにはこのような趣旨に基づくものでもある．

② 背水区間においては，上流端付近を除き，不等流計算による背水計算を行っても本川の計画高水位とほとんど変わらないことが多いこと，また，背水計算そのものが，支川の出水と本川の出水との組合せによって行う必要があるので，通常極めて不確定要素が多いこと，更には，背水区間の上流端付近で計画高水位より多少水位の高い区間が生じ得るとしても，背水区間の堤防の高さは本川の堤防の高さを下回らないよう定めることとなっていること等の理由から，背水区間の計画高水位は，先にも述べたように，本川の計画高水位と自己流水位（当該河川に背水が生じないとした場合に定めるべき計画高水位）のいずれか高いほうで設定している場合がある．しかし，計画高水位がこのように設定されている場合であっても，本条第1項の特例を適用するに際しては，次の点に注意する必要がある．すなわち，支川の計画高水流量が本川の計画高水流量に比べて著しく小さいとはいえない場合において，本川の水位が高いときに支川の洪水は，計画高水流量より小さい洪水であっても，背水区間の計画高水位若しくはそれに近い水位で流下することとなる．したがって，このような場合のゲートの下端の高さについては，第1号及び第2号を満足するだけでは不十分であって，計画高水位にしかるべき高さを増高しなければならないものである．

また，支川の計画高水流量が大きく，背水区間の計画高水位が，背水計算によって本川の計画高水位より高く定められている場合は，本条第1項の特例の適用はないものである．

本条第1項において「治水上の支障がないと認められるとき」とあるのは，①に述べたことのほか，このような趣旨に基づくものである．

背水区間の特例の適用に当たっての基本的考え方を上述したがこれらの運用指針を次に示すこととする．すなわち，「支川の計画高水流量が本川の計画高水流量に比べて著しく小さい場合」とは，支川の計画高水流量がおおむね $500\,\text{m}^3/\text{s}$ 以下の場合及び本川の計画高水流量のおおむね10％以下の

場合をいい，これ以外の場合は背水区間の特例はみだりに適用すべきでない．なお，この10％及び500 m³/sという数値は，あくまで運用上の目安であって，本川の洪水と支川の洪水との種々の組合せによる背水計算を行って，支川の流量がある程度大きい場合の背水位に自己流の余裕高を加えた高さが計画高水位を超えるおそれのない場合は，必ずしもこれらの数値にこだわる必要はない．

③ 特に流木等流下物の多いと認められる河川においては，背水区間の特例の適用はないものと考えるべきである．

(2) 背水区間の考え方

① セミバック堤の場合

背水区間とは，支川の水位が本川の水位の影響を著しく受ける区間のことであり，令第29条（背水区間の堤防の高さ及び天端幅の特例）第2項において「その高さと乙河川に背水が生じないとした場合に定めるべき計画高水位に，計画高水流量に応じ，令第20条第1項の表の下欄に掲げる値を加えた高さとが一致する地点から当該合流箇所までの乙河川の区間」と定義している．ここに，「その高さ」とは，令第29条第1項の本文の規定によって定められるバック堤（背水堤）の高さのことであるが，ここで注意しなければならないのは，セミバック堤（半背水堤）の場合においても，その高さで背水区間が定義されているということである．すなわち，同条第2項における背水区間の定義にあっては，同条第1項の本文の規定によって定まる高さ自体を問題にしているのであって，堤防の高さをその高さにするかどうかは，同条第1項の問題である．更にいい換えれば，セミバック堤は，本来バック堤で計画すべきところを，堤防の余裕高及び天端幅をバック堤の構造基準より低下させる補いとして合流点付近に逆流防止水門を設ける方式であり，バック堤による場合の背水区間そのものはそのまま残るものである．なお，令第29条第2項の「前項本文の規定により乙河川の堤防の高さが定められる場合においては」という言葉は，「天端幅を下回らないものとする．」にかかっている．背水区間は，バック堤の場合のみに存在するものではない．したがって，本条第1項に規定する背水区間の特例は，バック堤の場合のみならず，セミバック堤の場合に適用があるもの

である．

② 高潮区間の場合

　本条第1項の第2号に「高潮区間にあっては，計画高潮位」とあるのは，支川に防潮水門のない場合いい換えれば背水区間と高潮区間が同時に存在する場合を想定して書かれたものであり，支川に防潮水門があって，高潮時にはゲートを閉じて当該支川に高潮が生じないようにすることとなっている場合は，支川に設ける堰のゲートの下端の高さは，計画高潮位に合わせる必要はないものである．

2．地盤沈下地域の取扱い

　地盤沈下地域に設ける可動堰のゲートの下端の高さは，将来の地盤沈下を考慮して，令第41条(可動堰の可動部のゲートの高さ)第1項又は本条第1項に規定する高さに必要な高さを加算しなければならないものである．

　本条第2項において「河川の状況を勘案して」とあるが，河川の上流部は地盤沈下による堰や橋等の工作物の沈下と同時に計画高水位も下がると考えてよいので，そのような河川の区間にあっては，地盤沈下に対する考慮を要しないものである．これに対し，河川の下流部では，地盤沈下によって河床や堤防が沈下しても，計画高水位は，海の水位に左右されるため，あまり変化がないのが普通である．したがって，そのような場合にあっては，ゲートの下端の高さは，将来の地盤沈下を考慮して上げ越しをしておく必要がある．河川の下流部においても，ポンプ排水を主体とする内水河川については，ポンプの揚程に地盤沈下に対する余裕が考慮されていれば，河床や堤防の沈下に合わせて計画高水位も下げることができるので，そのようなときには，ゲートの下端の高さの上げ越しは必要がない．

　本条第2項において「予測される地盤沈下」とあるが，予測期間としては，施設の耐用年限を考慮すると，50年程度が適当であろうが，予測の精度等からみて適切な判断で行う必要がある．例えば橋については，将来橋桁をジャッキアップすることとして，10年程度の地盤沈下を見込むことも多く行われているが，先に述べたように，構造令は存続基準となっているので，ジャッキアップ方式を安易に採用することは避けるべきである．すなわち，ジャッキアップ方式を採用した場合は将来沈下が進行して所定の高さが不足するこ

ととなる時期においては，構造令違反とならないよう，直ちにジャッキアップを行わなければならない．構造上ジャッキアップが可能であっても，そのときになって，取付部の嵩上げが困難である等の理由から，現実にジャッキアップができないというようなことは許されないからである．しかし，そういった取付部の問題も考えて，将来のジャッキアップ等が十分可能であると認められたときは，将来の嵩上げ等を考慮して高さを定めて差し支えないものである．本条第2項において「必要と認められる」とあるのは，このような趣旨を含んでいるものである（課長通達14-(2)を参照）．

なお，本項の規定は，令第51条（水門のゲートの高さ等）第2項及び第64条（桁下高等）第1項で準用しているが，樋門の管理橋等改築が極めて容易な工作物については，特に地盤沈下に対する配慮をしなくても差し支えない場合もある．

（管理施設）
第43条 可動堰には，必要に応じ，管理橋その他の適当な管理施設を設けるものとする．

1．管理橋

可動堰の可動部（洪水吐き）が引上げ式ゲートである場合には，原則として，管理橋を設ける必要がある．

なお，いわゆる片づり形式のゲートは，応々にして開閉事故を生じやすい構造であるので，令第40条（可動堰の可動部のゲートの構造）の解説2-(1)①に述べたように，原則として設けてはならないものであるが，山間狭窄部等において治水上及び維持管理上の支障がないと認められるときは，設けて差し支えないものとされており，この場合は管理橋を設置する必要がないものである（課長通達15-(1)を参照）．この場合，治水上の支障があるかどうかについては，令第37条（流下断面との関係）の解説3-(2)に述べた山間狭窄部等に堰を設ける場合の考え方に従って検討を行わなければならない．また，維持管理については，例えば日常の点検等が十分行い得る状態であるかどうかを検討する必要がある．

管理橋の位置については，その堰の設置目的により維持管理等を考慮のう

え，ゲートの上流側に設置するか下流側に設置するかを検討するものとする．
管理橋の構造については，次に述べるとおりである．

(1) 管理橋の径間長

① 堰の管理橋は，令第 67 条（適用除外）第 2 項の「堰と効用を兼ねる橋」に該当するものであり，その径間長については令第 63 条（径間長）の適用がないものである．堰の管理橋は，堰柱を橋脚兼用として設置されるため，その径間長については堰の構造から定まるものであることから，このような取扱いになっている．

② 両端の堰柱間に設けられる管理橋の部分（以下において，兼用部分という）のほか，河岸又は堤防と直近の堰柱との間に設けられる管理橋の部分（以下において，兼用部分以外の部分という）についても，その径間長は，多くの場合堰の構造から定まるものであるので，「堰と効用を兼ねる橋」に含むものと解されている．

③ 複断面河道の低水路部分に堰が設けられる場合に，兼用部分以外の部分の長さが長くなり，高水敷に橋脚が設けられるときがあるが，このような

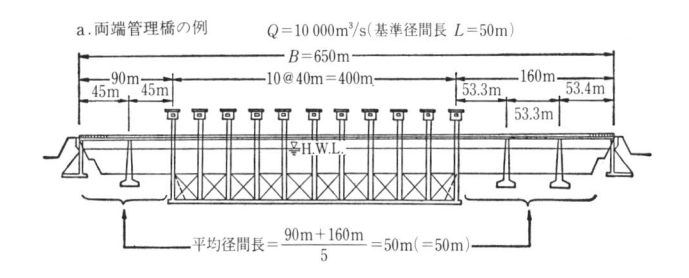

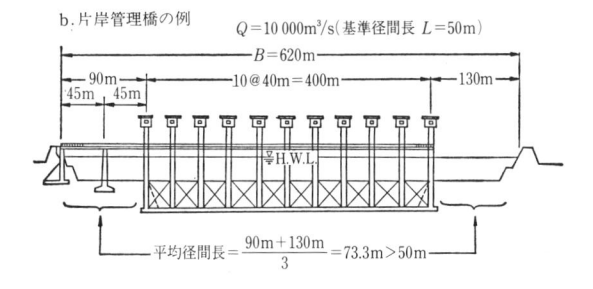

a. 両端管理橋の例　　$Q=10\,000\text{m}^3/\text{s}$（基準径間長 $L=50\text{m}$）

平均径間長 $= \dfrac{90\text{m}+160\text{m}}{5} = 50\text{m}\,(=50\text{m})$

b. 片岸管理橋の例　　$Q=10\,000\text{m}^3/\text{s}$（基準径間長 $L=50\text{m}$）

平均径間長 $= \dfrac{90\text{m}+130\text{m}}{3} = 73.3\text{m} > 50\text{m}$

図 5.12　堰の管理橋のスパン割の例

ときにおいては，極力令第63条に定める規定を準用するものとされている．したがって，河川計画上支障がないときは，低水路法線を多少修正してでも，兼用部分以外の部分の径間長を，令第63条第1項に規定する値以上とすることが必要である．

④　低水路法線の修正が困難で，それにより難いときは，両岸における兼用部分以外の部分の径間長の平均値が令第63条第1項の規定を準用して定まる径間長以上となるよう当該径間長を定めるものとする．この場合において，片側に管理橋がないときは，その部分を1径間とみなして平均値を算出することとしている（図5.12参照）．

⑤　以上の取扱いによっても，当該部分の径間長が80m以上になるときは，当該部分の管理橋の必要性，堰設置地点の変更，低水路法線の変更，引堤その他の当該部分の径間長が80m以上とならないための措置について種々検討のうえ，特にやむを得ないと認められる場合において，1径間増すこともやむを得ないものと考えられる．ただし，道路橋と兼用して設けられる管理橋その他設計荷重の特に大きい管理橋については，河積阻害率も考慮のうえ当該部分の径間長を定める必要がある（課長通達28を参照）．

(2) 管理橋の幅員等

堰の管理橋は，道路又は河川管理用通路と兼ねている場合もあるが，一般には，堰の維持管理のために必要なものである．したがって，堰の管理橋の幅員，設計荷重等は，他の目的と兼用される場合を除き，堰の維持管理上必要とされる適切なものでよいとしている（課長通達15-(2)を参照）．日常の点検整備又は操作のためだけであれば，幅員1.5～2m，設計荷重も200～300 kg/m^2 程度でよいが，一般には，河川の状況等から巻上げ機，門扉，操作盤等の維持・修理等（以下において，「巻上げ機の維持・修理等」という）の作業や予備ゲートの設置等のために，その都度河道内に仮設足場等を設けることが適当でない場合も少なくない．このため，重要区間（原則として計画高水流量がおおむね2 000 m^3/s 以上の区間をいう）にあっては，交換部品の搬出入又は交換作業，予備ゲートの設置等，堰の維持管理を考慮した，必要な幅員及び設計自動車荷重を満足する管理橋を設置し，その他の区間にあっては，河川の状況，堰の形式，規模及び管理体制等を総合的に勘案して，管理

橋の構造を定めることを基本とするものとする．一般に管理橋の幅員は3～3.5 m，設計自動車荷重は道路構造令(昭和45年政令第320号)第35条に規定していた14 t(特に大規模な堰にあっては20 t)程度とした事例が多い．ただし，管理橋が兼用道路の場合で，設計自動車荷重を改正した道路構造令(平成5年政令第375号)第35条第2項に規定する25 tとしている場合には，設計自動車荷重を25 t(橋の設計実務上は，総重量25 tfの大型車の走行頻度が比較的高い状況を想定したB活荷重と，低い状況を想定したA活荷重の二つに区分して適用しており，これを従来の活荷重との関係で見ると，A活荷重はTL-20荷重を，B活荷重はTT-43荷重をそれぞれ包括している)とする必要がある．また，河川管理上必要と認められる場合には設計自動車荷重を25 tとしてもよい．

巻上げ機の維持・修理等の際に必要となる交換部品は，交換等が可能な最小単位に分解して行うものとし，それらと予備ゲートのうち，最も重いものの搬出入又は交換作業等を行うことができる管理橋であればよい．交換部品のうち重いものとしては，ローラ，ドラム等が一般的であり，それらを交換するためには，それらを吊り込める移動式クレーン等が必要である．

(3) 管理橋の桁下高

桁下高については，令第67条(適用除外)第2項カッコ書の規定により，令第64条(桁下高等)の規定を適用することとしている．

2．警報設備等

可動堰及び土砂吐きゲートを有する固定堰においては，直下流の区間及び操作に伴って水位等が著しく変動する区間に警報設備を設ける必要があり，堰の直下流400～500 m程度の範囲及びゲート等の操作ないしは自動倒伏により30分間で30 cm以上水位が上がる区間には基本的に警報設備を設置するものとする．堰の湛水区間で船等の利用がなされている場合も警報設備の設置が必要である．

なお，前記の堰の直下流の区間を監視するため，必要に応じてCCTV設備の設置が基本的に望ましい．

> (護床工等)
> 第44条　第34条から第35条の2の規定は，堰を設ける場合について準用する．

> (堰の設置に伴い必要となる護岸等)
> 規則第22条　第16条及び第16条の2の規定は，堰の設置に伴い必要となる護岸及び魚道について準用する．この場合において，第16条及び第16条の2中「床止め」とあるのは，「堰」と読み替えるものとする．

1．護床工

　堰を設置した場合には，上下流河床と堰部分の粗度の違い又は堰柱の縮流による流水変化あるいは堰のゲートからの越流水等によって河床が洗掘されるのを防止するため，水叩き又は護床工を設ける必要があるが，その長さについては，水理現象が複雑であるため統一的な基準が定めにくく，河川の状況により模型実験又は水理計算等により個別に検討を行うこととしている．

　なお，護床工の種類の選定及び配置に当たっては，構造的に剛から柔へ，水理的な粗度係数の小から大へと漸変させ，その地点の河床になじむよう配慮する必要がある．

2．高水敷保護工

　堰が低水路部分のみに設けられる場合には，堰柱の背面付近及び堰上下流の取付護岸ののり肩付近はしかるべき範囲を屈とう性のある構造の高水敷保護工で保護する必要があるものであり，これについては令第34条(護床工及び高水敷保護工)の解説を参照されたい．

3．護岸等

① 堰の設置に伴い必要となる護岸については，令第44条及び規則第22条の規定に基づき規則第16条の規定を準用することとしており，これについては令第35条（護岸）の解説を参照されたい．

② 堰上流の湛水池に接する河岸又は堤防は，波浪による洗掘を受けたり，また常時湛水により堤内地への漏水によって，河岸又は堤防が弱体化するおそれがある．したがって，これらの影響を受ける区間においては必要に応

じ，護岸，漏水対策の措置を講ずるものとする．

4．魚　　　道

堰も床止めと同様に河川の低水路を横断して設置される工作物である．このため，床止めを設置するときの魚道の規定である令第35条の2の規定を，堰を設置するときにも準用することとしており，令第35条の2の解説を参照されたい．

> （洪水を分流させる堰に関する特例）
> 第45条　第37条及び第41条の規定は，洪水を分流させる堰については，適用しない．

派川や放水路等の分派点に設ける分流堰は，治水計画上の計画分流比を確保するために断面を計画的にしぼらなければならない場合が多く，その目的に応じ個々にその構造（特に敷高及びゲートの下端の高さ）を定める必要がある．したがって，令第37条（流下断面との関係）及び第41条（可動堰の可動部のゲートの高さ）の規定は，当該堰になじまないため，適用除外としたものである．

> （可動堰の可動部が起伏式である場合における可動部の径間長の特例）
> 規則第18条　令第38条第5項に規定する場合における可動部の径間長は，同条第2項に該当する場合を除き，ゲートの直高が2メートル以下の場合は，ゲートの縦の長さと横の長さとの比の値が10分の1となる値（15メートル未満となる場合は，15メートル）以上とすることができる．

> （可動堰の可動部が起伏式である場合におけるゲートの構造）
> 規則第21条　可動堰の可動部が起伏式である場合におけるゲート（潮止めをその設置の目的に含む堰のゲートを除く．）の構造の基準は，前条に規定するもののほか，次に定めるところによるものとする．
> 一　ゲートの起立時における上端の高さは，計画横断形に係る低水路の河床の高さと計画高水位との中間位以下とすること．ただし，ゲ

ートを洪水時においても土砂，竹木その他の流下物によって倒伏が妨げられない構造とするとき，又は治水上の機能の確保のため適切と認められる措置を講ずるときは，ゲートの起立時における上端の高さを堤内地盤高又は計画高水位のうちいずれか低い方の高さ以下とすることができる．
二　ゲートの直高は，3メートル以下とすること．ただし，ゲートを洪水時においても土砂，竹木その他の流下物によって倒伏が妨げられない構造とするときは，この限りでない．

起伏堰の構造について

1. 起伏堰のゲート

起伏堰のゲートの種類及び構造原則については令第40条(可動堰の可動部のゲートの構造)の解説1及び2-(1)に述べたとおりである．

2. 起伏堰の設置について

起伏堰は，その工事の簡易，低廉，横断構造物としての河川流水の阻害の僅少など，引上げ式ゲートに比して幾つかの優位性を認めることができる．一般に堰高及び堰長が設置箇所の河積，河幅等に比して十分小さい場合及び河積に十分余裕のある場合については起伏堰の設置が有利となる．また，洪水の到達時間等からみて，引上げ式ゲートでは出水時の的確な開閉が期し得ない場合については，一般に起伏式ゲートを用い，自動開閉式とすることが望ましい．更に，渇水時以外は常に倒伏させておく潮止堰等，出水時における不完全倒伏の懸念の全くない場合は起伏式とすべきである．

起伏堰には，ゴム引布製ゲートを使用したゴム引布製起伏堰（通称ラバーダム）と鋼製転倒ゲートを使用した鋼製起伏堰がある．

(1) ゴム引布製起伏堰

ゴム引布製起伏堰は袋状の合成ゴム製のゲートを有し，袋体を水又は空気によって起伏させる型式の堰をいうものである（図5.13参照）．

ゴム引布製起伏堰は，規則第21条第1号及び第2号の「ゲートを洪水時においても土砂，竹木その他の流下物によって倒伏が妨げられない構造」として取り扱っている（「河川管理施設等構造令施行規則の一部改正について」平

図 5.13 ゴム引布製起伏堰

成 3.7.18 建設省河政発第 54 号，建設省河治発第 43 号による水政課長，治水課長通達（以下「平成 3 年課長通達」という）1 を参照）．ただし，水位や流量を制御するような堰高操作を必要とする機能については十分でないことや，倒伏時に袋体上に多量の堆砂が生じた場合には起立操作が不可能となる場合があることに留意する必要がある．なお，堰下流側に堆砂が生じる場合は不完全倒伏のおそれがあるため，規則第 21 条のただし書を適用してはならない．ゴム引布製起伏堰の設計方法については，「ゴム引布製起伏堰技術基準（案）」（建設省河川局治水課監修，（財）国土開発技術研究センター発行，平成 12 年 9 月）に準拠すること．

(2) 鋼製起伏堰

① 鋼製起伏堰はその構造上，出水時の不完全倒伏が懸念されてきたが，近年の技術開発により，不完全倒伏を回避するための措置が可能となったため，鋼製起伏堰についても，規則第 21 条第 1 号及び第 2 号の「ゲートを洪水時においても土砂，竹木その他の流下物によって倒伏が妨げられない構造」として取り扱えるものとした（平成 3 年課長通達 1 を参照）．なお，堰下流側に堆砂が生じる等，不完全倒伏のおそれがある場合は，規則第 21 条のただし書を適用してはならない．鋼製起伏堰の設計方法については，「鋼製起伏ゲート設計要領（案）」（鋼製起伏ゲート検討委員会編集，（社）ダム・堰施設技術協会発行，平成 11 年 10 月）に準拠すること．

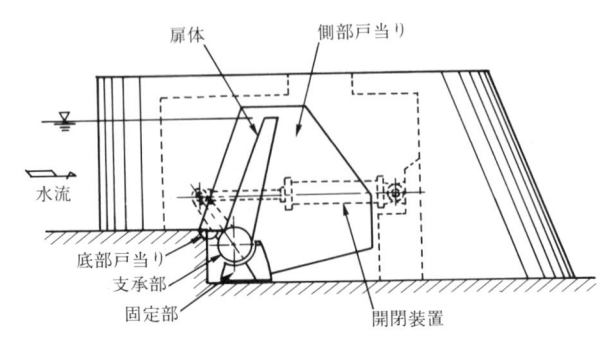

図 5.14　起伏堰の構造の例

3. 起伏堰の径間長

① 起伏堰は，通常の場合，ゲートの高さが比較的低く，また自動転倒方式又は遠隔操作による転倒方式をとることによって，堰柱は，洪水時に水没しても支障がなく，幅もさほど大きなものとはならない．

　したがって，起伏堰の洪水流下に与える影響は，引上げ式の堰に比べて小さい．更に，起伏堰のゲートは，径間長をあまり大きくすると，ゲートの縦横比が小さくなり，構造上の問題が生じてくる場合がある．

　このような観点から，令第38条（可動堰の可動部の径間長）第5項及び規則第18条を定めており，計画高水流量が 500 m³/s 以上の区間については，ゲートの縦横比に応じて径間長は大幅に緩和している．なお，多径間のゴム引布製起伏堰の場合は，堰柱付近の袋体の未倒伏による河積阻害が生じるため，堰柱及びその付近の未倒伏部分を無効河積として，せき上げ水位の影響について検討を行う必要があり，場合により河積拡大の措置を講ずる必要がある．

② 堰，橋等河川を横過して設けられる施設の径間長については，たとえ小河川であっても，原則的には15 m以上が望ましく，最低の場合でも12.5 mはないと流木等流下物の閉塞の可能性が高くなり計画上到底有効断面とは考えられない．起伏堰についても，たとえ堰柱の高さが低くても出水の初期には流下物の閉塞の可能性が高いので，径間長は最低の場合でも12.5 mより小さくは緩和できないものであり，できれば15 m以上が望ましいという考え方は変わらない．

計画高水流量が 500 m³/s 未満の区間については，既に令第 38 条（可動堰の可動部の径間長）第 2 項において 12.5 m まで緩和されているので，規則第 18 条では「同条第 2 項に該当する場合を除き」としたものである．起伏堰であることによって緩和が必要な場合は，計画高水流量が 500 m³/s 以上の区間の場合である．

③　計画高水流量が 500 m³/s 以上の区間については，令第 38 条第 1 項に規定しているように，本来径間長は 20 m 以上でなければならないものであるから，起伏堰であることによる緩和についても，最低の 12.5 m ではなく，せいぜい 15 m にとどめておくべきである．規則第 18 条の「15 メートル未満となる場合は，15 メートル」とあるのは，以上のような趣旨によるものである．

④　起伏堰のような一段ゲートの縦横比は，構造上，できれば 1/10 以上，最悪の場合でも 1/15 以下になってはならないとされている．起伏堰については，①で述べたように，引上げ式の堰に比べて，堰柱による流水阻害は小さいという点を考慮すれば，径間長は，ゲートの構造上できるだけ好ましい縦横比（1/10）まで緩和して差し支えないものと考えられる．逆に，構造上ゲートの縦横比に余裕があれば，できるだけ大きい径間長が望ましいことはいうまでもないことであり，ゲートの縦横比が 1/10 となる径間長より小さい値まで緩和することは適当でない．

　このような観点から，規則第 18 条において「ゲートの縦の長さと横の長さとの比の値が 10 分の 1 となる値以上とすることができる．」としている．なお，規則第 18 条において，縦横比はゲートの寸法で計算するものであり，横の長さと径間長とは異なるので注意されたい．

⑤　計画高水流量が 500 m³/s 以上 2 000 m³/s 未満の場合，令第 38 条（可動堰の可動部の径間長）第 1 項に規定する径間長は 20 m 以上である．一方，ゲートの直高が 2 m のときにゲートの縦横比が 1/10 となる径間長は，20 m である．したがってゲートの直高が 2 m を超えるときは，規則第 18 条の緩和規定の適用はない．

4．ゲートの起立時の上端高さ及び直高

規則第 21 条第 1 号及び第 2 号の規定は，昭和 51 年の構造令制定当時には

堰下流側の堆砂等によりゲートの不完全倒伏のおそれが懸念されていたため、それぞれ「ゲートの起立時における上端の高さは、計画横断形に係る低水路の河床の高さと計画高水位との中間位以下としなければならないこと。ただし、治水上の機能の確保のため適切と認められる措置を講ずるときは、ゲートの起立時における上端の高さを堤内地盤高又は計画高水位のうちいずれか低い方の高さ以下とすることができる。」及び「ゲートの直高は3m以下とすること。」とされていた。しかしながら、その後の技術開発によりゲートの不完全倒伏を回避するための措置が可能となったこと及び製作技術が向上してきたことにより、平成3年にゴム引布製起伏堰のうち、「ゴム引布製起伏堰技術基準（案）」に準拠して設計されるものについては規則第21条第1号及び第2号ただし書の「ゲートを洪水時においても土砂、竹木その他の流下物によって倒伏が妨げられない構造」として取り扱うこととした。更に、平成11年には鋼製起伏堰のうち「鋼製起伏ゲート設計要領（案）」に準拠して設計されるものについては、規則第21条第1号及び第2号ただし書を適用できるものとしている（平成3年課長通達1を参照）。

　この規則の趣旨及びただし書適用の際の考え方について以下に説明する。
① 堰下流側の堆砂等により不完全倒伏が懸念される起伏堰は、万一不完全倒伏という事態が起こってもそれが直ちに災害に結びつかないようにあらかじめ配慮しておくことが肝要である。

　このような観点から規則第21条第1号の規定が定められているものであり、ゲートが全く倒伏しなかった場合においても、ゲートの上端から計画高水位までの間に計画水深の1/2以上の水深が確保されていれば、計画高水流量の80％程度は流下が期待できるであろうとの考え方がその基礎となっているものである。

　少なくとも掘込河道又はそれに近い河道の場合には、余裕高及び堤内地盤からの堤防の高さを考慮すれば、規則第21条第1号の規定を満足している限りゲートが倒伏しなかった場合においても災害発生のおそれはないと考えられる。一般の有堤区間に起伏堰を設ける場合は、河川の状況、地形の状況等を勘案のうえ、ゲートが倒伏しなかった場合における治水上の影響について検討を行い、起伏堰設置の可否又はゲートの高さを決定する必

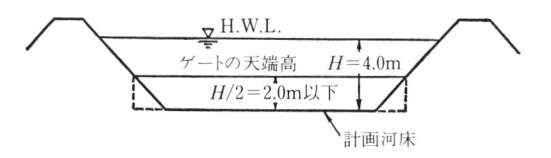

図 5.15 起伏式ゲートの天端高

要がある．

このように，規則第21条第1号の適用については，起伏堰の設置場所との関連が特に強いものであり，設置場所のいかんによっては，ゲートの高さは計画河床と計画高水位との中間位より更に低くしなければならないものである．

しかしながら，近年，ゴム引布製起伏堰は操作機構が単純であるため倒伏の信頼性が高いこと，また，鋼製起伏堰は扉体背面の床版構造の改良，排砂装置の設置，耐腐食・耐久性のある鋼材の採用等により不完全倒伏を防止することが可能となっていることから，ゴム引布製起伏堰については「ゴム引布製起伏堰技術基準（案）」に，鋼製起伏堰については「鋼製起伏ゲート設計要領（案）」にそれぞれ準拠して設計されるものについては，第1号ただし書にある「ゲートを洪水時においても土砂，竹木その他の流下物によって倒伏が妨げられない構造」として取り扱うこととしている．

② 掘込河道の場合，現状の河床をかなり掘り込む計画であることが一般的であるが，そのため，同号本文に基づき起伏堰を設置しようとした場合，堤内地盤高との関係から起伏堰の設置地点を既存の位置から相当上流に移さなければならないという場合がある．

そのような場合において，用水路の用地補償の問題等からやむを得ず起伏堰の設置地点を少しでも既存の位置に近づけることとしてゲートの高さを計画河床と計画高水位の中間位より高くするときがある．第1号ただし書における「治水上の機能の確保のため適切と認められる措置」とは，このようなときのために設けられたものである．いい換えれば同号本文に定める規定に基づいて起伏堰を設置する場合と同等以上の治水上の機能を確保するための措置のことであり，具体的には，ゲートが倒伏しない状態で，計画高水流量が流下するものとした場合におけるせき上げ水位と河岸又は

堤防の高さとの差が，同号本文の規定に基づいてゲートを設けると仮定したときのものと同等以上の値となるよう，堤防を嵩上げ又は川幅を拡幅すること等をいうものである．

　この場合において，河岸又は堤防の嵩上げについては，原則として，0.6m以下とするものとし，これを超えることとなる場合は，ゲートの高さを再検討するか又は川幅の拡幅，引堤について検討するものとしている（課長通達13-(2)を参照）．

③　規則第21条第2号のゲートの直高については，昭和51年構造令制定当時のゲートの製作技術等を考慮して3m以下と定められたものである．しかしながら，近年，大型扉体の設計・製作技術の向上，油圧技術の進歩等によって3m以上のゲートの製作が可能となり，前述したように不完全倒伏の懸念も少なくなったことから，ゴム引布製起伏堰については「ゴム引布製起伏堰技術基準（案）」に，鋼製起伏堰については「鋼製起伏ゲート設計要領（案）」に準拠して設計されるものについては，第2号ただし書にある「ゲートを洪水時においても土砂，竹木その他の流下物によって倒伏が妨げられない構造」として取り扱うこととしている．

5．起伏式ゲートの倒伏時の高さ

　令第41条（可動堰の可動部のゲートの高さ）第2項の規定は，ゲートの倒伏時における上端の高さは計画河床以下にする趣旨であるが，土砂等の夾雑物による不完全倒伏の事態が予想される場合には，必要最小限度の落差を付けることが好ましい．

　計画縦断形がそのようになっていないときには，令第37条（流下断面との関係）の解説2-(2)④で述べたように必要に応じ，計画縦断形を変更すべきである．

第6章　水門及び樋門

第46条　構造の原則
第47条　構　　造
第48条　断　面　形
第49条　河川を横断して設ける水門の径間長等
第50条　ゲート等の構造
第51条　水門のゲートの高さ等
第52条　管理施設等
第53条　護　床　工　等

第6章　水門及び樋門

　水門及び樋門とは，河川又は水路を横断して設けられる制水施設であって，堤防の機能を有するものをいう．

　水門及び樋門と堰との区別は，堤防の機能を有しているかどうかで定まる．ゲートを全閉することにより洪水時又は高潮時において堤防の代わりとなり得るものは，水門又は樋門である．洪水時及び高潮時において，ゲートを全開又は一部開放する計画であり，かつ，ゲートを全閉する計画のないものは，堤防の代わりとなり得ないので堰である．例えば，河口付近に河川を横断して設けられる高潮の遡上を防止するための施設は，河口堰と外見はほとんど変わらなくても，水門（防潮水門）である（図6.1参照）．洪水時にゲートを全開することは当然であるが，高潮時にはゲートを全閉することにより当該施設が防潮堤の機能を果たすこととなる．このような場合防潮水門の上流側には計画高潮位が設定されない．また，放水路等の分派点に設ける分流施設

図 6.1　百間川河口防潮水門

図 6.2 太田川放水路分派点（右側が祇園水門，左側が大芝水門）

には，堰と称すべきものと水門と称すべきものとがあるが，堰と水門とでは構造令の適用が異なるので，厳密に区別されなければならない．例えば，太田川放水路分派点に設けられている通称「大芝水門」及び「祇園水門」（図 6.2 参照）は，ともに計画高水流量を分流するため，計画高水流量が流下するときに，ゲートを全閉することにならないので，構造令では，分流堰として取り扱われ，令第 45 条（洪水を分流させる堰に関する特例）の規定に基づき令第 37 条（流下断面との関係）及び第 41 条（可動堰の可動部のゲートの高さ）の適用がないものである．また，荒川の隅田川分派点に設けられている岩淵水門は，計画高水流量の分流がないので水門でよいということになる．水門については，令第 49 条（河川を横断して設ける水門の径間長等）第 1 項及び第 51 条（水門のゲートの高さ等）第 2 項の規定に基づき，令第 37 条から第 39 条までの規定（堰に関する規定）及び第 41 条（可動堰の可動部のゲートの高さ）第 1 項の規定が準用されることとなっているほか，令第 51 条（水門のゲートの高さ等）第 1 項の適用がある．ただし，低水を分流するための水門については，令第 51 条第 2 項が適用除外になっておりまた当該地点に計画高水流量が設定されていないため令第 38 条及び第 39 条の適用がないので，結果的には令第 37 条及び第 51 条第 1 項の規定のみが適用される．

次に，水門と樋門の区別について述べる．当該施設の横断する河川又は水路が合流する河川(本川)の堤防を分断して設けられるものは水門であり，堤体内に暗渠を挿入して設けられるのは樋門である．従来，水門と樋門とは必ずしも厳密に使い分けられていたとはいえないようで，構造，形式とは無関係に，やや規模の大きいものは「○○水門」と固有名詞を付けている例が散見されるが，水門と樋門とでは構造令の適用が異なるので注意を要する．すなわち，水門については，令第49条(河川を横断して設ける水門の径間長等)第1項の規定に基づき令第37条から第39条まで(第38条第5項を除く)の規定（堰に関する規定）が準用されるのに対し，樋門についてはそれらの規定を準用する必要はない．また，樋門については，その構造上，令第51条(水門のゲートの高さ等)第1項の規定が適用されないのは当然のこととして，同条第2項の規定の適用もない．通常，支川がセミバック堤（半背水堤）の場合は水門を採用し，自己流堤の場合は，樋門を採用する．

なお，構造令では，樋門と樋管の区別はなく，通常樋管と称しているものも樋門に含めて取り扱うこととしているので注意を要する．樋門と樋管との区別については，①大きさで分ける説(おおむね2m以内のものを樋管)，②連数で分ける説（1連のものを樋管），③構造で分ける説（ヒューム管等を鉄筋コンクリートで巻き立てたものを樋管），④形状で分ける説(円形のものを樋管) 等々があるが，本来，樋門と樋管とはその機能ないし設置目的に差異

図 6.3 樋門の例

はない．

> **（構造の原則）**
> 第 46 条　水門及び樋門は，計画高水位（高潮区間にあっては，計画高潮位）以下の水位の流水の作用に対して安全な構造とするものとする．
> 2.　高規格堤防設置区間及び当該区間に係る背水区間における水門及び樋門にあっては，前項の規定によるほか，高規格堤防設計水位以下の水位の流水の作用に対して耐えることができる構造とするものとする．
> 3.　水門及び樋門は，計画高水位以下の水位の洪水の流下を妨げず，付近の河岸及び河川管理施設の構造に著しい支障を及ぼさず，並びに水門又は樋門に接続する河床及び高水敷の洗掘の防止について適切に配慮された構造とするものとする．

1.　水門及び樋門本体

水門及び樋門の構造の詳細については「河川砂防技術基準（案）同解説」や，「柔構造樋門設計の手引き」（財国土開発技術研究センター，平成 10 年 11 月　山海堂）等の参考図書にゆずることとして，ここでは設置等に当たっての留意事項について述べておきたい．

(1)　設置に当たっての基本的な考え方について

水門及び樋門など，堤体内に異質の工作物が含まれると，漏水の原因となりやすく堤防の弱点となるおそれがある．また，操作や維持管理の面からも，水門及び樋門はできるだけ少ないほうがよい．治水，利水が河川の機能である以上水門及び樋門の設置を排除できないが，水門及び樋門の設置は必要やむを得ないものに限るべきである．水門をやむを得ず設置する場合は，水門の付近が堤防の弱点とならないよう，その構造及び施工について十分配慮する必要がある．また，樋門は函体周辺の堤防で空洞が発生し，堤防の弱点となりやすい．維持管理の問題もある．このため，①可能な限り既設のものと統廃合するものとする，②小規模な樋門（管径が 500 mm 以下）は，極力，通常，経済性に優れ，維持管理が容易な乗り越し構造に変える等の検討を行い，その上で樋門をやむを得ず設置する場合は，樋門の構造及び施工について十分配慮する等の対策が必要である．

なお，設置位置等の詳細については，「工作物設置許可基準」を参照されたい．

(2) 空洞化対策について

水門及び樋門においては，地震時に堤体との接触面である程度の空隙が生じることは避けられない．また，水門及び樋門と堤防とでは重量差があり，地盤に伝わる荷重が異なるため，水門及び樋門の沈下と堤防の沈下とは一般に差異があるが，このことによっても水門及び樋門と堤体との接触面には空隙が生じやすい．水門及び樋門と堤防との接触面に空隙が生じると，それが原因となって，漏水や堤防を構成する土粒子の移動が起こりやすく，これらの作用が繰り返され，空隙が拡大・進展し，連続した大きな空洞が形成される．これらの現象は，水門及び樋門の基礎が杭基礎である場合や，水門及び樋門に接続する堤防並びに基礎地盤の土質条件が悪い場合に特に顕著である．軟弱地盤上の支持杭形式の樋門において，空洞が原因となって大漏水が発生し，堤防が極めて危険な状態に陥った事例もある（図6.4参照）．

本条第3項において「付近の河岸及び河川管理施設の構造に著しい支障を及ぼさず」としているのは，このようなことから，水門及び樋門が堤防の弱点とならないよう，その構造について適切に配慮しなければならないという

図 6.4 支持杭形式の樋門の被災事例

趣旨である．

　基礎地盤が軟弱な箇所は，もともと堤防の最弱点部であり，安易に杭基礎構造の樋門を設置すると，前記の事例のように一連区間の堤防の安全度を著しく損なう．このため，樋門の新設・改築に当たっては，杭（先端支持杭及び摩擦支持杭）基礎以外の構造とするものとする．更に，樋門の構造形式は，基礎地盤の残留沈下量及び基礎の特性等を考慮して選定するものとし，原則として柔構造樋門（樋門の全体系を柔構造とし，基礎を柔支持とした考え方で設計した樋門の構造形式）とし（平成11年課長通達4を参照），加えて函体内部から空洞部の処置が行えるようグラウトホールを設置する必要がある．また，既設の杭基礎構造の樋門に継ぎ足す場合には，その機会を捉えて既設の部分について空洞化の調査・対策を行ったうえで杭基礎以外の構造で継ぎ足すことが重要である．なお，そのような箇所に樋門を設置した場合には，多大な地盤改良費を要するとともに，函体構造の複雑化により工費が著しく増加し，設置者にとっても著しく不経済・不利となる場合もあることから，設置位置の選定も慎重に行う必要がある．

(3)　施工について

　施工に当たっては，水門又は樋門本体周辺の埋め戻し（築堤）を特に入念に行わなければならない．すなわち，埋め戻しに当たっては埋め戻し箇所の残材，廃物，木くず等を撤去し，一層の仕上がり厚を30cm以下を基準とし，隣接箇所や狭い箇所においては小型締固め機械を使用し均一になるように仕上げなければならない．また，構造物周辺の水密性を確保しなければならない箇所に当たっては，埋め戻し材に含まれる石等が1箇所に集中しないように施工しなければならない．

(4)　高規格堤防設置区間における取扱いについて

　高規格堤防設置区間における水門及び樋門の取扱いについては，以下の事項に留意する必要がある（平成4年課長通達1-(4)を参照）．

①　高規格堤防設置区間及び当該区間の背水区間の水門及び樋門の構造計算は，設計における安定計算に用いる荷重条件をこれまでの計画高水位での静水圧としていたものを高規格堤防設計水位での静水圧に置き換えて検討するものであること．また，その場合の構造計算はゲートが全閉のケース

で行うものであり，強度に係る変更はあっても，基本形状の変更はないこと．
② 高規格堤防特別区域内での水門及び樋門の方向は，滑らかに通水され，土砂等の堆積のおそれがない限り，堤防法線に対して直角でなくてもよいこと．
③ 高規格堤防設置区間及び当該区間に係る背水区間に設置する樋門の最小断面は，内径1mとするものとすること．

(5) その他

堤内側の河川又は水路の河床と本川の河床とに落差があるような場合には，内水位が本川水位より高いときに水門又は樋門と堤防の接触面に沿って内水が堤外に浸透することがあるが，長年の間に水門又は樋門と堤防との接触面付近に大きな空隙が生じ，洪水時に突然堤防決壊を引き起こすこととなる場合もある．

したがって，このような場合には，内水の漏水についても十分留意する必要があり，堤内側の河川又は水路の取付護岸は必要な区間をしゃ水シートを有するコンクリート護岸等とするとともに，翼壁の接続部の水密性を保つよう心がけなければならない．

図 6.5 水深を確保した事例

2. 取付水路

水門及び樋門の取付水路については，構造令の規定がなく，「解説・工作物設置許可基準」を参照されたい．

なお，排水のための樋門ないしは水門を設置する場合で，これらから取付河川までの間で段差等が生じており，魚類等の移動のため必要があるときは，当該河川及びその接続する水路の状況等（必要な場合には関係者の意見を含む）を踏まえ，段差等の緩傾斜化，水深の確保（図6.5参照）等を実施することとしているので留意されたい．

（構　造）

第47条　水門及び樋門（ゲート及び管理施設を除く．）は，鉄筋コンクリート構造又はこれに準ずる構造とするものとする．

2．樋門は，堆積土砂等の排除に支障のない構造とするものとする．

1．材質について

古くに設けられた水門及び樋門には石積み等の構造のものがあるが，それらは，最も堤防の弱点となりやすい．本条第1項の規定は，それらを禁止するとともに，その他のものについても鉄筋コンクリート構造のものと同等の強度，止水性，耐久性等が確保されると認められない限り禁止するという趣旨である．鉄筋コンクリート構造のものは，本体が鉄筋コンクリートによって築造されるばかりでなく，しゃ水壁等が設けられる場合は，それらと本体とを一体構造とすることが容易である．

本条第1項中の「これに準ずる構造」には，プレキャストコンクリート管，鋼管及びダクタイル鋳鉄管を含むものとする（課長通達16-(1)を参照）が，遠心力鉄筋コンクリート管及びダクタイル鋳鉄管以外の鋳鉄管は，強度，耐久性等の面で問題があるので，基本的に使用しないこととしている．なお，鋼管はさびやすいため，採用する場合には防食についての検討が必要である．このほかに新しい材料として高耐圧ポリエチレン管，FRP管等の採用が考えられるが，構造的に解決すべき課題もあるため，今後のさらなる調査研究が望まれる．各構造形式の特徴や留意事項については，「柔構造樋門設計の手引き」を参照されたい．

2. 樋門の最小断面

従来,小口径パイプによる樋管に土砂その他の雑物が詰まった場合に,その排除の方途に窮している例が非常に多いことに鑑み,排水,取水を問わず小口径パイプによる樋管の断面を,排水又は取水の量に関係なく,しかるべき大きさのものにする必要があるとの観点から,本条第2項の規定を定めている.

堆積土砂等の排除に支障のない樋管の断面としては,基本的には内径1m以上でなければならない.ただし,樋管の長さが5m未満であって,かつ,堤内地盤高が計画高水位より高い場合においては,内径30cmまで小さくすることができる(課長通達16-(2)を参照).

なお,取水のための樋管において,堆積土砂等の排除に支障のない断面としたために過量取水のおそれのあるときは,所定の用水量以上に取水できないよう呑口又は吐口に適当な調節施設を設ける必要がある.

(断面形)

第48条 河川を横断して設ける水門及び樋門の流水を流下させる部分の断面形は,計画高水流量(舟の通行の用に供する水門にあっては,計画高水流量及び通行すべき舟の規模)を勘案して定めるものとする.

2. 前項の規定は,河川及び法第100条第1項の規定により市町村長が指定した河川(第77条において「準用河川」という.)以外の水路が河川に合流する箇所において当該水路を横断して設ける水門及び樋門について準用する.

---

1. 水門及び樋門の総幅員

① 従来設置されてきた樋門のなかには,支川の必要河積に対し断面形が著しく縮小されているものが見受けられる.これは,樋門の場合にもともと堤内地における内水の一時湛水を許容しているところから,本堤の安全性を主体にした考え方に基づくものであるが,現在では外水防御のみならず支川改修ないし内水対策も治水事業の重要な課題になっているので,樋門の断面形は,支川の計画高水流量に十分対応した大きさのものでなければならない.ことに,流木等流下物の影響を考慮すれば水門及び樋門の断面

形は十分な大きさを有していなければならないものである．近年，水門及び樋門の内のり幅の総和（この節において総幅員という）が支川の川幅（支川の計画高水位と堤防ののり面との交点間の距離）より小さくならないよう端ピアの位置を定めたこともあった．

しかし，樋門の断面形を大きくしすぎることは，樋門と堤防との接触面を必要以上に増すこととなり，本堤の安全上好ましくない．また河積が樋門部分で急拡すると，流速が緩くなり，土砂が堆積することもある．このように必要以上に過大な断面とすることは堤防の構造上又は水理上問題があるほか，工費も増大し経済上も問題であろう．

以上の相反する二面性の中で本条の規定が定められているが，水門及び樋門の断面形は，舟の通行の用に供する水門は別として，支川の計画高水流量を勘案して適切なものでなければならない．流下能力という点からいえば，水門及び樋門の流下断面積は，支川のそれと等しければよいと考えがちであるが，これを等値にして水門又は樋門の総幅員を決定すると，水門又は樋門の箇所で極端に川幅が狭くなることがあり，流木等流下物による影響及び縮流によるエネルギー損失のため洪水の円滑な疎通に支障をきたしかねない．第1項の「計画高水流量を勘案して」とあるのは，以上のような点を考慮し，水門及び樋門の断面形が過大になりすぎることを戒めるとともに，断面形が支川の河積と等値であればよいとする考え方をも戒めたものである．

② 本川の背水の影響を軽減する目的で設置する水門の端ピアの位置を次の方法によって定めることとしている（「河川砂防技術基準（案）同解説」を参照）．

　イ　水門設置地点における水門を設置しないときの当該河川の計画高水位以下の計画河道断面積が，水門断面積と比較して，1：1.3以内の場合には，両端部ピアの内側は，当該河川の計画高水位と堤防の交点の位置とする．

　ロ　上記の断面積の比率が1：1.3以上となる場合には，それが1：1.3となるまで水門の総幅員を縮小することができる．

　なお，樋門についてもこれに準じて断面形を決定することが望ましい．

図 6.6 高松川水門（菊川）

③ マリーナの外郭施設として設置される水門や舟運が見込まれる水門（図 6.6 参照）においては，令第 48 条のカッコ書に基づき，船の航行に支障を及ぼさない断面（幅員，ゲートの引上げ高，敷高等）とする必要がある．

2. 普通河川の計画排水量

第 1 項において「河川を横断して設ける水門及び樋門」とあるのは水門及び樋門に接続するものが法河川（法第 100 条第 1 項の規定により準用河川を含む）である場合に第 1 項の規定が適用されるという意味であるが，更に，本条第 2 項の規定により，水門及び樋門に接続する水路が，普通河川ないし農業用排水路等の場合であっても第 1 項の規定を準用することとなっているので注意されたい．第 2 項中「河川及び準用河川以外の水路」とは，水門及び樋門に接続する水路（支川）のことであり，「河川に合流する」とは本川（法河川のことであるが法第 100 条第 2 項及び令第 77 条の規定により準用河川を含む）に合流するという意味である．法河川及び準用河川以外の水路の場合，計画高水流量はむしろ計画排水量と呼ぶべきであるが，これは河川管理者が定めるべきものではなく，当該水路の管理者が定めるべきものであるのでこの点にも注意を要する．なお，その水路が法河川又は準用河川に指定される予定のあるときは，将来管理者となる予定の者との調整が必要であろう．

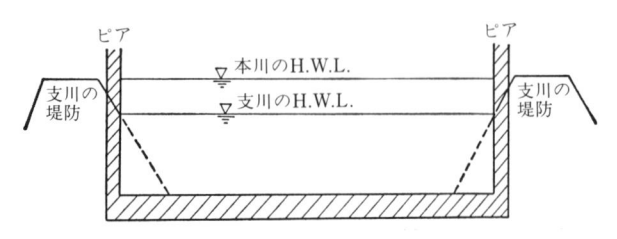

図 6.7　水門の断面説明図（流下断面積が 1 : 1.3 以内の場合）

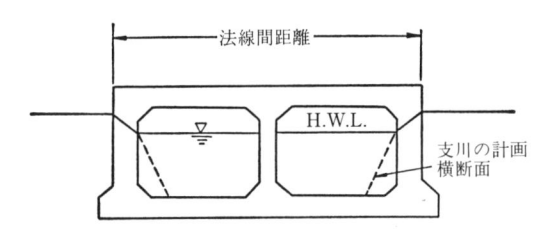

図 6.8　樋門の断面説明図（流下断面積が 1 : 1.3 以内の場合）

3．樋門の内のり高

樋門の内のり高については特に構造令の規定がないが，ここに標準的な取扱いを述べておきたい．

樋門の内のり高については，流木等流下物が特に多い場合を除き，樋門が横断する河川又は水路の計画高水位に，表 6.1 に掲げる値を加えた高さ以上とすることを標準とする．ただし，当該河川又は水路の計画高水流量が 20 m³/s 未満の場合は，計画高水流量が流下する断面の 1 割を内のり幅で除して得られる値以上とすることができる．

表 6.1　樋門の余裕高

項	計画高水流量（m³/s）	余裕高（m）
1	50 未満	0.3
2	50 以上	0.6

（河川を横断して設ける水門の径間長等）

第49条　第37条から第39条まで（第38条第5項を除く．）の規定は，河川を横断して設ける水門について準用する．この場合において，第37条中「可動堰の可動部（流水を流下させるためのゲート及びこれを

支持する堰柱に限る．次条及び第39条において同じ．)以外の部分(堰柱を除く．)及び固定堰」とあるのは，「水門のうち流水を流下させるためのゲート及び門柱以外の部分」と，第38条及び第39条中「可動堰の可動部」とあり，及び「可動部」とあるのは，「水門のうち流水を流下させるためのゲート及びこれを支持する門柱の部分」と，第38条第1項中「堰柱」とあるのは，「門柱」と読み替えるものとする．
2. 河川を横断して設ける樋門で2門以上のゲートを有するものの内法幅は，5メートル以上とするものとする．ただし，内法幅が内法高の2倍以上となるときは，この限りでない．

(水門の径間長の特例)

規則第23条　第17条及び19条の規定は，河川を横断して設ける水門について準用する．この場合において，第17条及び第19条中「可動部」とあり，及び第19条中「可動堰の可動部」とあるのは，「水門のうち流水を流下させるためのゲート及びこれを支持する門柱の部分」と読み替えるものとする．

1. 水門と流下断面との関係

河川を横断して設けられる水門については，令第49条第1項の規定により，令第37条（流下断面との関係）の規定が準用されることになっているので，令第39条（可動堰の可動部の径間長の特例）に定める基準に満たない土砂吐き及び舟通しは，原則として，現状及び計画の流下断面内に設けてはならない．敷高についても同様である．

2. 水門の径間長

河川を横断して設ける水門の径間長については，流木等流下物に対する配慮から令第49条第1項の規定が定められており，堰の径間長に関する規定(令第38条第1項から第4項までと令第39条)を準用することとなっている．

水門に接続する水路が法河川又は準用河川以外のものである場合は，「河川を横断して設ける水門」には該当しないので，令第49条第1項の適用はない．したがって，舟溜まり等のために設ける水門については構造令の適用がない．

また，流況調整河川の場合など低水流量のみを分流するための水門については，当該地点においては計画高水流量が定められないので，事実上構造令の適用はないこととなる．

なお，河川の分派点に設けられ，計画高水流量の一部が流下することとなるものについては，先に述べたように，分流水門ではなく分流堰として取り扱うべきであるが，いずれにせよ令第38条（可動堰の可動部の径間長）及び第39条（可動堰の可動部の径間長の特例）の規定が適用される．

3．樋門の内のり幅

樋門の門数が1連である場合には，令第48条（断面形）の規定に基づき支川の計画高水流量を勘案して適切な内のり幅を定めることとなり，同条の解説1-②で述べたように，その際には支川の川幅も考慮することになっているので，一般には流木等流下物の閉塞の心配はない．しかし，樋門の門数を2連以上に増やせば増やすほど，樋門の内のり幅が小さくなって，流木等流下物の閉塞の可能性が増大する．流木等流下物の閉塞は洪水の円滑な疎通を阻害するばかりでなく，樋門のゲートの開閉にも支障を及ぼしかねない．一般に，樋門は，自己流堤の場合に設けられ，湛水を許容する場合もあるので，水門の場合ほど流木等流下物の閉塞について厳格でなくてもよい．また，樋門の場合，ゲートの高さは水門に比べて一般にそれほど高くないので，内のり幅を水門の径間長並みとすれば，ゲートが横方向に極めて細長い形となり，高い水圧を受ける状態で開閉が必要となるゲートの可動機構に欠陥をきたして，「逆流防止」の機能に重大な支障をきたすおそれが強くなる．

以上の観点から定められたのが，令第49条第2項の規定である．いわば，これは流木等流下物に対する配慮とゲートの構造上の制約という相反する要素の調整を図った結果の基準である．したがって，水門の径間長又は橋の径間長に関する基準と比べて矛盾する点がないわけではないが，これはある程度やむを得ないことである．

第2項本文の規定は，河川を横断して設ける樋門でその門数が2連以上の場合において，その内のり幅を，ゲート構造上の制約から5mまで縮小できることを規定したものであるが，内のり高が内のり幅の1/2以下，いい換えれば，樋門の内のり幅が内のり高の2倍以上となる場合には，樋門自体の構

造上問題が生ずることとなるので，ただし書の緩和規定が設けられている．しかしながら，このただし書の適用については，次の点に留意するものとし，流木等流下物の閉塞が生ずるような事態は極力なくすようにしなければならない．

① 従来から，樋門の内のり幅が10m以上の場合は，この種の緩和は極力避けるべきとされている．10m以上の場合はむしろ樋門のクリアランス（余裕高）を大きくするなり樋門の鉄筋量を増やすなり樋門の設計に意を用いるべきである．

② 樋門の内のり幅が10m未満の場合にただし書を適用するときであっても，2連にとどめることが望ましい．

③ ただし書適用によって，樋門の連数を1連増やすときは，内のり幅を等値に分配するのを原則とする．

④ 従来の運用にかかわらず，令第49条第2項ただし書は，樋門の内のり幅が6m未満の場合にも適用できるものである．しかし，6m未満の場合であっても，①の後段に述べたような樋門の構造について検討を行い，容易に1連となり得るとき又は流木等流下物の閉塞によって治水上著しい支障があると認められるときは，みだりにただし書を適用すべきではない．

令第49条第2項の規定は，樋門に接続する水路が法河川又は準用河川以外の水路である場合には適用されないが，将来，河川又は準用河川にする予定のある水路にあっては，当該水路の管理者と協議して，本項に準拠して取り扱うことが望ましい（課長通達17を参照）．

（ゲート等の構造）

第50条　水門及び樋門のゲートは，確実に開閉し，かつ，必要な水密性を有する構造とするものとする．

2．水門及び樋門のゲートは，鋼構造又はこれに準ずる構造とするものとする．

3．水門及び樋門のゲートの開閉装置は，ゲートの開閉を確実に行うことができる構造とするものとする．

堰のゲートの構造については，令第40条(可動堰の可動部のゲートの構造)

第1項の規定により，ダムのゲートに関する規定（令第10条第1項から第3項まで，令第11条及び第12条）を準用することとなっているが，水門及び樋門のゲートの構造については，このような準用規定がない．これは，堰が河川を横断して設けられるのに対し，水門及び樋門は，河川とはいえない小規模な水路を横断して設けられるものも非常に多く，その規模は千差万別であり，極めて小規模な水門及び樋門のゲートについては，ある程度弾力的な取扱いが必要であるという事情によるものである．なお，大規模な水門及び樋門のゲートについては，必要に応じ，堰のゲートと同様に，ダムのゲートに関する規定を準用すべきは当然のことである．

(1) ゲートの形式

水門及び樋門のゲートには，引上げ式のローラゲート，引上げ式のスライドゲート，フラップゲート（図6.9参照），マイタゲート（合掌扉又は観音扉）（図6.10参照）等があるが，操作の確実な点では引上げ式のローラゲートが最も優れている．なお，引上げ式のスライドゲートは開閉荷重5tf程度以下の小断面の場合には適用することができる．また，フラップゲート及びマイタゲートは，わずかなごみ等の障害物がはさまること等によって不完全閉塞ないし開閉不能を起こしやすい．しかし，フラップゲート及びマイタゲートは，必ずしも人工的な操作を要しないという特長を有している．したがって，感潮区間に設ける排水樋門等においては，入退潮に併せて1日4回の開閉操作を行うのは実際上非常に大変であるので，サービスゲートとして，フラップゲート又はマイタゲートを用いることが多い．また，中小河川で出水頻度が多く，かつ，出水時間の早い場合にも，フラップゲート及びマイタゲート採用のメリットは捨て難いものがある．

本条第1項において「水門及び樋門のゲートは，確実に開閉し」とあるが，確実に開閉するゲートとして引上げ式のローラゲートが最も望ましいとしても，フラップゲート及びマイタゲートを確実に開閉するゲートではないと決めつけることはできないであろう．上述のように，フラップゲート及びマイタゲートは，不完全閉塞を起こしやすいが，設置場所等によっては確実に開閉し得るものである．したがって，設置場所等について十分吟味して，不完全閉塞を起こすおそれがないと認められるときは，フラップゲート又はマイ

図 6.9　フラップゲート樋門の例

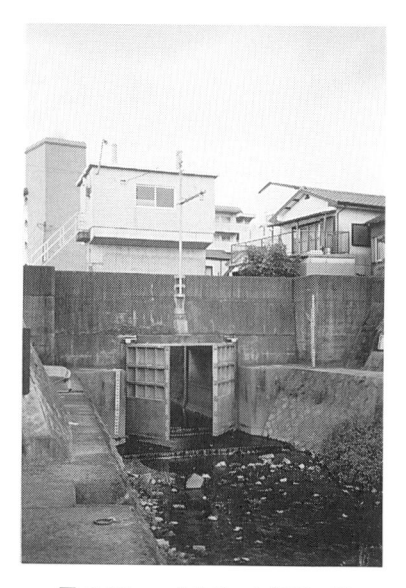

図 6.10　マイタゲート樋門の例

タゲートを主ゲートとすることができるものである．しかしながら，治水上重要な河川においては，最も確実な引上げ式のローラゲートの採用を原則とすべきであって，フラップゲート又はマイタゲートの採用は，次に示す条件を満足する場合に限定すべきである．
① 不完全閉塞を起こす可能性が非常に少なく，仮に，不完全閉塞が起こっ

たとしても，治水上著しい支障を及ぼすおそれがないと認められ，かつ，引上げ式のローラゲートとした場合に出水時の開閉操作にタイミングを失するおそれがあること，その他人為操作が著しく困難又は不適当と認められること．

② 水門及び樋門の構造が，川裏の予備ゲート又は角落とし等によって容易，かつ，確実に外水をしゃ断できる構造であること（課長通達 18 を参照）．

(2) ゲートの材質

本条第 2 項の規定は，水門及び樋門のゲートは，原則として，鋼製ゲートでなければならないことを表明したものである．本項の「これに準ずる構造」は，鋼製ゲートに期待される強度及び水密性と同等の強度及び水密性を有していると認められるステンレス製ゲート，アルミ製ゲート等である．

(3) ゲートの開閉装置

第 3 項の「ゲートの開閉を確実に行うことができる構造」とは，電動のものを想定している．水門（小規模な水門は除く）にあっては，原則として電動の開閉装置及び予備の動力設備を設置するものとする．

また，樋門及び小規模な水門にあっては，原則として電動の開閉装置及び手動の開閉装置を設置するものとする．人力による開閉は，一般に操作力がおおむね 10 kgf 以下で 10 分未満程度が限界であるので，これを常用の開閉方式とするのは小規模な樋門に限られる．

(4) 川表側の溝切り

川表側の胸壁部には幅 10 cm 程度の溝を設置する必要がある．万一のゲー

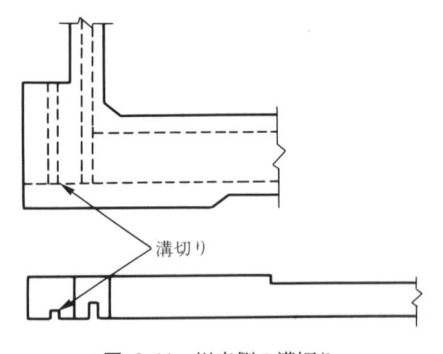

図 6.11 川表側の溝切り

トの不完全閉塞時には，この溝に角落としを設置するか，それが困難な場合には，杭等をひっかけ，その杭等に土嚢等をひっかけて，樋門を閉塞することができる（図6.11参照）．

(5) ゲートストッパーの設置

ゲートの全開又は上限位置において，ゲートが戸溝から脱落するおそれがあるものについては，停止機構（ストッパー）を設けるものとする．

（水門のゲートの高さ等）

第51条　水門のカーテンウォールの上端の高さ又はカーテンウォールを有しない水門のゲートの閉鎖時における上端の高さは，水門に接続する堤防（計画横断形が定められている場合において，計画堤防の高さが現状の堤防の高さより低く，かつ，治水上の支障がないと認められるとき，又は計画堤防の高さが現状の堤防の高さより高いときは，計画堤防）の高さを下回らないものとするものとする．ただし，高潮区間において水門の背後地の状況その他の特別の事情により治水上支障がないと認められるときは，水門の構造，波高等を考慮して，計画高潮位以上の適切な高さとすることができる．

2.　第41条第1項の規定は，河川を横断して設ける水門（流水を分流させる水門を除く．）のカーテンウォール及びゲートの高さについて，第42条の規定は，河川を横断して設ける水門のカーテンウォール及びゲートの高さについて準用する．この場合において，これらの規定中「可動堰の可動部の引上げ式ゲートの最大引上げ時における下端の高さ」とあるのは，「水門のカーテンウォールの下端の高さ及び水門の引上げ式ゲートの最大引上げ時における下端の高さ」と読み替えるものとする．

1.　水門のカーテンウォール又はゲートの天端高

本条第1項は，水門の有する「堤防の効用」を確保するための規定である．本項のカッコ書は，令第41条（可動堰の可動部のゲートの高さ）第1項のカッコ書と同じ趣旨のものである．

また，本項のただし書は，高潮区間に設けられる水門で，水門の背後が河川又は舟溜まり等高潮による波の越波が許容される場合の緩和規定である．しかし，この場合であっても，カーテンウォール又はゲートの天端高が計画高潮位より高くなければならないことはいうまでもないことであって，その高さは，背後地の状況に応じ水門の構造及び波高等を考慮して適切なものでなければならない．

2．水門のカーテンウォール又はゲートの下端高

① 本条第2項は，堰のゲートの引上げ高に関する規定（令第41条第1項，第42条）を水門のカーテンウォールの下端高又はゲートの引上げ高に準用する準用規定である．本項のカッコ書は，低水のみを分流する水門の場合の除外規定である．洪水を分流するものは，用語の定義で述べたように，分流水門ではなく分流堰として取り扱われるので，令第45条（洪水を分流させる堰に関する特例）の規定により，もともと令第41条（可動堰の可動部のゲートの高さ）第1項の規定の適用はないものである．

② なお，本項において，令第41条第1項を準用する場合の「当該地点における河川の両岸の堤防」とは，水門が横断する河川の堤防，いい換えれば水門背後の支川堤のことで，水門設置地点の直上流部の堤防をいうものとしている（課長通達19を参照）．

　水門背後の支川堤は，セミバック堤又は自己流堤のいずれかである．したがって一般に本川堤の高さに比し支川堤の高さが低いため，管理用通路の通行を考慮して取付通路が設けられるが，上記の「水門設置地点の直上流部の堤防」には，この取付部は含まれない．

③ カーテンウォールは，高潮区間の水門において計画高潮位と計画高水位との差が大きい場合等，ゲートの高さ（縦の寸法）を小さく費用を節約するために設けられるが，カーテンウォールの下端高は計画高潮位より低いので，カーテンウォールとゲートとの間の水密性には十分な配慮を払うよう注意しなければならない．

（管理施設等）
第52条　第43条の規定は，水門及び樋門について準用する．

2. 水門は，建設省令で定めるところにより，管理用通路としての効用を兼ねる構造とするものとする．

（管理用通路としての効用を兼ねる水門の構造）
規則第24条　令第52条第2項の管理用通路としての効用を兼ねる水門の構造は，次の各号に定めるところによるものとする．ただし，管理用通路に代わるべき適当な通路がある場合は，この限りでない．
一　管理橋の幅員は，水門に接続する管理用通路の幅員を考慮した適切な値とすること．
二　管理橋の設計自動車荷重は，20トンとすること．ただし，管理橋の幅員が3メートル未満の場合は，この限りでない．

1. 樋門の管理施設等

　水門及び樋門には，堰の場合と同様の考え方で管理橋その他の必要な管理施設を設けなければならない．令第52条第1項は，このことを規定した準用規定である．
　古い樋門（樋管を含む）の中には管理橋がなく，又はあってもその構造が適当でなく，本川の水位が上昇すれば操作台に人が近づくことができないような例が多い．また，排水を目的とする樋門にあっては，内水被害の関係からゲートを閉める時期が難しく，応々にして管理橋がないか又は構造が適当でない場合は，ゲートを閉める時期を失することとなり，堤内地に本川の水が逆流して洪水被害を生じさせることにもなりかねない．したがって，特に排水樋門については，適当な構造の管理橋が不可欠である．取水を目的とする樋門では，出水前にゲートを閉めることができるので管理橋は必要としないという主張もあるが，管理体制の問題もあって，やはり本川水位のいかんにかかわらずゲートの操作が可能でなければならず，通常の場合，排水樋門と同様にしかるべき構造の管理橋を設ける必要がある．
　ただし，単断面河道で護岸ののり勾配が垂直に近いような場合で，堤防天端付近に操作台が設けられ橋が不要な位置関係となる場合は，この限りでない．また，主ゲートがフラップゲート又はマイタゲートとなり得る場合にお

図 6.12 樋門の管理橋の例

図 6.13 水門の管理橋の例

いて，川裏側に予備ゲートとして引上げ式ゲートを設ける場合があるが，このような場合には必ずしも管理橋を設ける必要はない．

樋門の管理橋の構造については，令第67条第2項の規定によって令第64条（桁下高等）第1項ひいては第41条（可動堰の可動部のゲートの高さ）第1項が準用されることとなっており，管理橋の桁下高は堤防高以上でなければならないものとしている．

また，樋門には，ゲートの開閉装置の設置とゲートの操作に十分な広さを有するゲート操作台が必要である．ゲート操作台には，規模の大小を問わず

上屋を設けることが望ましい．更に，確実なゲート操作のため，川表側及び川裏側に水位標を必ず設置するとともに，必要に応じて，照明設備，操作員待機場，CCTVによる監視装置等を設置するものとする．

2．水門の管理施設等

令第52条第1項において準用する令第43条（管理施設）の規定においては，管理橋は必ず設けるものとはなっていないが，水門については，令第52条第2項の規定によって，必ず管理橋又はこれに代わる機能を有する施設を設けなければならないものである．古い水門には管理橋を設けていない例もあるが，水門管理の重要性を認識するとき，平時の点検整備，修理等はもちろんのこと，洪水時の不測の事故等に対処するために，更には河川の管理用通路として，水門には管理橋が不可欠のものといえよう．なお，上記において，これに代わる機能を有する施設と述べたのは，例えば大阪の安治川防潮水門（図6.14参照）等において，舟航に対するクリアランスを確保するため，ゲートをアーチ形とし，管理橋は水門下部工の監査廊を兼ねて地下道に代えた例があるが，このような場合を指してのことである．一般には，水門の場合，管理橋の設置は必須条件である．

また，水門には，ゲート操作台，上屋，川表側及び川裏側の水位計を設置するとともに，必要に応じて，照明設備，CCTVによる監視装置等の管理施設を設置するものとする．

3．水門の管理橋の構造

水門の管理橋の構造については，令第52条第2項の規定に基づき，規則第24条を定めている．

水門の管理橋の幅員は，原則として，規則第24条第1号に規定しているとおり，「水門に接続する管理用通路の幅員を考慮した適切な値」としなければならないものである．「管理用通路の幅員を考慮した適切な値」とあるのは，一般には管理用通路と同じ幅員とすることが多いと思われるが，堤防天端幅又は管理用通路の幅員が3mの場合であっても水門管理上の必要性に応じ3mを超える値としなければならないこともあり，また逆に堤防天端における管理用通路の幅員が5.5mを超える場合であっても，管理用通路の幅員にかかわらず水門の管理橋としては5.5m（2車線相当）の幅員が確保されておれば

256 第6章 水門及び樋門

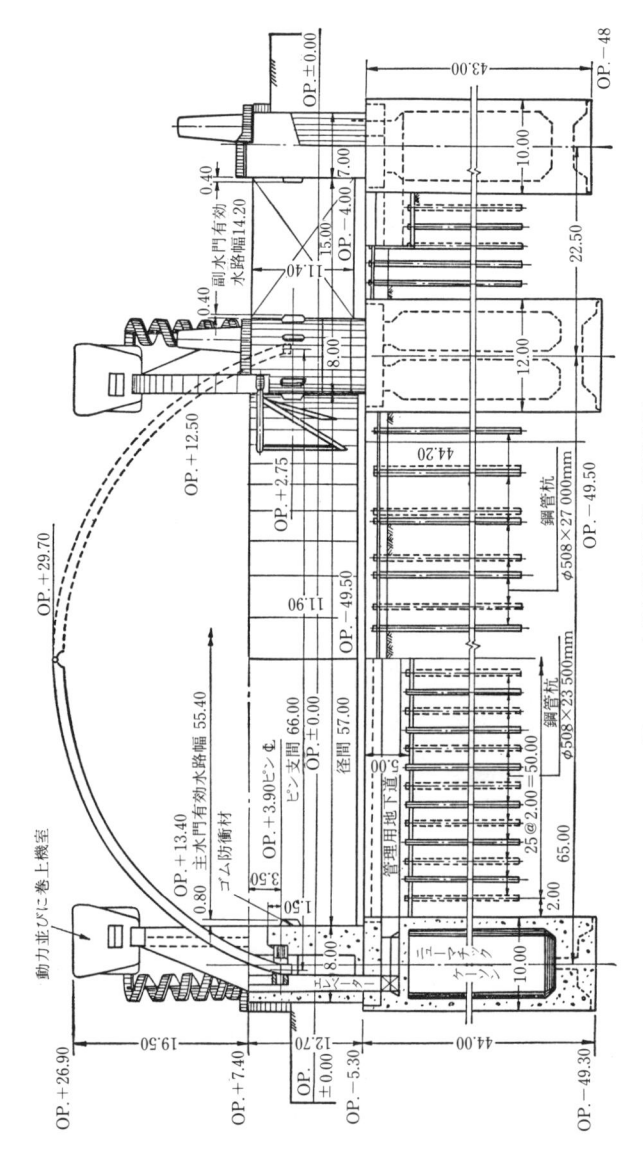

図 6.14 安治川防潮水門一般構造図

河川管理上の支障がないという考え方に立っている．

4．水門の管理橋の設計自動車荷重

水門の管理橋の設計自動車荷重は，原則として，規則第24条第2号に規定しているとおり，20tとする必要があるものである．ここに，20tとは，平成5年改正前の道路構造令（昭和45年政令第320号）第35条（橋，高架の道路等）第2項に規定する，いわゆるTL-20荷重のことである．第2号の規定は，水門に接続する堤防は水防道路としてTL-20荷重に十分耐え得るにもかかわらず，水門の管理橋だけそれに耐え得ないのは極めて不都合であるという考え方に基づき定めたものである．ただし，この値は最低基準値であり，水門に接続する堤防が兼用道路の場合で，設計自動車荷重を改正した道路構造令（平成5年政令第375号）第35条第2項に規定する25tとしている場合には，設計自動車荷重を25t（橋の設計実務上は，総重量25tfの大型車の走行頻度が比較的高い状況を想定したB活荷重と，低い状況を想定したA活荷重の二つに区分して適用しており，これを従来の活荷重との関係で見ると，A活荷重はTL-20荷重を，B活荷重はTT-43荷重をそれぞれ包括している）とする必要がある．また，河川管理上必要と認められる場合には設計自動車荷重を25tとしてもよい．なお，管理用通路は，規則第15条（堤防の管理用通路）のただし書又は規則第36条（小河川の特例）に規定されているように，必ずしも3m以上の幅員を有しているとは限らず，3m未満の幅員である場合もある．これらの場合においては，前記の趣旨から，管理橋の設計自動車荷重はTL-20荷重である必要はなく，水門の維持管理上必要な荷重でよいため，規則第24条第2号にはただし書を付している．

さて，規則第24条ただし書に規定しているとおり，「管理用通路に代わるべき適当な通路がある場合」においては，水門の管理橋の幅員及び設計自動車荷重は，以上に述べた管理用通路としての制限を受けないものであり，水門の維持管理上必要なものでよい．「管理用通路に代わるべき適当な通路がある場合」とは，当該水門からおおむね100m以内の位置に所定の建築限界を満たす空間を有する橋が存する場合をいう．この場合，管理用通路に代わるべき橋の設計自動車荷重は，原則として，TL-20荷重以上のものでなければならない．ただし，当該水門からおおむね100m以内の位置でなくても適当

な範囲に，所定の建築限界を満たす空間を有し設計自動車荷重 TL-20 荷重に耐え得る第2番目の橋及び迂回路があるときは，管理用通路に代わるべき第1番目の橋の設計自動車荷重は，おおむね TL-14 荷重以上のものでよい．課長通達 7-(1)において「地域の状況を勘案し」とあるのは，このような趣旨である．

(護床工等)

第 53 条　第 34 条及び第 35 条の規定は，水門又は樋門を設ける場合について準用する．

(水門又は樋門の設置に伴い必要となる護岸)

規則第 25 条　河川又は水路を横断して設ける水門又は樋門の設置に伴い必要となる護岸は，次の各号に定めるところにより設けるものとする．ただし，地質の状況等により河岸又は堤防の洗掘のおそれがない場合その他治水上の支障がないと認められる場合は，この限りでない．

一　水門が横断する河川に設ける護岸については，第 16 条各号の規定を準用する．この場合において，同条第一号及び第三号中「床止め」とあるのは，「水門」と，同条第一号中「上流側」とあるのは，「当該水門が横断する河川の上流側」と，「下流側」とあるのは，「当該水門が横断する河川の下流側」と読み替えるものとする．

二　水門又は樋門が横断する河岸又は堤防に設ける護岸は，当該水門及び樋門の両端から上流及び下流にそれぞれ 10 メートルの地点を結ぶ区間以上の区間に設けるものとし，その高さについては，第 16 条第三号及び第四号の規定を準用する．この場合において，同条第三号中「床止め」とあるのは，「水門又は樋門」と読み替えるものとする．

---

1. 護床工及び高水敷保護工

護床工及び高水敷保護工については，令第 53 条の規定に基づき，令第 34 条(護床工及び高水敷保護工)の規定を準用している．水門及び樋門を設ける場合には，これに接続する取付水路又は本川の適当な範囲に護床工を設け，取

付水路又は水門及び樋門周辺の本川の河床，護岸等が本川又は水門及び樋門からの流水の作用によって局所洗掘を受けることのないよう留意しなければならない。また，高水敷は水門及び樋門の翼壁部分又は取付水路によって上下流に不連続となり，一般にその部分で乱流が起こり，高水敷が洗掘を受けやすいので，必要な範囲に高水敷保護工を設けなければならない。

　高水敷保護工の構造は，一般には，カゴマット，連節ブロック等の，流水の作用による高水敷の洗掘を防止し，かつ，周辺景観との調和，河川の生態系の保全等の河川環境の保全に配慮した構造とするものとする。また，覆土することを基本とするものとする。

　また，令第46条の解説で記述したように，排水のための樋門ないしは水門では，これらから取付河川までの間で，必要に応じて水深の確保，段差の緩傾斜化等を実施することとしているが，護床工部で平水時の流れが伏流すると魚類の遡上等の妨げとなることがあるので注意する必要がある。

2. 取付護岸

　水門及び樋門の取付護岸については，令第53条の規定に基づき令第35条（護岸）の規定を準用し，規則第25条を定めている。規則第25条については，既に定着したルールでもあり特に説明を要しないと思われるが，若干留意事項について述べておきたい。

　規則第25条第1号は，水門が河川を横断する場合に当該河川に設ける取付護岸の規定であり，第2号は，水門又は樋門が横断する河川に設ける取付護岸ではなく，当該河川が合流する本川側の河岸又は堤防に設ける取付護岸の規定である。前者については，床止めに関する規定（規則第16条）が準用され，後者については，後述する橋の橋台に関する規定（規則第31条第2号）と同様の基準となっている。第1号の規定は，水門が河川を横断する場合に適用され，水門が水路を横断するときには適用がないものである（課長通達20-(2)を参照）。しかし，この場合にあっても，水路の大きさに応じ，第1号に規定する長さ未満の適切な長さの護岸を設ける必要があることはいうまでもない。第2号については，本川に設ける取付護岸の規定であるので，水門及び樋門が横断するものが河川か水路かということは適用に当たって問題とはならない。

第2号に規定する護岸を設ける区間は，①胸壁又は翼壁のいずれか長いほうの端部から，上下流にそれぞれ10mの区間以上，②堤防天端での開削幅がカバーできる区間以上のいずれか大きい区間とする（図6.15に樋門の護岸の例を示す）。

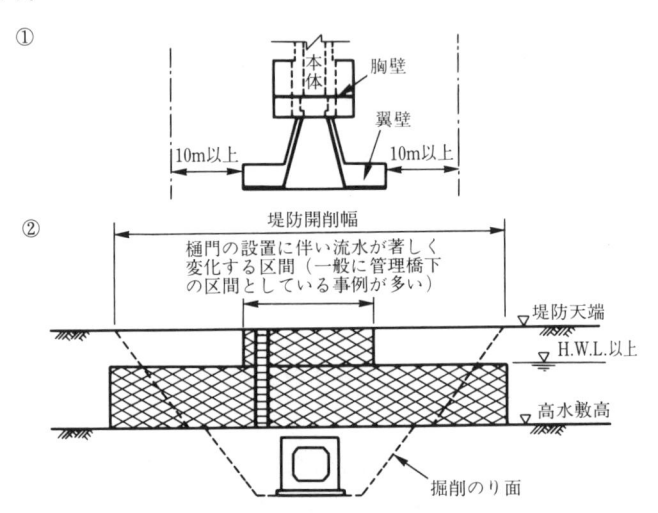

図 6.15　規則第25条第2号の規定による樋門の護岸の例

なお，断面積が$0.5 m^2$以下の小規模な樋門については，規則第25条ただし書の「その他治水上の支障がないと認められる場合」に該当するものとしているが，この場合においても，同号に規定する長さ未満の必要な長さの区間に護岸を設ける必要があるものである（課長通達20-(1)を参照）。

取付護岸の構造は，流水の変化に伴って生じる河岸又は堤防の洗掘を防止し，かつ，周辺景観との調和，河川の生態系の保全等の河川環境の保全に配慮した構造とするものとする。なお，取付護岸の構造については，各河川において，河川の状況等を踏まえた創意工夫が望まれる。

第7章　揚水機場，排水機場及び取水塔

第54条　揚水機場及び排水機場の構造の原則
第55条　排水機場の吐出水槽等
第56条　流下物排除施設
第57条　樋　　　門
第58条　取水塔の構造
第59条　護床工等

第7章 揚水機場，排水機場及び取水塔

1. 定　義

揚水機場及び排水機場（以下において「揚排水機場」という）とは，ポンプによって河川又は水路の流水を河岸又は堤防を横断して取水又は排水するために，河岸又は堤防の付近に設けられる施設であって，ポンプ場とその付属施設（吸水槽又は吐出水槽，樋門等）の総称である．

揚排水機場には，通常，樋門が設けられるが，まれには樋門の代わりに水門が設けられる場合もある．また，水門及び樋門を設けないで，小規模な吸入管又は吐出管によって堤防を横過する場合も少なくない．

取水塔とは，河川の流水を取水するために，河道内に設けられる塔状の集水施設である．

2. 適用範囲

(1) 揚排水機場

① 構造令ではポンプ場及びその付属施設を揚排水機場と称しているが，許

図 7.1 排水機場の例

図 7.2 排水機場の内部

可工作物である場合は，その適用関係について注意を要する．すなわち，許可工作物である場合，樋門は当然河川区域内に設けられるとしても，ポンプ場等は河川区域外に設けられる場合が多いが，その場合においてポンプ場等にまで構造令が適用されるのかどうかという点である．

　ポンプ場及びその付属施設を一体施設としてとらえるなら，その一部が河川区域にまたがっている限りにおいて，当然全体が構造令の適用となるという考え方も出てこよう．しかし，構造令は河川管理施設及び法第26条（工作物の新築等の許可）第1項に基づく許可工作物に適用されるものであり，法第26条第1項の許可対象とならない部分については，そもそも構造令の適用対象とはならない．すなわち，許可工作物の場合，揚排水機場のうち河川区域外のどの部分まで構造令が適用されるかについては，法第26条第1項の解釈によって決まるものであり，構造令においてポンプ場及びその付属施設の全体を揚排水機場と称しているからといって，それらすべてに構造令が適用されるべきものと考えてはならない．

　揚排水機場のどの部分まで法第26条第1項の許可対象にすべきか，いい換えれば構造令の適用があるかは，構造上のどの部分までを河川区域内の施設と一体と考えるべきかで決まるものであろう．少なくとも，排水機場の「吐出水槽その他の調圧部」についてはすべての場合，また，揚排水機場の「ポンプ室」及び「吸水槽」については，河川区域内のもの又は河川

区域内にまたがる場合のみ構造令を適用することとしている（課長通達21を参照）．令第54条（揚水機場及び排水機場の構造の原則）第1項，第2項，第55条（排水機場の吐出水槽等）及び第56条（流下物排除施設）の適用に当たっては，以上述べた点に注意されたい．ちなみに，令第56条ただし書は，河川区域内に設けられるものを主体にした規定である．

② 揚排水機場に付属して水門又は樋門が設けられる場合，当該水門又は樋門については，令第57条第2項の規定によって令第49条（河川を横断して設ける水門の径間長等）第2項の適用がないことのほかは，令第46条から第53条までの水門及び樋門に関する諸規定の適用があるものである．

③ 取水塔の送水管が管理橋と兼ねて設けられる場合は，令第67条第2項の規定により，令第64条（桁下高等）及び第66条（管理用通路の構造の保全）の適用があるものである．

なお，取水塔に付属して設けられる施設については，例えば集水埋渠の深さは令第72条（深さ），堤防下に埋設する送水管の構造は令第70条（構造）を準用するなど，必要に応じ，構造令の関係条項を準用することが望ましい．

（揚水機場及び排水機場の構造の原則）

第54条　揚水機場及び排水機場は，河岸及び河川管理施設の構造に著しい支障を及ぼさない構造とするものとする．

2．揚水機場及び排水機場のポンプ室（ポンプを据え付ける床及びその下部の室に限る．），吸水槽及び吐出水槽その他の調圧部は，鉄筋コンクリート構造又はこれに準ずる構造とするものとする．

揚排水機場のポンプ場は，ポンプの振動が堤防に著しい影響を及ぼさない位置に設ける必要がある．特に，排水機場は，その付近で地形上最も低い位置に設けられることから，低湿地の軟弱地盤地帯に設けられることが多く，その連続的な振動は，付近の軟弱層上でかろうじて安定を保っている堤防にバイブレーターをかけるような結果になりかねない．したがって，ポンプ場は，その付近の地盤条件を勘案し，できるだけ堤防から離して設けるよう努めな

ければならない。また、排水機場の吐出水槽その他の調圧部等を堤防に近接して設けることは、漏水に対し堤防の安全上好ましくないので、努めて避けなければならない。堤内において堤脚付近に工作物を設置する場合には、「堤内地の堤脚付近に設置する工作物の位置等について」(平成6.5.31　建設省河治発第40号による治水課長通達)において、いわゆる「2Hルール」(図7.3参照)に加えて、「排水機場の吐出水槽等の振動が堤防に伝わるおそれのある工作物を設置する場合については、堤防のり尻より5メートル以上離すものとすること。」としており、これによる必要がある。本条第1項の規定は、これらの趣旨を含んでいるものである。

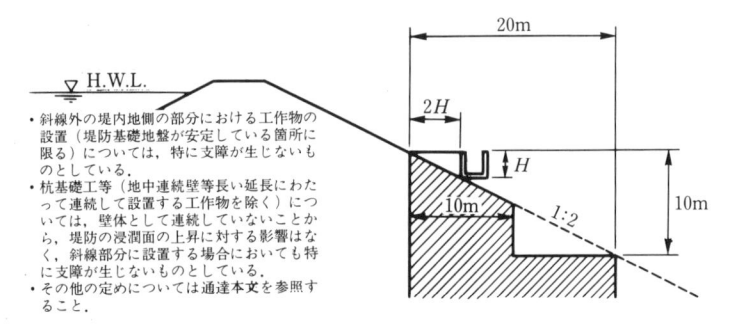

- 斜線外の堤内地側の部分における工作物の設置(堤防基礎地盤が安定している箇所に限る)については、特に支障が生じないものとしている。
- 杭基礎工等(地中連続壁等長い延長にわたって連続して設置する工作物を除く)については、壁体として連続していないことから、堤防の浸潤面の上昇に対する影響はなく、斜線部に設置する場合においても特に支障が生じないものとしている。
- その他の定めについては通達本文を参照すること。

図7.3　堤内地の堤脚付近に設置する工作物の位置(河道の一定区間に堤防がある場合)

　本条第2項の規定は、揚排水機場のポンプ室、吸水槽及び吐出水槽その他の調圧部は、特に重要な構造部分であり、それ自体の構造が安全なものでなければならないという趣旨から定めたものである。鉄筋コンクリート構造又はこれに準ずる構造のものは、ポンプの連続振動等による沈下等に対して十分安全な基礎工を設けることができる。更にこれらの構造は、連続振動が堤防等河川管理施設に与える悪影響が最も少ない構造であるといえよう。なお、高規格堤防特別区域には、高規格堤防の機能に支障を及ぼすおそれがない限り、揚排水機場及びその付帯施設を設置することができる(平成4年課長通達1-(5)を参照)。

　揚排水機場が許可工作物である場合は、前述のとおり、本条の規定は必ずしもポンプ場には適用されないが、ポンプの連続振動等によって堤防等河川管理施設に著しい支障を及ぼすおそれがあると認められるときは、法第55条

(河川保全区域における行為の制限)の規定に基づき，本条第1項及び第2項の規定に準拠して適切な措置を講ずる必要がある．

次に，河川管理施設として排水機場を設ける場合の留意事項について述べることとする．

① 排水機場は，内水の湛水によって運転に支障をきたすことのないよう，湛水位に対して余裕をもった高さまでポンプ場自体を水密構造とする，あるいは床面を高くするなど，十分な配慮を払わなければならない．

② ポンプの台数は，運転の効率，不時の故障等を考慮して，2台以上の適切なものとすることが望ましい．

③ ポンプの原動機は，冷却のための補機が不要なガスタービンエンジンを標準とする．ただし，現場条件によりディーゼルエンジンを用いることが有利な場合はディーゼル機関を用いてもよい．また，小規模なポンプの場合，内燃機関を併用するとき又は予備電源を設けるときは，電動機とすることができる．また，水中ポンプについては電動機を標準とし，予備電源を設けるものとする．

④ ポンプ室の機場上屋は，次に示す内容を考慮して特に必要な場合に限って設けるものとする．なお，操作室・管理室等は適切な位置，構造で設置するものとする．

　イ　ポンプ運転時の防湿対策，騒音対策，積雪・塩害対策等が必要な場合

図 7.4　排水機場の構造の例（機場上屋を設けていない例）

には，適切な換気設備，防音構造，耐雪・耐塩害構造等を持つポンプ室を設けるものとする．

ロ　排水機場に移動式クレーン等が近づけない場合であって，口径 600 mm 以上のポンプが 2 台以上設置され，又は据付重量が 5 t 以上の機器が設置されており，天井クレーンが特に必要とされる場合に設けるものとする．

（排水機場の吐出水槽等）

第 55 条　樋門を有する排水機場には，吐出水槽その他の調圧部を設けるものとする．ただし，樋門が横断する河岸又は堤防（非常用の土砂等を備蓄し，又は環境を保全するために設けられる側帯を除く．第 57 条第 1 項，第 65 条第 2 項，第 70 条第 1 項及び第 72 条において同じ．）の構造に支障を及ぼすおそれがないときは，この限りでない．

2．吐出水槽その他の調圧部の上端の高さは，排水機場の樋門が横断する堤防（計画横断形が定められている場合において，計画堤防の高さが現状の堤防の高さより低く，かつ，治水上の支障がないと認められるとき，又は計画堤防の高さが現状の堤防の高さより高いときは，計画堤防）の高さ以上とするものとする．

ポンプ排水による場合は，揚程の大小にかかわらず，停電によるポンプの急停止や，なんらかの原因によるバルブの急閉塞等によって大きな水撃作用

図 7.5　吐出水槽の一般的な設置例

を起こすことがあり，設計条件を突破するような加圧や負圧を生ずるおそれがある．調圧水槽，吐出水槽，その他調圧部は，主としてこのような異常事態に対処するものであるが，同時にポンプの振動が直接堤体に伝達され，連続的振動による樋門及び堤防への悪影響を吸収緩和する効果も大きいと見られている．

第1項本文中「吐出水槽その他の調圧部」とあるのは，上面に蓋のない通常のタイプの吐出水槽のほかに，適当な空気孔を有する暗渠型の調圧水槽も含む趣旨である．

調圧水槽を必要とする理由は上記のような点にあるので，水撃作用等を他の手法で吸収できる場合等には，本条第1項ただし書が適用され，吐出水槽その他の調圧部を設ける必要がない．水撃作用をサージパイプ，脈動吸収管等で，吸収して吐出水槽を設けない場合の例を図7.6に示す．

図7.6 吐出水槽を設けない場合の例

樋門を設けない形式として，揚水量又は排水量が小さいときに小規模な吸入管又は吐出管（φ500 mm以下）の乗り越し構造により計画堤防外で堤防を横過して排水機場から直接排水する場合があるが，このような場合は，第1項本文の「樋門を有する排水機場」には該当しないものであり，吐出水槽その他の調圧部を設ける必要はないものである（課長通達22を参照）．これらの小規模な施設の事例として，救急排水ポンプ設備があるが，乗り越し管方式は令第46条の解説に記述したような堤防の空洞化のおそれがないこと，経済

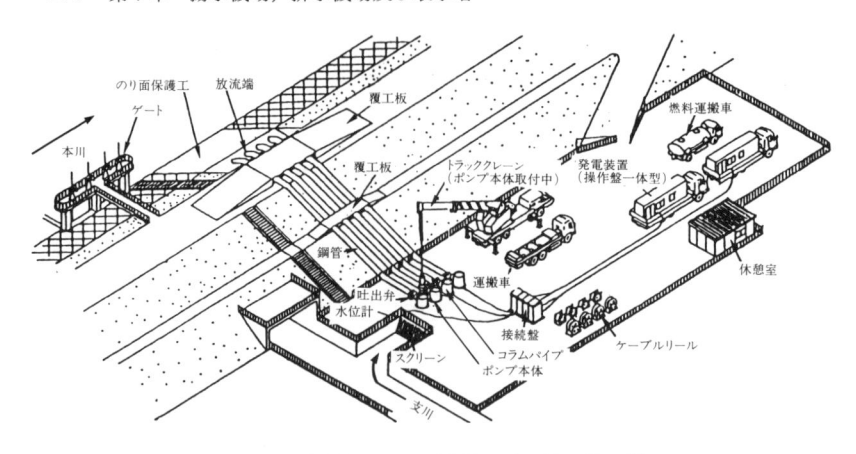

270　第7章　揚水機場，排水機場及取水塔

図 7.7　救急排水ポンプ設備の乗り越し管の例

性，維持管理が容易であること等の利点があるため，小規模な施設においては今後積極的に採用すべきである．

　なお，第1項ただし書の「堤防（非常用の土砂等を備蓄し，又は環境を保全するために設けられる側帯を除く．）」とあるのは，これらの側帯（第2種及び第3種側帯）も堤防の一部ではあるが，工作物が堤防に与える影響を問題にする場合，これらの側帯と他の堤防部分と同等にみなす必要はないとの考え方によるものである．これは，本条の場合のみならず，揚排水機場の樋門の構造（令第57条第1項），高架橋等の場合に必要な護岸等の構造（令第65条第2項），伏せ越しの構造（令第70条第1項），伏せ越しの深さ（令第72条）の場合にも共通する考え方である．なお，第1種側帯については，堤防の安定を図るため必要な部分であり一般の堤防部分と同じ扱いをしなければならないものである．

　本条第2項は，調圧水槽の構造のうち上端の高さに関する規定である．調圧水槽の上端の高さは，少なくともポンプ一斉始動時のアップサージの計算値に余裕を考慮した高さが必要であり，これは一般に計画外水位に1.0m以内の値を加えた高さとなることが多い．しかし，調圧水槽設置の第一義的な目的は前述のとおりポンプ急停止時の水撃現象に対する配慮にあるので，これを考慮すれば，調圧水槽の上端の高さは堤防の高さ以上の高さが必要である．なお，ここに堤防の高さとは，余盛の部分を含まないものであり，計画

堤防における高さでよい．現状の堤防の高さが計画堤防の高さより高いときは，一般に，計画堤防における高さではなく現状の堤防の高さとする必要がある．

> （流下物排除施設）
> 第56条　揚水機場及び排水機場には，土砂，竹木その他の流下物を排除するため，沈砂池，スクリーンその他の適当な流下物排除施設を設けるものとする．ただし，河川管理上の支障がないと認められるときは，この限りでない．

　流水中の土砂はポンプの機能や寿命を低下させる原因となるので，特に砂礫質の土砂の流入するおそれのある場合には，河川の状況等により必要に応じて沈砂池を設けるものとする．また，ポンプ運転時に大きな浮遊物が流入しポンプ運転に支障を与えるおそれがある場合は，ポンプ吸入槽入口に除塵用の一次スクリーンを設ける必要がある（図7.8参照）．なお，除塵機は人力除塵での対応が困難な場合に限って設置するものとする．また，除塵機で除却できない大きな流下物，園芸用のビニール等の流下が予想される箇所にあっては，スクリーン前方に杭やフロータを設けるものとする．

図7.8　一次スクリーンの設置事例

　以上のような観点から，本条の規定が定められているが，本条の規定は主として河川管理者が設置する揚排水機場に適用されるものである．揚排水機

場が許可工作物である場合において，それに接続する樋門のゲートの開閉に支障があると認められるようなときは，河川管理上必要な範囲において流下物対策のための措置を講じなければならない（課長通達23を参照）．

（樋　門）

第57条　揚水機場及び排水機場の樋門と樋門以外の部分とは，構造上分離するものとする．ただし，樋門が横断する河岸又は堤防の構造に支障を及ぼすおそれがないときは，この限りでない．

2．第49条第2項の規定は，揚水機場又は排水機場の樋門でポンプによる揚水又は排水のみの用に供されるものについては，適用しない．

本条の規定は，ポンプ及び自家動力源によって発生する連続振動等によって，河岸又は堤防の構造に悪影響が及ぶことを防止するための規定である．連続振動の影響については先に述べたとおりであるが，これの対策としては，その付近の地盤条件を勘案しポンプ場の位置をできるだけ堤防から離すとともに，令第54条（揚水機場及び排水機場の構造の原則）第2項の規定に基づきポンプ室を鉄筋コンクリート構造又はこれに準ずる構造として十分安全な基礎工を設ける必要があるが，このほか，本条に規定するように樋門と樋門以外の部分とを構造上分離することが極めて重要である．ここに「構造上分離する」とは，水密構造の継手により水密を確保しつつ，応力が伝わらないよう絶縁するという意味である．構造上分離することは，樋門とその他の部分との不同沈下に対しても有効な措置と考えられている．

排水機場の場合は，堤内地盤高に比べて堤防がかなり高いのが普通であるが，揚水機場の場合は，堤防がないか又はあってもその高さが極めて低いことも多い．このようなときは，揚水機場の樋門と樋門以外の部分とは，構造上分類しなくても支障がないと考えられる場合も多いであろう．本条第1項のただし書は，このような観点から定められている緩和規定であり，掘込河道（堤防の高さと堤内地盤高との差が0.6m未満の場合を含む）を主体に，地盤条件などを勘案のうえ適用されるものである（図7.9参照）．ただし，高規格堤防特別区域においては，高規格堤防の機能に支障を及ぼすおそれがない限り，ただし書が適用されるものである（平成4年課長通達1-(6)を参照）．

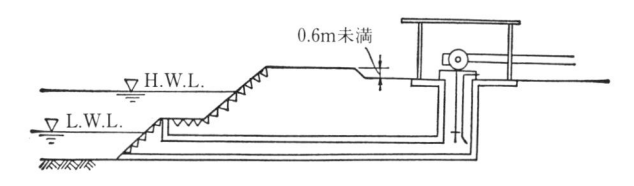

図 7.9 樋門と樋門以外の部分とを構造上分離しない例

本条第2項の規定は，揚排水機場については令第56条の規定によって必要な流下物排除施設が設けられることになっているので，樋門のスパンについての条件が不要であることを述べたものであり，当然の規定である．

（取水塔の構造）

第58条 取水塔(流下断面内に設けるものに限る．以下この条及び次条において同じ．)は，計画高水位以下の水位の洪水の流下を妨げず，付近の河岸及び河川管理施設の構造に著しい支障を及ぼさず，並びに取水塔に接続する河床及び高水敷の洗掘の防止について適切に配慮された構造とするものとする．

2. 取水塔は，鉄筋コンクリート構造又はこれに準ずる構造とするものとする．

3. 取水塔の河床下の部分には，直接取水する取水口を設けてはならない．ただし，取水口の規模及び深さ等を考慮して治水上の支障がないと認められるときは，この限りでない．

---

1. 構造の原則

本条第1項は，取水塔の構造の原則を規定したものである．この構造原則に関連して必要な留意事項を述べておきたい．

(1) 取水塔の形状等

① 取水塔の形状は，原則として，できるだけ細長い楕円形その他これに類する形状のものとし，その長径（これに相当するものを含む）の方向は洪水が流下する方向と平行とすること．

② 取水塔の中には水中ポンプ等が設けられるため，その断面はある程度大きくならざるを得ないが，流水の乱れ及び河積の阻害を極力少なくするた

め，その大きさは必要最小限度にとどめるよう配慮しなければならない．従来は幅が10数mから20m以上の必要以上に大きいものがあり治水上の支障となっていたが，これらは頂部に設置される機械室，操作室として必要な床面積をそのまま流下断面内に与えていたものである．大規模な取水塔の場合であっても，併設する機器類はポンプのみとすべきである．

(2) 取水塔の操作室等

取水塔の操作室等は，機能上どうしても河道内に設けなければならないものではなく，堤内地に設けて遠隔操作によることとすれば，その分だけ取水塔そのものの設計条件が緩くなり，取水塔の幅を小さくすることができる．したがって，取水塔の操作室等は，できるだけ堤内地に設けることが望ましい．

やむを得ず取水塔に操作室等を設ける場合は，その操作室等の床面の下端の高さを，計画堤防高以上の高さとすること．ただし，小規模なもので，かつ，取水塔の位置が河岸又は堤防から十分離れており，河岸又は堤防に支障を及ぼすおそれがないと認められるときは，計画高水位以上の高さとすることができるものとする．

(3) 取水塔の基礎部

取水塔の基礎部については，取水塔に接続する河床及び高水敷の洗掘の防止について適切に配慮されたものでなければならないものであり，橋脚に関する規定（令第62条第2項）を準用することが望ましい．

ここに「基礎部」とは，令第62条第1項に規定されているように，底版（フーチングの上面を含む）を含むものであるが，河床から2mの間は，同条第2項に規定するように基礎部ではなく取水塔そのものであるので，その形状はできるだけ細長い楕円形とすることが望ましい．

なお，取水塔の根入れについては，将来の河床低下に備えて，取水ポンプを十分低い位置に設け得るよう配慮されていることが望ましい．

なお，本条第1項の規定は，河道の死水域に設けられる取水塔については適用されないこととなっているが，その場合であっても，以上の留意事項については必要に応じ考慮することとされたい．

(4) 取水塔の付属施設

集水埋渠，送水管等の付属施設については，先に述べたように，取水塔そ

のものではなく，本条第1項の適用を受けないものであるが，以下に主な留意事項を述べることとする．

① 水中ポンプの位置

水中ポンプは，現河床高，計画河床のほか，将来の河床変動を考慮して，十分な深さに設けておくことが望ましい．

② 送水管

取水塔に接続する送水管は，通常，管理橋に併設されるが，送水管橋については，令第67条第2項の規定により，橋の桁下高に関する規定（令第64条）及び管理用通路の構造の保全に関する規定（令第66条）の適用を受けるものである．なお，送水管が堤防天端を横過する場合には，計画堤防外に設置するものとし，その構造は管理用通路の設計自動車荷重及び送水管からの漏水防止等について配慮されたものとすること．

③ 集水埋渠

取水塔による取水方式としては，取水塔の側面に設けた取水口から表流水を取水する方式が最も望ましく，集水埋渠による取水方式は，表流水取水が不適当又は著しく困難であると認められる場合に限っている．しかし，わずかな量の取水のために大規模な堰等の施設の設置が必要となる場合など，社会的経済的妥当性の観点から表流水取水をすることが不適当な場合が考えられる．また，堰を設ける際の河積確保のための河道拡幅が地形条件により著しく困難である場合や，流路が不安定なため表流水取水ができない場合など，表流水取水とすることが物理的に困難な場合が考えられる．このような場合には，堰や取水塔を用いた表流水取水方式と伏流水取水方式を比較検討して，表流水取水が不適当又は著しく困難な場合で，かつ，対策を講ずることにより河川管理上支障がない場合には伏流水取水方式を選定できるものとしている．集水埋渠の設置等の留意事項については，「解説・工作物設置許可基準」を参照されたい．

(5) その他

樋門による自然取水方式と取水塔によるポンプ取水方式との折衷的なものとして，取水口付近に水中ポンプを設けて堤内側に圧送する方式もまま見受けられるが，堤体内の樋管にポンプの圧力が直接伝わることは，排水機場の

吐出水槽等(令第55条)で述べたとおり，河岸又は堤防の構造に著しい支障を及ぼすことになりかねないので，小規模なものは除いて，原則として，避けるべきである．原則的には，樋門による自然取水ののちに堤内側でポンプアップをするか又は取水塔によるポンプ取水方式のいずれかによるべきである．なお，揚水量が小さく，送水管が小規模な場合(口径がおおむね ϕ 500 mm 以下)は送水管を計画堤防外で乗り越しさせることも考えられる．

2. 取水塔の取水口の構造

従来設けられてきた取水塔の中には，ちょうど井戸の地下水湧出を汲み上げるのと同じように取水塔の底面又は側面から，河川の伏流水を直接取水する方式が見受けられるが，この場合には，河床材料がそのままフィルターとなるので，周囲の河床材料を吸い込むこととなり，長年月の間には河床低下を引き起こし，ひいては付近の河川管理施設や許可工作物に支障を及ぼすことにもなりかねない．過去においてこのような事例も決して少なくはない．また，直接取水の方式は，河床材料をフィルターにして取水する方式であるため，取水塔の断面は非常に大きなものを必要とすることとなり，大きな河積阻害物となっている．

このような観点から，本条第3項の規定は定められたものである．取水塔の取水方式としては，取水塔の側面に設けた取水口から河川の表流水を取水する方式が最も望ましいとしている(図7.10参照)．伏流水を取水する場合でも，取水塔の根入れ部側面から集水埋渠を伸ばして取水する方式をとり，取

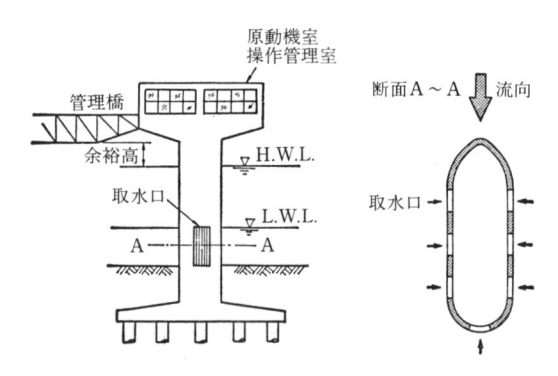

図 7.10 取水塔の取水口の例

水に伴って河床材料を吸い込まない構造とするとともに，取水塔による河積阻害の程度を最小限にとどめるようにしなければならない．

　本条第3項のただし書は，極めてまれなケースとして，河川区域内で地下水を取水する場合やかなり深い位置で河川の伏流水を取水する場合もあるので設けられた緩和規定である．ただし書中「治水上の支障がないと認められるとき」とは，上記に述べたとおり，河床材料又は地中の土粒子の吸い込みによる河床低下のおそれがなく，かつ，直接取水のために取水塔の断面が著しく大きくならない場合をいうものである．なお，当該規定は，みだりに適用すべきではなく，適用に当たっては，これらの点について十分な調査検討を行う必要がある．

　なお，取水塔は，魚類の迷入，吸い込み防止に配慮した構造とするものとする．これまでに用いられている迷入防止策は，以下の四つの方法及びそれらの組合せによっている．
① 取水口への進入を，物理的に排除する方法
② 取水口への進入を抑止あるいは妨害する方法
③ 取水口に入ってきた魚を，機械的に集めて捕獲し，安全な場所に移動させる方法
④ 取水口に近づいた魚を誘導等によって方向転換させる方法

　設置事例として，取水口に取り付けるスクリーンを赤くしている事例が多いが，これは①の範疇に入るスクリーンに②の範疇に入る忌避色を加えたものということができる．

（護床工等）
第59条　第34条及び第35条の規定は，取水塔を設ける場合について準用する．

（取水塔の設置に伴い必要となる護岸）
規則第26条　取水塔の設置に伴い必要となる護岸は，地質の状況等により河岸又は堤防の洗掘のおそれがない場合その他治水上の支障がないと認められる場合を除き，取水塔の上流端及び下流端から上流及び下

> 流にそれぞれ取水塔と河岸又は堤防との距離の2分の1（令第63条第1項の規定による基準径間長の2分の1を超えることとなる場合は，基準径間長の2分の1．10メートル未満となる場合は，10メートル）の距離の地点を結ぶ区間以上の区間に設けるものとし，その高さについては，第16条第三号及び第四号の規定を準用する．この場合において，同条第三号中「床止め」とあるのは，「取水塔」と読み替えるものとする．

　取水塔を設ける場合は，これに接続する河床又は高水敷の洗掘を防止するため必要に応じ適当な護床工又は高水敷保護工を設けるとともに，流水の変化に伴う河岸又は堤防の洗掘を防止するため護岸を設けなければならない．令第59条は，このことを規定した令第34条（護床工及び高水敷保護工）及び第35条（護岸）の準用規定であり，特に護岸については，規則第26条の規定を定めている．

　高水敷保護工の構造は，一般には，カゴマット，連節ブロック等の，流水の作用による高水敷の洗掘を防止し，かつ，周辺景観との調和，河川の生態系の保全等の河川環境の保全に配慮した構造とするものとする．また，覆土することを基本とするものとする．また，取付護岸の構造は，流水の変化に伴って生じる河岸又は堤防の洗掘を防止し，かつ，周辺景観との調和，河川の生態系の保全等の河川環境の保全に配慮した構造とするものとする．なお，取付護岸の構造については，各河川において，河川の状況等を踏まえた創意工夫が望まれる．

　なお，取水塔はその設置目的からして多くの場合低水路の部分に設けられる．このため，低水路が河岸又は堤防に接近している区間にあっては，取水塔は河岸又は堤防に接近して設けられることとなるが，その設置位置のいかんによっては，流木等流下物の閉塞によって洪水流下に支障を及ぼすことにもなりかねない．また，流水の変化が堤防に与える影響も大きい．治水上の立場からは，取水塔を河岸又は堤防に接近して設けることは本来的に好ましいことではなく，取水塔についても，原則的には，令第63条第1項の規定による橋の基準径間長に相当する長さの距離を河岸又は堤防から離すことが望

ましい．したがって，それより近接するときは，河岸又は堤防に設ける護岸の構造については，十分な根固工を設けるとともに，一般の護岸の強度より強固なものにするなど，特に慎重な配慮を払わなければならない．

　取水塔の設置に伴う流水変化の影響が河岸又は堤防に及ぶ範囲，いい換えれば護岸の施工範囲については，取水塔が河岸又は堤防に接近するほど広くなるというものではなく，むしろ影響範囲そのものは取水塔が河岸又は堤防から離れたほうが広くなる．規則第26条においては，そのような考え方から，取水塔の設置に伴う流水変化の影響が河岸又は堤防に及ぶ範囲は，取水塔を基準にして流心線と直角方向の見通し線から上流及び下流にそれぞれ2：1の角度の範囲であるとして，河岸又は堤防に設置すべき護岸の範囲を定めている．規則第26条において「取水塔の上流端及び下流端から上流及び下流にそれぞれ取水塔と河岸又は堤防との距離の2分の1の距離の地点を結ぶ区間」としているのは，以上のような趣旨に基づくものである（図7.11参照）．

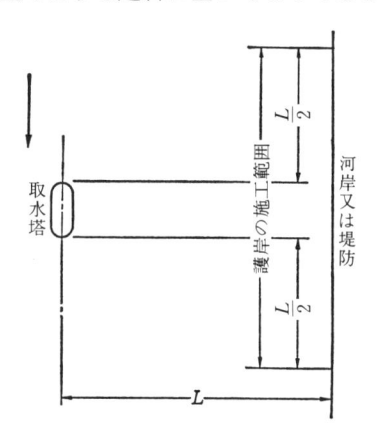

図 7.11　取水塔の設置に伴い必要となる護岸の施工範囲

　以上のような考え方からすると，取水塔が河岸又は堤防に接近すればするほど，流水の影響範囲は狭くなる理屈であるが，取水塔が河岸又は堤防に接近した場合にそれらに沿っての強い流れが生ずることとなるため，流水の影響範囲にはおのずと下限値がある．そのため，規則第26条においては，下限値を定め，取水塔と河岸又は堤防との距離が20 m未満となってもその影響範囲は変わらないものとして，カッコ書後段の規定を定めている．

上述のように取水塔は河岸又は堤防に与える影響が大であるので，原則として，水衝部に設けてはならないものであるが，特別の事情によりやむを得ず水衝部に設けるときは，根固工の設置を含め護岸の構造について十分配慮するとともに，その範囲についても，規則第26条に規定する基準値に必要な割り増しを行わなければならない．規則第26条の「区間以上の区間」には，このような趣旨が含まれているものである．

なお，取水塔と河岸又は堤防との距離が令第39条(可動堰の可動部の径間長の特例)第1項の表の第3欄に掲げる値より近接して設けられる場合については別途の措置が必要であるので，そのことについて念のため申し述べておきたい．先にも述べたように，令第39条第1項の表の第3欄に掲げる値に満たない部分は，流木等流下物の閉塞の危険性が極めて大きいので，計画上，有効河積とは考えられないものである．したがって，このような場合は，取水塔と河岸又は堤防との間を無効河積と考え，取水塔及びその無効河積の部分が洪水流下に及ぼす影響について検討し，必要に応じ，低水路の拡幅等河積拡大の措置を講じなければならないものである．

次に，取水塔の設置位置が橋の基準径間長に相当する長さ以上に河岸又は堤防から離れる場合においては，規則第26条本文の考え方にかかわらずカッコ書前段に規定されているとおり，取水塔の設置に伴う護岸は取水塔の上下流にそれぞれ橋の基準径間長に相当する長さの1/2の距離の地点を結ぶ区間以上の区間に設ければよいものである．これは，従来からの運用を考慮して橋脚の設置に伴い必要となる護岸の規定（規則第31条第1号）と同じ取扱いとしたものであるが，取水塔の位置が橋の基準径間長以上に離れた場合，流水の影響範囲はともかく，流水の影響の程度は次第に弱まるので，護岸の施工範囲を頭打ちとしても実務上は差し支えないという判断に基づくものである．

取水塔の設置位置が，河岸又は堤防から著しく離れる場合においては，規則第26条の「その他治水上の支障がないと認められる場合」に該当するものとして，取水塔本体の設置に伴う護岸の設置は必要がないものである（ただし管理橋の橋脚又は橋台あるいは樋門等が設けられる場合にはそれぞれの施設の設置に伴い必要となる護岸を設ける必要がある）．一般に，取水塔と河岸

又は堤防との距離が橋の基準径間長に相当する長さのおおむね2倍以上又は100 m 以上離れている場合に該当すると考えてよいと思われるが，実際の運用に当たっては河川の状況を考慮して適宜判断する必要がある．なお，取水塔が川幅の著しく広い区間の死水域とみなせる箇所に設けられる場合にも，一般に護岸の設置の必要はない．

第8章 橋

第60条　河川区域内に設ける橋台及び橋脚の構造の原則
第61条　橋　　　台
第62条　橋　　　脚
第63条　径　間　長
第64条　桁下高等
第65条　護　岸　等
第66条　管理用通路の構造の保全
第67条　適　用　除　外

第8章 橋

1. 用語の定義及び適用範囲

　構造令において，橋とは，道路，鉄道，水道及びガス管等が河川と交差する場合において，河川を横過するもの（河底を横過するものを除く．この章において同じ．）をいうほか，河川区域内の水路を横過するもの及び工作物の管理橋を含む．

　高架道路や高架鉄道が小河川を横過する場合，その横過部分が他の部分と同じ構造であれば，道路工学の分野では特にその部分を橋とは呼ばないのが普通であるが，構造令の適用に当たっては，これも高架橋に含まれる．河川管理上の立場からは，その構造に関係なく河川を横過していれば橋である．

　高架道路や高架鉄道が小河川を横過する場合で，河川区域内に橋脚及び橋台を設けない場合でも，法第24条（土地の占用の許可）の許可に当たっては構造令に定める規定に準拠して審査を行う必要がある．例えば，令第65条（護岸等）第2項の規定に準拠して必要に応じ河岸又は堤防をコンクリートその他これに類するもので保護するとともに，令第66条の規定に準拠して河川管理用通路の保全を図らなければならない．

　また，堤外水路に設けられる橋や河川の低水路部分に設けられる潜水橋等も橋として構造令の適用を受けるが，令第67条（適用除外）第1項及び規則第34条（治水上の影響が著しく小さい橋）の規定により，治水上の影響が著しく小さいと認められるときは，径間長や桁下高等については適用除外となっている．

　また，堰及び水門の管理橋（道路橋と兼用しているものを含む）並びに樋門又は取水塔の管理橋も橋であり，構造令の適用を受けるが，令第67条第2項の規定により，桁下高に関する規定（令第64条）及び管理用通路の構造の

保全に関する規定（令第66条）以外は適用除外となっている．

更に，工事用仮橋等についても，令第73条第3号の規定により，適用除外となっている．

（河川区域内に設ける橋台及び橋脚の構造の原則）

第60条　河川区域内に設ける橋台及び橋脚は，計画高水位（高潮区間にあっては，計画高潮位）以下の水位の流水の作用に対して安全な構造とするものとする．

2.　河川区域内に設ける橋台及び橋脚は，計画高水位以下の水位の洪水の流下を妨げず，付近の河岸及び河川管理施設の構造に著しい支障を及ぼさず，並びに橋台又は橋脚に接続する河床及び高水敷の洗掘の防止について適切に配慮された構造とするものとする．

本条は，橋台及び橋脚について河川管理上必要とされる条件を総括的に定めた訓示規定である．これを受けて，令第61条（橋台）以下の具体的な規定が定められている．

古来，河川の存在は陸上交通にとって大きな障害物であり，いかにして洪水に流されない強固な橋を造るかということに人類は多くの労力と資力を費やしてきたわけであるが，その反面，洪水によって容易に流されることのない橋は，洪水の流下に対し大きな障害物となり，そのために，かえって河川の氾濫を引き起こし手痛い被害を被ることもしばしばであった．特に，土木技術の進歩に伴って鋼橋，RC橋，PC橋等が増加してきたが，例えば昭和28年の西日本集中豪雨による熊本市内白川の氾濫，昭和33年狩野川台風による狩野川の氾濫，昭和58年三隅川の氾濫にみられるように，その存在は河川管理上重大な支障となることが認識されるに至った．橋の場合，災害発生の原因となる最も大きな要素は，径間長と桁下高である．径間長不足又は桁下高不足による橋桁の流失事故は非常に多い．

本条において，橋台及び橋脚の構造原則が定められ橋桁の構造原則が定められていないのは，河川管理上重要な要素となるのは，橋桁そのものの構造より桁下高であるということによる．

構造令及び施行規則に具体的な規定がない特殊なケースが生じた場合には

第60条　河川区域内に設ける橋台及び橋脚の構造の原則　287

図 8.1　流木による洪水疎通障害の例

図 8.2　土砂，流木による洪水疎通障害の例

構造原則に示されている基本精神に基づいて適切な処理がなされなければならないが，橋桁については，そのような事態がほとんど想定されないので，橋桁の構造原則を定めても河川管理上の意義はない．

　中小河川においては，計画の規模が小さいため計画高水位を超える洪水が発生することも多いが，橋桁のクリアランス不足に起因して橋の上流側で溢水被害が発生することのないよう留意し，十分クリアランスをとることが必要である．

　また，堀込河道においては，橋でせき上げられた流水が河岸を流下し，これにより橋台背面が侵食される事例が発生している．このようなことが予想

図 8.3　洪水時の橋の上流側の状況

される場合には，橋台上面及びその周辺を適切に保護する必要がある．

　本条は，第1項において橋台及び橋脚自体が流水の作用に対して安全であることを規定するとともに，第2項においては橋台及び橋脚が洪水の流下を妨げないよう，また付近の河川管理施設等に著しい支障を及ぼすことのないよう規定している．第2項中「適切に配慮された構造」という表現には，河川管理上最も重要な要素の一つである径間長を含むものである．径間長については，後述するように，構造令及び施行規則が適用されない幾つかの特殊なケースがあるが，その場合には，第2項の構造原則に立ち返って「適切に配慮された構造」としなければならないものである．

　なお，第1項の規定に関連して注意事項を述べておきたい．先にも述べたように，構造令では，ダム及び高規格堤防を除き，設計基準的な内容のものは別途「河川砂防技術基準（案）」等にゆだねることとしており特に規定していないが，橋台及び橋脚の安定計算を行う場合には，河床の局所洗掘等について別途配慮することを忘れてはならない．河川の状況によっては，設定された計画河床にかかわらず，河床の低下及び局所洗掘が生ずるものであり，それがため橋台及び橋脚の安全性が損なわれるようなことがあってはならないので，そのような場合には設定された計画横断形を前提に橋台及び橋脚の安定計算を行うことは厳につつしまなければならない．第1項の「流水の作用」にはそのような河床の低下及び洗掘も含むと解されるので，河床洗掘等に対

し十分な考慮が払われるべきである．

> **（橋　台）**
> 第61条　河岸又は川幅が50メートル以上の河川，背水区間若しくは高潮区間に係る堤防(計画横断形が定められている場合には，計画堤防．以下この条において同じ．)に設ける橋台は，流下断面内に設けてはならない．ただし，山間狭窄部であることその他河川の状況，地形の状況等により治水上の支障がないと認められるときは，この限りでない．
> 2．堤防に設ける橋台（前項の橋台に該当するものを除く．）は，堤防の表法肩より表側の部分に設けてはならない．
> 3．堤防に設ける橋台の表側の面は，堤防の法線に平行して設けるものとする．ただし，堤防の構造に著しい支障を及ぼさないために必要な措置を講ずるときは，この限りでない．
> 4．堤防に設ける橋台の底面は，堤防の地盤に定着させるものとする．

1．橋台の前面の位置

本条第1項は橋台の前面と堤防ののり面の交点が堤防と計画高水位の交点より前に出ると，洪水の流下断面が阻害されることとなるので，これを禁止したものである．本来は，堤防の表のり肩より表側の部分に橋台の前面が出るということは，計画高水位を超える洪水の流下に対して好ましくはない．計画高水位を超える洪水は計画の対象外であり，堤防の余裕高は堤防の構造上の余裕であって，計画上の余裕ではないが，まれには計画高水位を超える洪水が流れる場合もある．そのような状況については，計画上想定する必要はないとしても，河川管理上は配慮しておくことが望ましい．一般に，中小河川では，計画の規模が小さく段階施工が多いので，計画高水位以上の出水の頻度が高い．本条第2項においては，川幅（流向に対して直角に測った計画

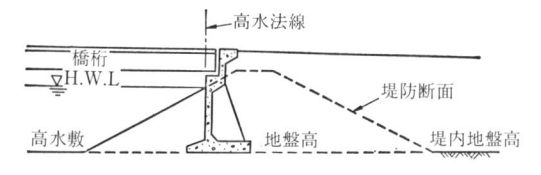

図 8.4　橋台の位置（川幅 50 m 以上）

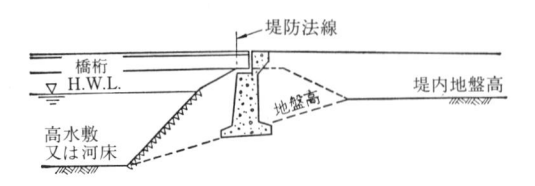

図 8.5 橋台の位置（川幅50m未満）

高水位と堤防のり面の交点間の距離をいう）が50m未満の小規模な河川（図8.5参照）については，橋台の設置位置が洪水流下に与える影響が特に大であるとして，堤防の表のり肩より表側の部分に橋台の前面が出ることを禁止したものである．川幅が50m以上の河川（図8.4参照），背水区間若しくは高潮区間の堤防にあっては，小規模な河川に比べて橋台の設置位置が洪水流下に与える影響は大きくなく，むしろ橋台前面を堤防の表のり肩まで引くことによって堤体切込みが大きくなることのほうが問題である．小規模な河川では一般に掘込河道であるので堤体切込みの心配は少ない．

2．**橋台の方向**

第3項本文の規定は，橋台の前面を堤防の法線と平行に設けることを定めたものである．同項ただし書は，斜橋の場合で，かつ，斜角が小さい場合，又は堤防法線が高水の流心線と平行でないような場合など，やむを得ず堤防法線と平行でない橋台を設けざるを得ないことがあり，そのような場合の規定である．同項ただし書において「堤防の構造に著しい支障を及ぼさないために必要な措置」とは，橋台の一方側が堤体の中に著しく食い込むことに対する措置として，図8.6に示すような，裏腹付け等の堤防補強をいうものである．

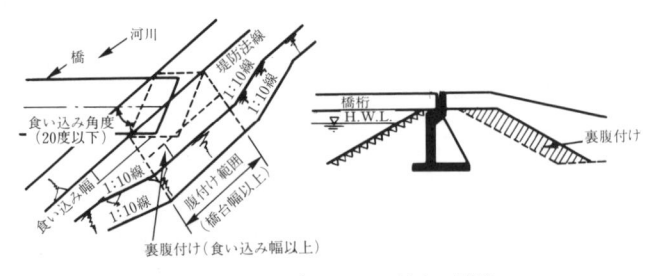

図 8.6 堤防への食い込みに対する補強

橋の方向は，河川と直角(洪水流の方向と直角)に設けるべきであるが，やむを得ず斜橋になる場合でも斜角は原則として60度より大きいことが望ましい．やむを得ず斜角が60度以下の斜橋となる場合は，原則として，斜角は45度以上とし，食い込み角度は，20度以下とするとともに，堤防への食込み幅は，天端幅の1/3以下（2mを超える場合は2m）とすることとしている（図8.6参照）．また，橋台の長さ以上の範囲において，堤防の食い込み幅以上の裏腹付けを行う等の堤防補強を行うものとする．ただし，この場合，3スパン以上の橋（河道内に2本以上の橋脚を有する橋）では，水理模型実験，数値解析，過去の設置の事例による知見等により，局所洗掘及び河道の安定等，設置による河川への影響について検討を行い，適切と認められる対策を講じるものとする．ただし，堀込河道の場合はこの限りでない．

3. **橋台の底面**

第4項の規定は，堤防に設ける橋台の底面を堤防の地盤高以下とするとともにパイルベント基礎による橋台を設けることを禁止したものである．ここに「堤防の地盤高」とは，実務上の取扱いとして，図8.7に示すように堤防の表のり尻と裏のり尻とを結ぶ線とみなしている．ただし，同図において高水敷幅が狭く，当該部分をむしろ表小段と考えることが適当であるときは，それも含めて堤防と考えなければならない．

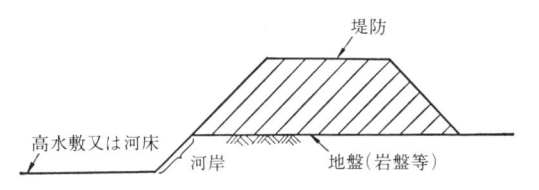

(a) 地盤が岩盤等であり，堤防地盤とが明確に区分できる場合

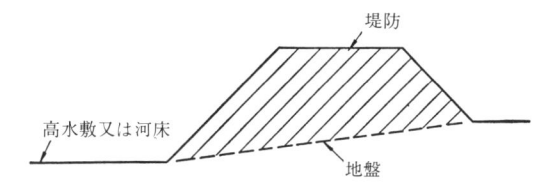

(b) 堤防と地盤とが明確に区分できない場合

図 8.7 堤防と地盤の区分

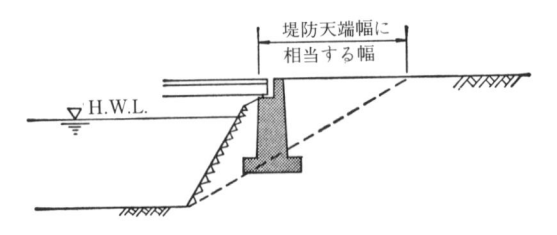

図 8.8 掘込河道の橋台位置

なお，掘込河道の場合においては，「堤防の地盤高」に相当するものとして，図 8.8 に示すように，令第 21 条に定める計画流量に応じた堤防天端幅に相当する幅の地点とのり尻を結ぶ線とする．

パイルベント基礎による橋台を堤体内に設けることを禁止する理由はおおむね次のとおりである．

図 8.9 洗掘により沈下した橋台の例

① 地震時にマッシブなものは堤体と一体的に挙動するが，フレキシブルなものは変位が大きくなる．
② 杭打ちを行うとき，堤防ののり肩付近にテンション領域を生じ，き裂を発生することが考えられるが，その発見及び完全な処置は非常に困難である．

このうち，最も重視される事項は①であり，全体として均一な土堤に異物を挿入することは地震時の両者の挙動不一致から大きな欠陥を生ずることがあるためである．

なお，鋼管矢板井筒基礎や地中連続壁基礎は，パイルベント基礎に比べて，はるかに高い剛性を有していることから，河川管理上許容できる橋台の基礎形式としてケーソン基礎と同様の取扱いをしている．橋台形式については，今後とも新技術の開発に即応して対処していくことが必要である．

4．ピアアバット

高架橋の場合，橋台と異なり堤体内に橋脚を入れる必然性がない．また，堤防と橋脚とで，平常時の交通振動や地震時の振動性状が異なること等により，堤防と橋脚の接触面に隙間ができやすく，漏水の原因となりやすい．このため，橋脚は堤体内に設けないこととしている(「工作物設置許可基準」を参照)．

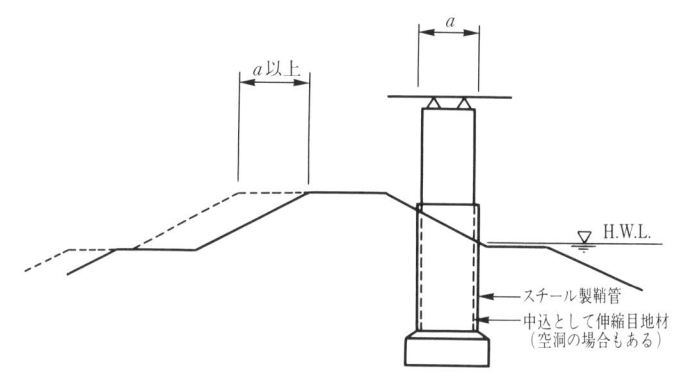

図 8.10 ピアアバット（鞘管構造）の橋脚例

図 8.11 ピアアバットの例

ただし，鞘管構造等の堤防に悪影響を及ぼさない構造のピアアバットを設け，川裏側において堤防補強を行うときはこの限りでない．このとき，ピアアバットの設置位置は原則として川表側とするほか，本条の規定を準用するものとする．この場合において，本条中の「橋台」は，「ピアアバット」と読み替えるものとする．また，堤防補強としては，ピアアバットの長さ以上の範囲において，堤防法線直角方向に見たピアアバットの川表側の面から川裏側の面までの幅以上の裏腹付けを行う等の堤防補強を行うものとする（図8.10参照）．

5．その他

堤防については，従来より設置がやむを得ないものを除いては計画堤防内に工作物を設けることを強く排除する方針をとっている．これは，地震等の影響によって工作物と堤防との接触面に間隙を生ずることが避けにくく，これにより堤防漏水が助長されることとなるためである．これが著しい場合は，パイピング現象を引き起こして，破堤につながることにもなりかねない．

橋台を計画堤防内に設けることはやむを得ないものであるが，設置に当たっては，上記の点を踏まえ，橋台及びそれに接続する堤防の構造について十分配慮しなければならない．

① 橋台の翼壁又は控え壁は，必要以上に堤体内に食い込むことのないよう留意すること．斜橋等の場合でやむを得ず著しく堤体内に食い込むこととなるときは，裏腹付け等の堤防補強を行うこと．

② 一般に，橋台付近の堤体材料は一連堤防と同等若しくはそれ以上の良質のものとするものとし，橋台背後の裏込めに砂利又は砕石は用いないこと．ただし，掘込河道の場合はこの限りでないこと．

③ 軟弱地盤である場合，橋台はその安定性を確保するため，図8.7又は図8.8にかかわらず地盤条件等を勘案のうえ適当な深さまで下げる必要があるものであること．

④ やむを得ず設ける場合で橋台が水衝部に位置する場合等洪水時における河岸の洗掘のおそれがあると認められる場合は，橋台の安定性を確保するため，橋台の底面を計画河床以下又は最深河床以下とすることについても当然考慮すべきものであること．

次に，当分河川改修の予定のない河川に橋を設ける場合は，令第2条の解説3-(4)で述べたとおり，河川の現況に即して橋台を設けることとなるが，このようなときには，洪水時の流水に著しい影響を及ぼさないよう，架橋地点の地形条件等に応じて，橋台の構造及び取付道路の構造について十分な配慮を払わなければならないものである．特に橋台の位置の決定に当たっては，どの範囲を洪水流下の断面として設定するかが問題となるが，洪水の状況及び取付道路の高さ等を考慮のうえ，取付道路に避越橋（氾濫流を流下させるため，取付道路部を高架，ボックス等とした橋）を設ける必要性などの検討もして，ケースバイケースの工夫が必要である．橋台及び取付道路の保護についても十分な配慮を払わなければならないものであり，いやしくも，橋の設置に伴って，取付道路等により当該橋梁の上流部において浸水被害が新たに発生又は助長されるようなことがあってはならないものである．

なお，第1項ただし書による山間狭窄部等の場合の取扱いについては，令第63条の解説7を参照されたい．

（橋　脚）

第62条　河道内に設ける橋脚（基礎部（底版を含む．次項において同じ．）その他流水が作用するおそれがない部分を除く．以下この項において同じ．）の水平断面は，できるだけ細長い楕円形その他これに類する形状のものとし，かつ，その長径（これに相当するものを含む．）の方向は，洪水が流下する方向と同一とするものとする．ただし，橋脚の水平断面が極めて小さいとき，橋脚に作用する洪水が流下する方向と直角の方向の荷重が極めて大きい場合であって橋脚の構造上やむを得ないと認められるとき，又は洪水が流下する方向が一定でない箇所に設けるときは，橋脚の水平断面を円形その他これに類する形状のものとすることができる．

2.　河道内に設ける橋脚の基礎部は，低水路（計画横断形が定められている場合には，当該計画横断形に係る低水路を含む．以下この項において同じ．）及び低水路の河岸の法肩から20メートル以内の高水敷においては低水路の河床の表面から深さ2メートル以上の部分に，その

他の高水敷においては高水敷(計画横断形が定められている場合には,当該計画横断形に係る高水敷を含む.以下この項において同じ.)の表面から深さ1メートル以上の部分に設けるものとする.ただし,河床の変動が極めて小さいと認められるとき,又は河川の状況その他の特別の事情によりやむを得ないと認められるときは,それぞれ低水路の河床の表面又は高水敷の表面より下の部分に設けることができる.

1. 橋脚の形状及び方向

① 橋脚は,洪水時の流水に著しい支障を与えない構造のものでなければならず,平面形状については,できるだけ細長い楕円形又はこれに類する形状のものでなければならない.細長い楕円形又はこれに類する形状のものは,円形のものより厚さ(流水の方向と直角方向の幅)が相当小さくてすみ,河積を阻害することが少ないことのほか,円形のものに比べて渦流を生ずることが少ないなど流水を乱すことが少ない.

② 従来より,橋脚の厚さを極力小さくして,河積を阻害する程度を必要最少限にとどめるための一般的な目安として,河積阻害率(橋脚の総幅が川幅に対して占める割合)により検討してきている.ここに,川幅とは,流向に対して直角に測った計画高水位と堤防のり面の交点間の距離をいい,また,橋脚の幅とは,流向に対して直角に測った計画高水位の位置における幅をいう.従来,一般的には,河積阻害率を3%以内に収めることを努力目標としてきた.しかし,特に鉄道橋の場合には,騒音対策等の面から鋼製桁からPC桁等とするケースが増えており,また道路橋の場合についても設計条件がより厳しくなってきている等のこともあって,実態としては,河積阻害率が3%以内に収まる例は少なくなっている.このような実態に鑑み,河積阻害率は,原則として,5%以内を目安としている.なお,第1項ただし書の「直角の方向の荷重が極めて大きい場合」とは,新幹線鉄道橋等を指しており,急停車時の制動荷重などを考慮して,橋脚の平面形状いい換えれば河積阻害率を緩和する趣旨のものである.新幹線鉄道橋及び高速自動車国道橋の河積阻害率は7%以内を目安とする.

これらの河積阻害率の基準は,あくまで一般的な場合のものであって,地

形の状況等によって特に高さの高い橋脚の場合等にまで一律に規制することは当を得ないが，橋梁設計の経済性のみを追求することなく，治水上の阻害を極力小さくするよう，橋脚の検討を行うべきものと認識されたい．橋の構造上やむを得ず河積阻害が上記の値を超えることとなる場合であっても，一般の橋は6％，新幹線鉄道橋及び高速自動車国道橋は8％にそれぞれとどめるよう努力すべきであろう．

③　河積阻害率は，あくまでも橋の構造設計を行う際の目安であって，河積阻害率の面からスパン数を減らさなければならないということでは必ずしもない．しかし，どうしても河積阻害率が5％（新幹線鉄道橋等にあっては7％）より大きくなり，それがためせき上げによって計画高水位に局部的にしろ影響を与える場合には，低水路の拡幅又は堤防の嵩上げ等の条件工事あるいは径間長の増加が必要になる場合もあり得るので，この点には注意を要する．もっとも，河積阻害率が目安内に収まる場合であっても，河川の状況によっては，橋脚によるせき上げによって治水上の影響が無視できないときは，そのような措置が必要である．「工作物設置許可基準」において狭窄部(山間狭窄部は除く)を設置が不適当な箇所としているのは，このような趣旨によるものである．

④　橋脚は，以上のように，できるだけ細長い楕円形又はこれに類する形状のものとしなければならないものであるが，その長径の方向については，洪水時の流線の乱れを極力小さくするため，洪水が流下する方向に平行にしなければならないものである．本条第1項ただし書後段の「洪水が流下する方向が一定でない箇所に設けるとき」とは，やむを得ず河川の合流点や湾曲部，又は洪水時の流向と低水路流心線とが平行でないような位置に架橋せざるを得ない場合などをいい，細長い楕円形又はこれに類する形状のものとすれば，その方向の選定に窮することとなるので，このような場合には，河積阻害率が大きくなるけれども，方向性のない円形断面を選ばざるを得ない．このような場合にあっても，円形断面の橋脚は，低水路部のみにとどめ，高水時の流向が比較的一定している高水敷部分では洪水時の流向を十分検討したうえで極力楕円形とし，河積阻害率を小さくするよう努める必要がある．特に重要な河川のこのような区間にあっては，模型実

験によって橋脚の形状，方向などを定めることが必要である．

⑤　第1項の規定では，図8.12のようなタイプのパイルベント橋脚の使用は原則として，禁止しているので注意を要する（課長通達24-(2)を参照）．このようなタイプのパイルベント橋脚は，洪水時に渦流を起こしやすく，橋脚の周辺に異常洗掘を起こしやすい．また，流木，塵芥などの流下物が引っかかり河積阻害を生じやすいとともに橋脚の安定性のうえからも好ましくない．更に地震時の変位又は河床低下を起こした場合の被害事故が多いほか，補強が困難であるうえ，補強そのものが河積の阻害をきたす．ただし，大口径鋼管等で変位等に対しても十分安全に設計し，流水方向に1直線に並んだタイプで，かつ，流木等の付着，渦流の発生等に対し適切に配慮される場合は支障がない．また，橋脚がラーメン構造の場合は，洪水時に流下物が上流側の橋脚に衝突した後，更に下流側橋脚に衝突するなどのほか，流下物が引っかかりやすく，治水上好ましくないので，上下流橋脚は中仕切壁をもって連繋させる必要がある（図8.13参照）．

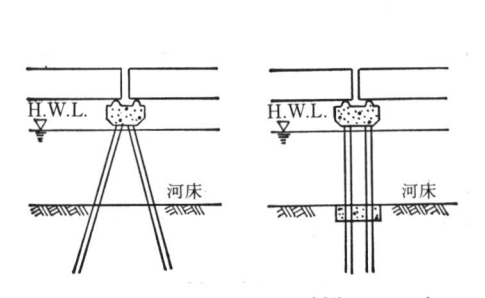

図 8.12　使用を禁じている橋脚のタイプ

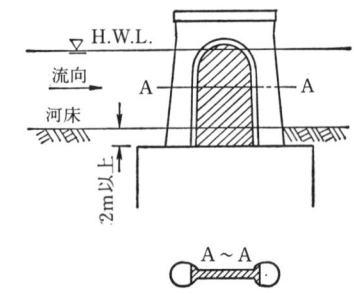

図 8.13　ラーメン構造の橋脚
　　　　（隔壁が必要）

⑥　斜橋を設ける場合に斜角のいかんによっては，支承台となる橋脚の部分を部分的にねじる場合がある．このような場合支承台部分は流水の方向とは一致しなくなるが，その部分に流水が作用するおそれさえなければ，洪水の流下に影響を与えることはない．このような趣旨から，第1項では，「流水が作用するおそれがない部分を除く．」というカッコ書が設けられている．この解釈としては，川幅が50m未満の河川にあっては計画堤防高以上，川幅が50m以上の河川にあっては，付近の河岸又は堤防の構造に著しい支障

を及ぼすおそれのある場合を除き，計画高水位以上の高さに存する橋脚の部分をいうものとしている（課長通達24-(1)を参照）．当該除外規定においては，例えば令第60条第1項などとは異なり，流水の作用を計画高水位以下の流水の作用のみに限定したものではないので，本来，川幅が50m以上の河川にあっても，流水が作用するおそれがない部分は計画堤防高以上の部分とすべきであるが，川幅が広い河川にあっては，河岸又は堤防に最も近い橋脚はともかく，他の橋脚についてはこれを緩和しても差し支えないとの考え方から課長通達の運用解釈となっている．したがって，川幅が50m以上の河川にあっても，河岸又は堤防に最も近い橋脚を主体に計画高水位以上の流水が流下したときの影響について検討を行い，治水上の支障があると認められる場合は，必要な範囲に堤防天端まで護岸を施工する等適切な措置を講ずるときを除き，川幅50m未満の河川と同様の取扱いとしなければならない．

⑦　また，本条第2項の規定による根入れ深さより上の部分の橋脚については，計画河床以下であっても，「その他流水が作用するおそれがない部分」には該当しないものであり，その水平断面はできるだけ細長い楕円形その他これに類する形状のものとし，かつ，その長径の方向は洪水が流下する方向と同一とすることとされている（課長通達24-(1)を参照）．

⑧　第1項ただし書の「橋脚の水平断面が極めて小さいとき」とは，直径1m以下の場合又は橋脚による河積の阻害率が著しく小さい（3％未満）場合をいうものとしている（課長通達24-(2)を参照）．

2．橋脚の根入れ

　橋脚の基礎は，少なくとも掃流深に相当する深さ以下の部分に設けなければならないが，橋脚の付近では渦流による局所洗掘が発生しやすいので，その影響を考慮すると橋脚の基礎は更に深くしておかなければならない．橋脚の根入れが不足すると，橋脚自体の安全性が損なわれるとともに橋脚付近における局所洗掘が助長され，河川管理施設等に著しい支障を及ぼす．洪水時の異常洗掘によって，最悪の場合には落橋して大きく河積を阻害するような事故も起こっている．また，従来設けられている橋脚には河床変動などによる基礎の露出又は根入れ不足によって，洪水時の異常洗掘を引き起こし，治

図 8.14 周辺の洗掘により沈下した橋脚の例

図 8.15 河床低下により危険な状態にある橋の例

水上著しい支障となっている例が多く見受けられる．更に，落橋に至らないまでも橋脚が危険にひんし，その補強措置そのものが大きな流水阻害をきたす構造となって，河川管理上極めて不都合な結果となっている例は非常に多い．

本条第2項は，このような観点から定めた橋脚の根入れに関する規定であり，橋脚の基礎高を定めたものである．第2項に関連し若干の留意事項を述べておきたい．

① 橋脚による局所洗掘が助長されないよう，第2項の規定によって定まる

橋脚の根入れ部については，第1項の規定により原則としてできるだけ細長い楕円形その他これに類する形状のものにしなければならない．第2項中「基礎部」には，フーチングの上面を含むもので注意されたい．

② 第2項に定める橋脚の根入れの基準値(2m又は1mという数値)は，あくまで最低基準を示したものであるので，河床変動の著しい河川又は河川の区間においては，橋脚の基礎部をそれより深い位置としなければならない場合がある．しかし，この場合，特に許可工作物にあっては，局所洗掘が当該橋梁付近の河川管理施設等に与える影響について近傍類似河川における実例等によって，河川管理者から許可工作物の設置者に，しかるべき説明を行う必要がある．

③ 第2項に定める橋脚の根入れの基準値(2m又は1mという数値)は，橋脚による局所洗掘が助長されないために，少なくともその深さまで第1項に規定する形状のものとしなければならないことを示したものであり，橋脚付近における河床の局所洗掘の深さを示したものではない．したがって，橋脚の安定計算に当たっては，各河川の河道特性，河床材料等を踏まえつつ，局所洗掘について別途考慮する必要がある．この点については，誤解のないよう特に注意されたい．なお，局所洗掘の深さを決定する際には長期的な河床変動を上下流一連区間において検討する必要がある．洪水時における局所洗掘の現象については，建設省土木研究所における実験的研究(治水上から見た橋脚問題に関する検討，土木研究所資料第3225号，平成5年11月)等が進んできているのでこれを参考とされたい．

④ 第2項において，低水路の河岸ののり肩から20m以内の高水敷部に設ける橋脚の根入れは，低水路に設ける橋脚と同じ取扱いにしているが，これは，低水路の河岸の異常洗掘を考慮したものである．橋脚の設置に伴って低水路の河岸にも護岸を設けなければならないものであるが，低水路の河岸においては掃流力も大きく，また流水の作用も単純でないので，異常洗掘を受けやすい．横方向に30mないし50m程度の異常洗掘を生ずることもしばしばである．

⑤ 第2項の「低水路の河床の表面」とは，原則として，低水路の最深河床の表面をいうものであり，令第37条(流下断面との関係)に規定する堰の

固定部の場合のように流下断面（令第2条第6号の定義により，局部的な深掘れをしている場合の死水域とみなせる部分を除く）を基準としたものではなく，また，必ずしも橋脚の位置の河床を指しているものでもない．一般に，低水路において最深河床となる点は変動するものである．したがって，低水路又は低水路の河岸ののり肩から20 m以内の高水敷部分に設けられる橋脚の根入れは，原則として低水路の最深河床から2 m以上深くなければならないものである．なお，計画河床は，改修の計画における掘削線を表示したものが多いが，そこまでの掘削が完了した時点でどのような横断形状が形成されるかについて事前に十分検討する必要がある．

⑥　地盤の良好なときに直接基礎の形式が採用されることも少なくないが，このような場合には，局所洗掘の面から橋脚の根入れが定まるので，特に注意が必要である．

次に，本条第2項のただし書について説明することとする．第2項ただし書前段の「河床の変動が極めて小さいと認められるとき」とは，橋脚の底面が岩盤に接するとき，河床に岩が露出しているとき，長期にわたって河床の変動が認められないとき，現に当該施設の下流側に近接して固定部がおおむね計画横断形に係る河床高に合致した堰，床止め，水門等が設けられており河床が安定しているときなどが該当する．また，ただし書後段の「河川の状況その他の特別の事情によりやむを得ないと認められるとき」とは，河口部付近において水深が深く，現河床が相当深い状態にあって施工が技術的に極めて困難で，かつ，感潮区間なるがゆえに洪水時の流速も緩く，したがって大きな局所洗掘が発生するおそれがない場合などを指している．

3．橋脚の位置

橋脚の位置については，次節に述べる径間長によっておおむね定まるものであるが，それが河岸（低水路の河岸を含む．以下この項において同じ．）又は堤脚に接近した場合は，河岸又は堤脚が洗掘されやすい．したがって，橋脚の位置を決定するときは令第63条に定める径間長の規定を満足することはもちろんのこと，次の点に留意する必要がある．

①　橋脚の位置は，原則として，河岸又は堤防ののり先及び低水路の河岸ののり肩からそれぞれ10 m（計画高水流量が500 m³/s未満の河川にあっては

5 m）以上離すこととする．
② やむを得ず河岸又は堤防ののり先又は低水路の河岸ののり肩付近に設置せざるを得ない場合は，必要に応じ，護岸をより強固なものとするとともに，護床工又は高水敷保護工を設けるものとする．

（径間長）
第 63 条　橋脚を河道内に設ける場合においては，当該箇所において洪水が流下する方向と直角の方向に河川を横断する垂直な平面に投影した場合における隣り合う河道内の橋脚の中心線間の距離（河岸又は堤防（計画横断形が定められている場合には，計画堤防．以下この条において同じ．）に橋台を設ける場合においては橋台の胸壁の表側の面から河道内の直近の橋脚の中心線までの距離を含み，河岸又は堤防に橋台を設けない場合においては当該平面上の流下断面（計画横断形が定められている場合には，当該計画横断形に係る流下断面）の上部の角から河道内の直近の橋脚の中心線までの距離を含む．以下この条において「径間長」という．）は，山間狭窄部であることその他河川の状況，地形の状況等により治水上の支障がないと認められる場合を除き，次の式によって得られる値（その値が 50 メートルを超える場合においては，50 メートル）以上とするものとする．ただし，径間長を次の式によって得られる値（以下この項及び第 3 項において「基準径間長」という．）以上とすればその平均値を基準径間長に 5 メートルを加えた値を超えるものとしなければならないときは，径間長は基準径間長から 5 メートルを減じた値（30 メートル未満となるときは，30 メートル）以上とすることができる．

$$L = 20 + 0.005Q$$

この式において，L 及び Q は，それぞれ次の数値を表すものとする．
　　L：径間長（単位　メートル）
　　Q：計画高水流量（単位　1 秒間につき立方メートル）
2．次の各号の一に該当する橋（建設省令で定める主要な公共施設に係るものを除く．）の径間長は，河川管理上著しい支障を及ぼすおそれが

ないと認められるときは，前項の規定にかかわらず，当該各号に掲げる値以上とすることができる．
　一　計画高水流量が1秒間につき500立方メートル未満で川幅が30メートル未満の河川に設ける橋　12.5メートル
　二　計画高水流量が1秒間につき500立方メートル未満で川幅が30メートル以上の河川に設ける橋　15メートル
　三　計画高水流量が1秒間につき500立方メートル以上2 000立方メートル未満の河川に設ける橋　20メートル
3.　基準径間長が25メートルを超えることとなる場合においては，第1項の規定にかかわらず，流心部以外の部分に係る橋の径間長を25メートル以上とすることができる．この場合においては，橋の径間長の平均値は，これらの規定により定められる径間長以上としなければならない．
4.　河道内に橋脚が設けられている橋，堰その他の河川を横断して設けられている施設に近接して設ける橋の径間長については，これらの施設の相互の関係を考慮して治水上必要と認められる範囲内において建設省令で特則を定めることができる．

（主要な公共施設に係る橋）

規則第28条　令第63条第2項の建設省令で定める主要な公共施設に係る橋は，次の各号に掲げるものに係る橋とする．
　一　全国新幹線鉄道整備法（昭和45年法律第71号）第2条に規定する新幹線鉄道
　二　道路法（昭和27年法律第180号）第3条第1号に規定する高速自動車国道
　三　前号に規定する道路以外の道路で幅員30メートル以上のもの

（近接橋の特則）

規則第29条　令第63条第4項に規定する河道内に橋脚が設けられている橋，堰その他の河川を横断して設けられている施設（以下この項に

おいて「既設の橋等」という.）に近接して設ける橋（以下この条において「近接橋」という.）の径間長は，令第63条第1項から第3項までに規定するところによるほか，次の各号に掲げる場合に応じ，それぞれ当該各号に定めるところにより近接橋の橋脚を設けることとした場合における径間長の値とするものとする．ただし，既設の橋等の改築又は撤去が5年以内に行われることが予定されている場合は，この限りでない．
　一　既設の橋等と近接橋との距離（洪水時の流心線に沿った見通し線（以下この項において「見通し線」という.）上における既設の橋等の橋脚，堰柱等（以下この項において「既設の橋脚等」という.）と近接橋の橋脚との間の距離をいう．次号において同じ.）が令第63条第1項の規定による基準径間長未満である場合においては，近接橋の橋脚を既設の橋脚等の見通し線上に設けること．
　二　既設の橋等と近接橋との距離が，令第63条第1項の規定による基準径間長以上であって，かつ，川幅（200メートルを超えることとなる場合は，200メートル）以内である場合においては，近接橋の橋脚を既設の橋脚等の見通し線上又は既設の橋等の径間の中央の見通し線上に設けること．
2．前項の規定によれば近接橋の径間長が70メートル以上となる場合においては，同項の規定にかかわらず，径間長を令第63条第1項の規定による基準径間長から10メートルを減じた値以上とすることができる．
3．第1項の規定によれば近接橋の流心部の径間長が70メートル以上となる場合においては，同項の規定にかかわらず，径間長の平均値を令第63条第1項の規定による基準径間長から10メートルを減じた値（30メートル未満となる場合は，30メートル）以上とすることができる．

1. 径間長の定義

橋梁工学で定義するような支承の中心距離というような厳密な規定は，河川管理上は必要なく，実務上では，図8.16に示すように，「橋脚の中心線間

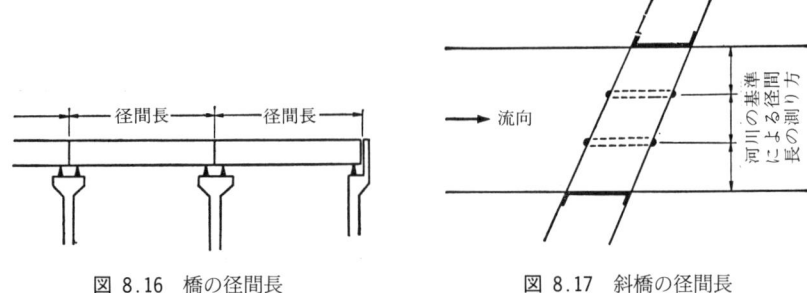

図 8.16 橋の径間長　　　　図 8.17 斜橋の径間長

の距離」をもって径間長と取り扱っている．伸縮継手間隔を含めた橋桁長と解してもよい．令第63条第1項においては，このような実務上の取扱いに準じて橋の径間長を定義している．

橋の両サイドについては，橋脚がないが，令第63条第1項中「橋台の胸壁の表側の面から河道内の直近の橋脚の中心線までの距離」とあるように，サイドスパンについては橋台からの距離をいう．また，高架橋などの場合で，橋台を設けない場合は第1項中「流下断面の上部の角から河道内の直近の橋脚の中心線までの距離」とあるように，計画高水位と河岸又は堤防ののり面との交点からの距離をいう．

なお斜橋又は曲橋の径間長は令第63条第1項にも明記しているように，当該箇所において洪水が流下する方向と直角の方向に河川を横断する垂直な平面に投影した距離であって，実務上「直橋換算」と呼んでいる（図8.17参照）．

2．基準径間長

河川管理者は，計画高水位を定めて堤防を築造する等の河川工事を行っているが，計画高水位は河川管理上最も基本となるもので，計画高水位以下のすべての洪水は安全に流下させなければならない．橋の基準径間長を理解するうえでこの点が最も重要な点である．計画高水位以下の洪水において，橋に流木などが引っかかり，それが原因で災害が発生するようなことは許されない．構造令における径間長の規定は，従来長い年月にわたっての幾多の経験的な積重ねの結果，最小限必要と考えられてきたものであるが，令第63条に定める基準を満足していれば災害発生のおそれが全くないということではなく，基準値未満の場合には，逆に災害発生のおそれが非常に高くなると考

えられているものである．橋の設置に起因する危険性の増大は許されないというのが河川管理の基本的な考え方である．

近年では，木橋の数が激減していること等から，一般に流木の集団流下を想定する必要がなくなっている．流木が集団流下でなく，バラバラになって流下した場合，径間長が50m程度以上の橋は閉塞されないとの実験結果が得られている．また，径間長が50m以上の橋が閉塞された事例は確認されていない．一方で，大量の土砂の流出があった際の事例，流木が集団で流下した際の事例，及び計画高水位を超える出水により水位が桁下以上になった際の事例を除けば，最小径間長が20m以上ある橋が閉塞された事例は確認されていない．現段階では，流木による橋の閉塞現象を科学的に明確に説明しきることは難しいが，このような橋の閉塞等の被災事例及び水理模型実験の結果[2),3)]を踏まえ，更に橋に関する技術水準をも考え合わせた結果，令第63条に定める規定がほぼ妥当なものと考えられる．計画高水流量に応じて，必要な径間長を変えているのは，計画高水流量が大きくなればなるほど一般的にいって河川としての重要度が高く，堤防高も高くなって破堤した場合の破壊力も大きくなることなどの考えからである．したがって，計画高水流量のいかんにかかわらず，最小径間長のみを定めればよいという論議は河川管理の立場からはあり得ない．

以上のような観点から，令第63条第1項本文の規定を定めており，第1項の式によって得られる値を，本来あるべき橋の径間長として，「基準径間長」と呼んでいる．基準径間長という言葉は，令第63条第1項のほか，第3項，規則第26条，第29条及び第31条等に出てくるので，念のため注意しておくと，基準径間長は式によって得られる値をいうものであり，50mを限度とするものではない．第1項中「その値が50メートルを超える場合においては，50メートル」とあるのは，橋の閉塞等の被災事例，水理模型実験の結果及び橋の経済性を考慮して定めた緩和規定であって，式そのものが50mを限度とするものではない（課長通達25-(1)を参照）．

3. 5m緩和の規定

令第63条第1項において「ただし，径間長を次の式によって得られる値以上とすればその平均値を基準径間長に5メートルを加えた値を超えるものと

しなければならないときは，径間長は，基準径間長から5メートルを減じた値（30メートル未満となるときは，30メートル）以上とすることができる．」という基準径間長の原則を緩和する規定を設けている．これは，スパン割の関係から実際の径間長が基準径間長より大幅に長くなる場合があり，これを緩和する趣旨で設けたものである．例えば，基準径間長が35mのとき，橋長が70m以上105m未満の場合においては，基準径間長の原則を厳守する限り2径間でなければならず，径間長は35m以上52.5m未満となる．そこで，この緩和規定では，2径間としたときに40m以下となる場合は基準径間長より長くなる値がたかだか5mであるのでそのままとし，40mを超える場合については径間数を一つ増やして3径間とすることができることとしたのである．ただし，この場合，橋長が90m未満であるものについては，3径間とすると径間長は30m未満となり基準径間長より5m以上短くなるので，それは避けて5mという緩和の限度を設けたものである．以下，この規定を「5m緩和の規定」と称することとする．

「5m緩和の規定」の趣旨は，スパン割の関係から橋の径間長が基準径間長より5m以上長くなる場合に，5mを限度として径間長を縮小することができることであり，その径間数の増加は1径間までである．

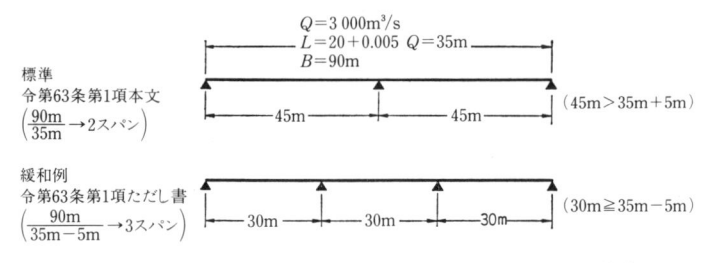

図 8.18 令第63条第1項ただし書（5m緩和の規定）の図解例

4. 中小河川の緩和規定

令第63条第2項は，計画高水流量が2 000 m³/s 未満の場合の緩和規定である．計画高水流量が2 000 m³/s 未満の場合，令第63条第1項に規定する基準径間長では構造令制定以前の運用に比べて厳しくなりすぎるので，河川管理上著しい支障を及ぼすおそれのないと認められるときは，従来の考え方に準じ，計画高水流量が500 m³/s 未満の場合は15 m，500 m³/s 以上2 000 m³/

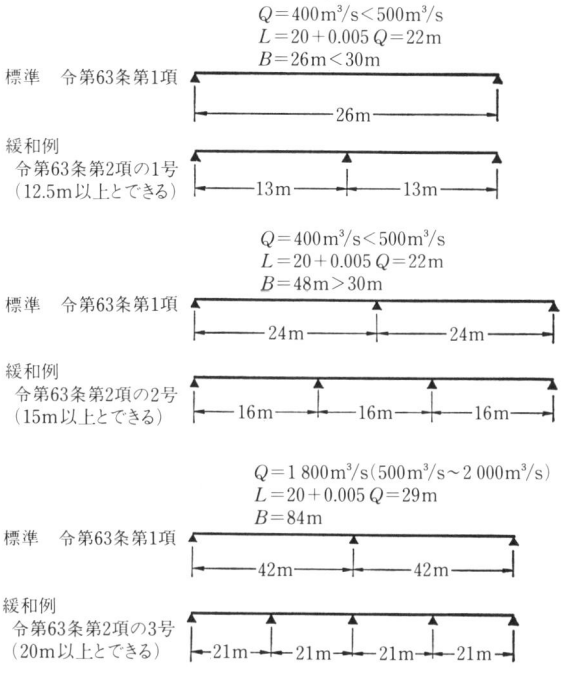

図 8.19 中小河川の緩和例（令第 63 条第 2 項）

s 未満の場合は 20 m まで縮小できることとし，更に 500 m³/s 未満の場合で，かつ，川幅が 25 m 以上 30 m 未満の場合には 12.5 m を限度とし，2 スパンとすることができることとしたものである．例えば，計画高水流量が 500 m³/s 未満で川幅が 25〜40 m のときに，第 1 項の規定によれば 1 スパンとしなければならないところを，第 2 項第 2 号又は第 1 号の規定によって 2 スパンとできるなど，第 2 項の緩和規定は中小河川の場合に非常に活用されがちであるが，この緩和規定はみだりに適用するべきではない．すなわち，中小河川の場合において，比較的狭い河道の中央に橋脚が設けられ，洪水流下に著しく支障を及ぼしている例が多く見受けられることから，第 2 項においては，構造令制定以前に無条件で運用されてきた第 1 号から第 3 号の基準は条件付きで適用することとなっており，第 2 項の「河川管理上著しい支障を及ぼすおそれがないと認められるとき」とは，次の諸条件について十分留意されている場合をいうものである．

① 橋脚が河岸（低水路の河岸を含む）又は堤防ののり先並びに低水路ののり肩から 10 m（計画高水流量が 500 m³/s 未満の河川にあっては 5 m）以上離れていること．ただし，局所洗掘等のおそれに対し，護岸の補強及び根固工の設置等適切な措置が講ぜられるときはこの限りでないこと．
② 橋脚の流心方向の長さが 30 m 未満であること．
③ 橋脚は，図 8.12 に示すようなパイルベント形式以外のものとし，河積阻害率は 5 ％以下であること．
④ 堤防の小段又は高水敷と橋桁との間のクリアランスが 2 m 未満の部分があるときは，それを無効河積としてもなお河道に必要な流下断面が確保されること．

5．流心部以外の部分の特例

令第 63 条第 3 項に定める流心部以外の部分の特例によれば，サイドスパンが流心部以外（例えば高水敷）に位置している場合，流心部の径間長を長くし，サイドスパンを短くできればサイドスパンの桁高がそれだけ低くなり，取付道路の嵩上げが小さくなるという点で大きなメリットが生ずるので，特に都市部においては，この特例の意義が大きい．流心部以外の径間長が 25 m 以上の橋が流木により径間閉塞された事例は確認されていない．このため，第 3 項では，サイドスパンを 25 m まで縮小する場合，縮小された分だけ逆に流心部の径間長を長くすれば治水上特段の支障はないという考え方に立っている．第 3 項で注意すべきは，流心の変動が将来にわたって発生するおそれがないかということであり，過去におけるみお筋の変遷などを十分調査して，もし流心部が固定していないと判断される河川の区間にあっては，この規定は

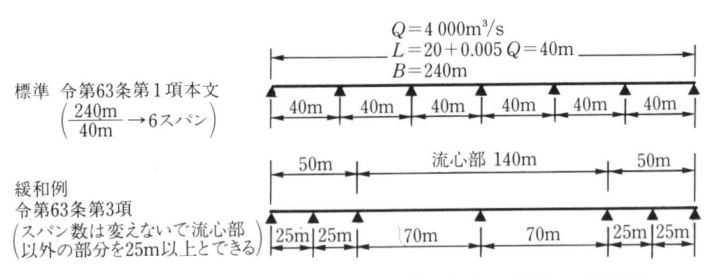

図 8.20 令第 63 条第 3 項（流心部以外の部分の特例）の図解例

適用してはならないものである（課長通達11-(2)を参照）．

6. 近接橋の特則

洪水時においては，橋脚により流線が乱され，回転流としての渦が発生することはある程度避けられないが，このことに対し十分な配慮を払わないと局所洗掘を引き起こし，治水上著しい支障を及ぼすこととなる．したがって，橋脚の形状をできるだけ細長い楕円形その他これに類する形状にするとともに，上下流に橋脚が近接して設けられる場合には流線の乱れを極力少なくするよう，また上下流で発生した渦流が複合しないよう配慮しなければならない．

令第63条第4項及び規則第29条第1項は，これらの点より定めたものである．既設の橋等と新たに設けられる近接橋との橋脚間の距離が，令第63条第1項の式で得られる基準径間長以内に近接している場合，近接橋の径間長は第1項及び第2項に規定する所定の径間長を確保し，橋脚は既設の橋脚等の洪水時の流心線に沿った見通し線上に合致させる必要がある（課長通達25-(2)を参照）．また，上下流の橋脚間の距離が基準径間長以上ある場合は，前述のほかに新改築する橋の橋脚を既設の橋等の径間の中央の流心線上に設置しても渦流の複合の心配は少ないので，それでもよい規定としている．上下流の橋脚間の距離が当該河川の川幅以上，又は200m以上離れている場合には，橋脚の位置関係に関する制限は特に必要がないと考えられているので，近接橋とは呼ばない．すなわち，この場合は規則第29条（近接橋の特則）の適用がないものである．

近接橋の場合，橋脚の位置関係については，上記の制限を受けるので，令第63条第1項から第3項の規定をそのまま適用したのでは径間長が著しく長くなりすぎることがある．一般に，径間長が70m以上になると工費的にも問題があるので，規則第29条第2項は，上記の制限を受けた結果径間長が70m以上となる場合には，令第63条第1項の基準径間長より10m小さい値の径間長まで緩和することができることとされたものである．例えば既設橋が8@37.5mのときに基準径間長が45mの橋を新設する場合（上下流の橋脚間が基準径間長以内の場合）（図8.21近接橋Ⅰ参照），普通なら既設橋の2径間を新設橋の1径間として37.5m×2=75mとすべきであるが，70m以上となるので，

既設橋 $Q=5\,000\text{m}^3/\text{s}$, $L=20+0.005\,Q=45\text{m}$, $B=300\text{m}$
37.5m × 8

近接橋Ⅰ 標準 規則第29条第1項第1号
75m × 4 (75m＞70m)

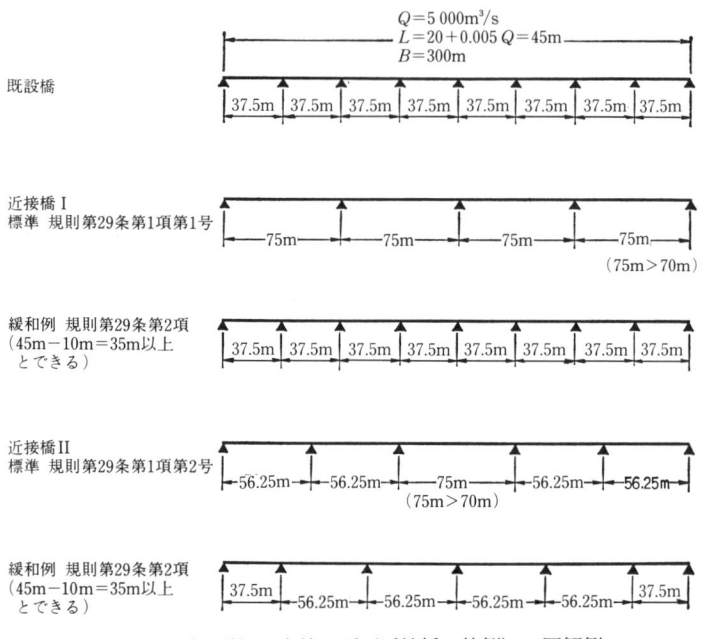

緩和例 規則第29条第2項
(45m－10m＝35m以上とできる)
37.5m × 8

近接橋Ⅱ 標準 規則第29条第1項第2号
56.25m－56.25m－75m－56.25m－56.25m (75m＞70m)

緩和例 規則第29条第2項
(45m－10m＝35m以上とできる)
37.5m－56.25m－56.25m－56.25m－56.25m－37.5m

図 8.21　規則第 29 条第 2 項（近接橋の特例）の図解例

この緩和規定により，新設橋の計画径間長は 37.5 m（37.5 m＞45 m－10 m）でよい．

　規則第 29 条第 3 項も第 2 項と同様の趣旨による径間長の緩和規定であるが，規則第 29 条第 3 項は，令第 63 条第 3 項を適用しようとする場合における平均径間長の緩和規定であるので，この点について誤解のないよう注意されたい（課長通達 25-(4)を参照）．また，近接橋について令第 63 条第 3 項及び規則第 29 条第 3 項を適用しようとする場合は，両者がともに緩和規定であり，これらを誤用することのないよう十分注意しなければならない．すなわち，規則第 29 条第 3 項は，令第 63 条第 3 項の規定に基づくスパン割では規則第 29 条第 1 項に適合しないときに限り適用すべきであって，規則第 29 条第 3 項の緩和規定を適用しなくても，令第 63 条第 3 項の規定によって規則第 29 条第 1 項に適合することとなるときは，規則第 29 条第 3 項を適用してはならないものである．例えば，2＠30 m＋4＠40 m＋2＠30 m＝280 m の既設橋に規則第 29 条第 1 項第 1 号の近接橋を設けようとする場合（上下流の橋脚間が基準径

第63条　径　間　長　313

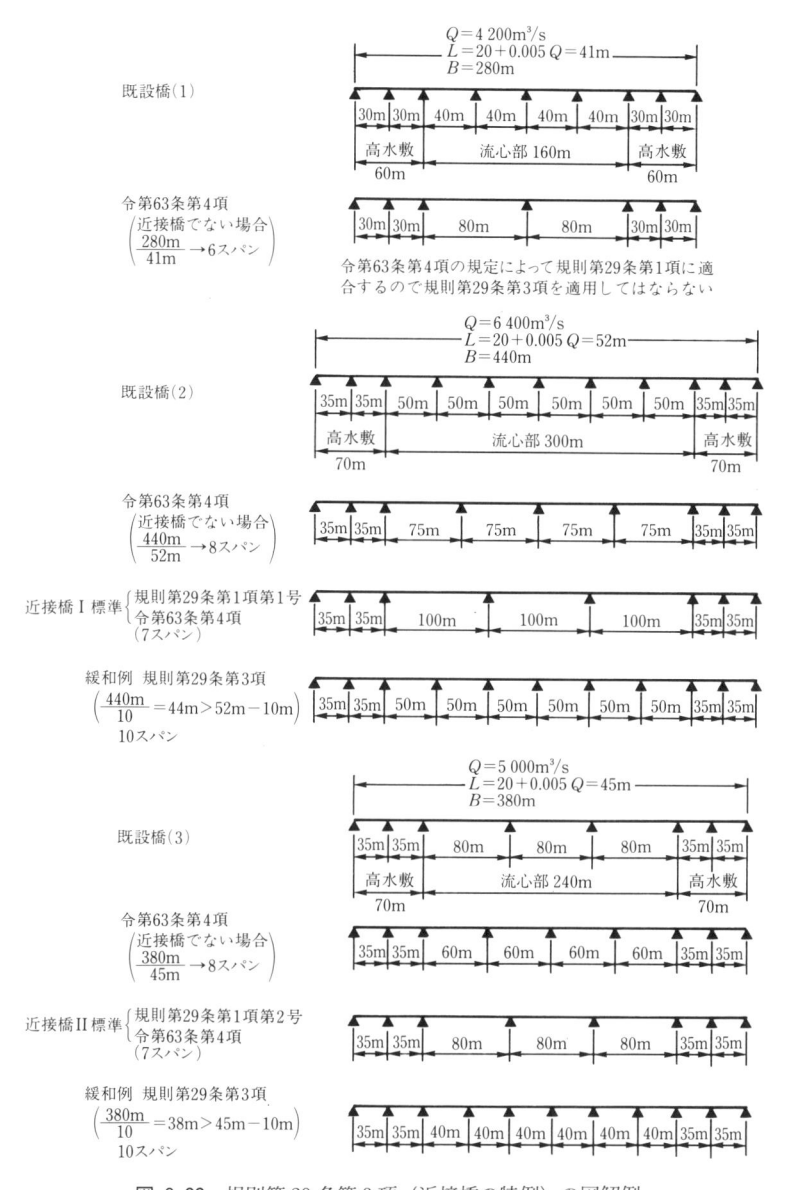

図 8.22　規則第29条第3項（近接橋の特例）の図解例

間長以内の場合)，基準径間長が 41 m ($Q=4\,200$ m³/s) のときは (図 8.22 既設橋(1)参照)，仮に，既設橋と同じスパン割としても，平均径間長が 280 m÷8＝35 m であるので，規則第 29 条第 3 項の規定を満足する (35 m＞41 m－10 m)．しかしながら，本来令第 63 条第 3 項を適用しようとする場合は，280 m÷41 m＝6 スパンとすべきで，例えば 2@30 m＋2@80 m＋2@30 m＝280 m というスパン割になるばずであり，このスパン割で規則第 29 条第 1 項に適合している．この場合，80 m という径間長が生じることとなるが，これは規則第 29 条第 1 項の規定を満たすために生じたものではなく，令第 63 条第 3 項を適用しようとするために生じたものであるので，規則第 29 条第 3 項中「第 1 項の規定によれば近接橋の流心部の径間長が 70 メートル以上となる場合」には該当しないものである．したがって，このような例の場合には，規則第 29 条第 3 項の緩和規定を適用してはならない．

　規則第 29 条第 3 項の緩和規定が適用できるのは次のような場合である (図 8.22 既設橋(2)参照)．例えば 2@35 m＋6@50 m＋2@35 m＝440 m ($Q=6\,400$ m³/s，基準径間長 52 m) というスパン割の既設橋に規則第 29 条第 1 項第 1 号の近接橋を設けようとする場合，令第 63 条第 3 項を適用すれば，440 m÷52 m＝8 スパンとなり，2@35 m＋4@75 m＋2@35 m＝440 m というスパン割となる．しかし，このスパン割では規則第 29 条第 1 項第 1 号 (近接橋の橋脚を既設の橋脚等の見通し線上に設ける) に適合せず，規則第 29 条第 1 項第 1 号に適合するためには，2@35 m＋3@100 m＋2@35 m＝440 m というスパン割にしなければならない．このように令第 63 条第 3 項の規定に基づくスパン割では規則第 29 条第 1 項に適合せず，規則第 29 条第 1 項第 1 号の規定を適用すれば流心部の径間長が 70 m 以上となる場合に規則第 29 条第 3 項の規定を適用し，新設橋のスパン割を 2@35＋6@50 m＋2@35 m＝440 m とできるものである．

　なお，規則第 29 条第 1 項第 2 号 (近接橋の橋脚を既設の橋脚等の見通し線上又は既設の橋等の径間の中央の見通し線上に設ける) の近接橋を設ける場合の規則第 29 条第 3 項の緩和例は図 8.22 既設橋(3)を参考にされたい．

　なお，以上の近接橋の特則は，既設橋の改築又は撤去が 5 年以内に行われることが予定されている場合は，適用されない．この場合，実施の計画が確

定していることが必要であり，道路管理者の単なる意向表明だけでは政令違反となるおそれがある．事務処理上の具体的な取扱いとしては，近接橋の法第26条（工作物の新築等の許可）の許可条件として5年以内に既設橋の改築又は撤去することが明記されていることとなる．この場合に基準径間長以内に設ける近接橋の径間長については，令第63条第1項から第3項までの規定によることのほか，近接橋の橋脚を既設の橋脚等の間に設ける場合には，近接橋の橋脚と既設の橋脚等との間の距離が流心方向と直角方向に令第39条（可動堰の可動部の径間長の特例）第1項の表の第3欄に掲げる値以上離すよう努める必要がある（図8.23参照）．

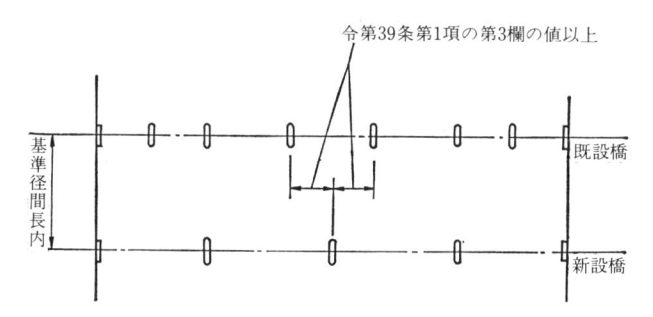

図8.23 5年以内に既設橋の改築又は撤去が予定されている場合の近接橋の橋脚の位置の例

7. 山間狭窄部等の取扱い

令第61条（橋台）第1項及び第63条第1項には「山間狭窄部であることその他河川の状況，地形の状況等により治水上の支障がないと認められるとき」としてただし書の規定を設けており，特別の扱いをすることとなっている．山間狭窄部の概念及びその基本的な考え方については，令第37条（流下断面との関係）の解説3-(2)で述べたとおりである．

山間狭窄部等に橋や張り出し歩道（図8.24参照）を設けるときには，原則として計画高水位に必要な余裕高を見込んだ以上の高さに設置するものとしているが，地形の状況等によっては，橋台や基礎を流下断面内に設けざるを得ない場合がある．このような場合には，当該張出し部を無効河積として，せき上げ水位の影響について検討を行う必要がある．なお，この場合，当該張出し部が付近の河岸及び河床等を洗掘しないよう措置することは当然である．

なお，張り出し歩道を設置する場合は，河岸の景観保全に十分配慮するものとする．また，方杖ラーメン橋（又はこれに類するものを含む）とする場合は原則として，サイドスパンの河積は無効河積として取り扱うものとする（図8.25 参照）．

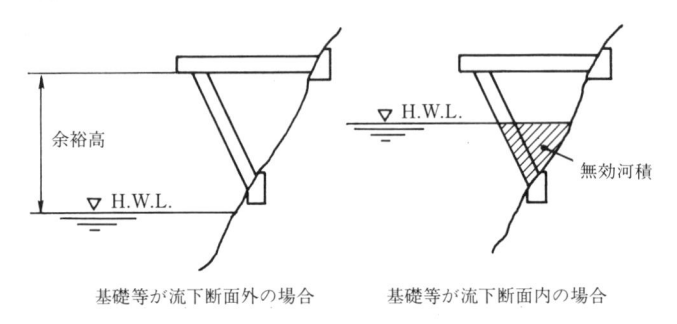

基礎等が流下断面外の場合　　　　基礎等が流下断面内の場合

図 8.24　山間狭窄部等における張り出し歩道

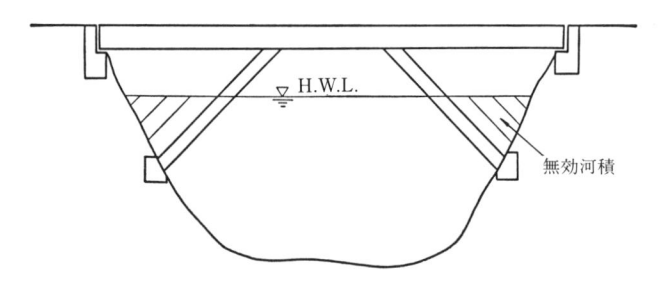

図 8.25　山間狭窄部等における方杖ラーメン橋

（桁下高等）

第64条　第41条第1項及び第42条の規定は，橋の桁下高について準用する．この場合において，これらの規定中「可動堰の可動部の引上げ式ゲートの最大引上げ時における下端の高さ」とあるのは，「橋の桁下高」と読み替えるものとする．

2．橋面（路面その他建設省令で定める橋の部分をいう．）の高さは，背水区間又は高潮区間においても，橋が横断する堤防（計画横断形が定められている場合において，計画堤防の高さが現状の堤防の高さより低く，かつ，治水上の支障がないと認められるとき，又は計画堤防の

高さが現状の堤防の高さより高いときは，計画堤防）の高さ以上とするものとする．

(橋　面)
規則第30条　令第64条第2項の建設省令で定める橋の部分は，地覆その他流水又は波浪が橋を通じて河川外に流出することを防止するための措置を講じた部分とする．

　先に述べたように，令第20条（高さ）の余裕高は，波浪や流木などの影響で一時的な水位上昇が起こったときにおいても，洪水が堤防を越流することがないよう定めた堤防の構造上の余裕である．洪水による流下物の浮上高はそれよりも更に大きい場合もあり得るので，橋の桁下クリアランスと堤防の余裕高を同一視することは本来的にはできない．しかし，これまで令第20条第1項の表の下欄に掲げる余裕高以上の桁下クリアランスが確保されている橋においては，流木により径間閉塞された事例は確認されていない．このようなことから，橋の桁下高についても，令第20条の基準値を準用することとしたものである．ただし，流木などの多い河川で令第20条第1項の表の下欄に掲げる余裕高では，治水上支障があると判断される場合は，適宜桁下高を増高する必要がある．

　令第64条第1項の規定に基づき，橋の桁下高について準用する令第41条（可動堰の可動部のゲートの高さ）第1項及び第42条（可動堰の可動部の引上げ式ゲートの高さの特例）の規定については，先に詳しく解説したとおりであるので，「背水区間の特例」，「地盤沈下地域における取扱い」等については，先の解説を参照されたい．ここでは，令第64条第2項の規定について説明しておく．

　橋の桁下高は，高潮区間にあっては計画高潮位以上，背水区間にあっては本川の背水位（計画高水位）又は自己流水位に支川の余裕高を加えた高さ以上にすることのできる特例がある．しかし，そのような特例を適用する場合であっても，橋面が前後の堤防天端高より低いときには，橋の高欄等を水密にしない限り堤防天端高いっぱいの洪水時に橋面を通して流水が溢水するこ

ととなるので，これを防止するため第2項の規定を設けている．ここで橋面とは，原則として路面をいうが，路面を堤防高まで上げることによって取付道路沿線の家屋の地上げなど事業遂行上に著しい困難さを伴うときは，橋面を拡大解釈し地覆又は水密構造の高欄部分を含むことができる取扱いとしている．このことに関する規定が規則第30条であるが，実施に当たっては，堤防と橋との接続部分の構造及び路面の雨水排水などに特別の配慮を払う必要がある．

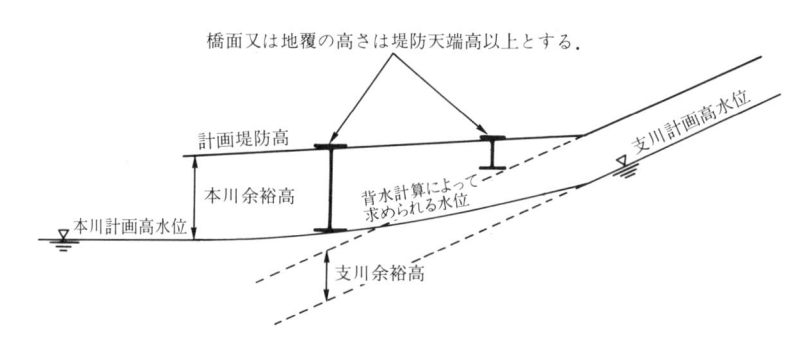

図 8.26 背水区間における橋の桁下高及び橋面高等の解説

(護岸等)
第65条 第34条及び第35条の規定は，橋を設ける場合について準用する．
2. 前項の規定による場合のほか，橋の下の河岸又は堤防を保護するため必要があるときは，河岸又は堤防をコンクリートその他これに類するもので覆うものとする．

(橋の設置に伴い必要となる護岸)
規則第31条 橋の設置に伴い必要となる護岸は，次の各号に定めるところにより設けるものとする．ただし，地質の状況等により河岸又は堤防の洗掘のおそれがない場合その他治水上の支障がないと認められる場合は，この限りでない．
一 河道内に橋脚を設けるときは，河岸又は堤防に最も近接する橋脚

の上流端及び下流端から上流及び下流にそれぞれ令第63条第1項の規定による基準径間長の2分の1の距離の地点を結ぶ区間以上の区間に設けること．
二　河岸又は堤防に橋台を設けるときは，橋台の両端から上流及び下流にそれぞれ10メートルの地点を結ぶ区間以上の区間に設けること．
三　護岸の高さについては，第16条第三号及び第四号の規定を準用する．この場合において，同条第三号中「床止め」とあるのは，「橋」と読み替えるものとする．

1. 護床工及び高水敷保護工

橋脚の設置に伴う流水の乱れ等により河床又は高水敷が洗掘されるのを防止するため，必要があるときは適当な護床工又は高水敷保護工を設けなければならない．

なお，それらを設けようとする場合の範囲等については，下記を標準とするものとする．

① 護床工及び高水敷保護工の範囲は，おおむね橋脚周辺5m以上とする．
② 高水敷保護工は，洗掘が著しいと認められるときに設けるものとする．

高水敷保護工の構造は，一般には，カゴマット，連節ブロック等の，流水の作用による高水敷の洗掘を防止し，かつ，周辺景観との調和，河川の生態系の保全等の河川環境の保全に配慮した構造とするものとする．また，覆土することを基本とするものとする．

2. 護　　岸

橋脚の影響による流水の乱れ又は流木などに対し堤防を保護するとともに，橋台の設置による堤防の弱体化に対する補強措置，また橋による日照阻害により芝の生育不能に代わるのり覆工として，橋の付近の堤防には護岸を設ける必要がある（図8.27参照）．

護岸の構造は，流水の変化に伴って生じる河岸又は堤防の洗掘を防止し，かつ，周辺景観との調和，河川の生態系の保全等の河川環境の保全に配慮した構造とするものとする．なお，護岸の構造については，各河川において，河川の状況等を踏まえた創意工夫が望まれる．

320　第8章　橋

図 8.27　高架橋による日照阻害のおそれのある堤防の例

① 　規則第31条第1号の規定は，橋脚の影響に対し河岸又は堤防に護岸を設ける場合の規定である．基本的にはあくまで令第63条（径間長）第1項の規定による基準径間長が橋の径間長の最低基準であり，同条第1項ただし書の規定や第2項から第3項までの規定はそれぞれの事情を勘案しての応用動作であるが，規則第31条第1号の規定は，基準径間長どおりの径間長で設けられている橋を，標準的なものとして念頭において定めたものである．実際の橋においては実径間長が基準径間長と合っている例はあまりなく，スパン割の関係で多少大きくなったり，あるいは緩和規定の適用によって多少小さくなったりしている．しかし，その相違は一般的にそれほど大きなものではなく，しかも橋脚は河岸又は堤防から基準径間長程度離れているものであるから，その相違によって橋脚の河岸又は堤防に与える影響が顕著に変わるものではないと考えて差し支えないであろう．実径間長と基準径間長との差によって規則第31条第1号に規定する護岸の範囲を加減する考え方もあったが，実径間長が基準径間長より大きいときは，令第59条（護床工等）の解説で述べたとおり，従来の運用を考慮して実務上護岸の範囲は頭打ちにするのが適当である．また，実径間長が令第63条第1項のただし書による緩和規定によって基準径間長より短い場合は，取水塔の場合と若干差異が生ずるが，護岸の長さにして5m以内のことでもあり，また橋の場合は橋桁に流木等流下物が当たり河岸又は堤防に悪影響を及ぼ

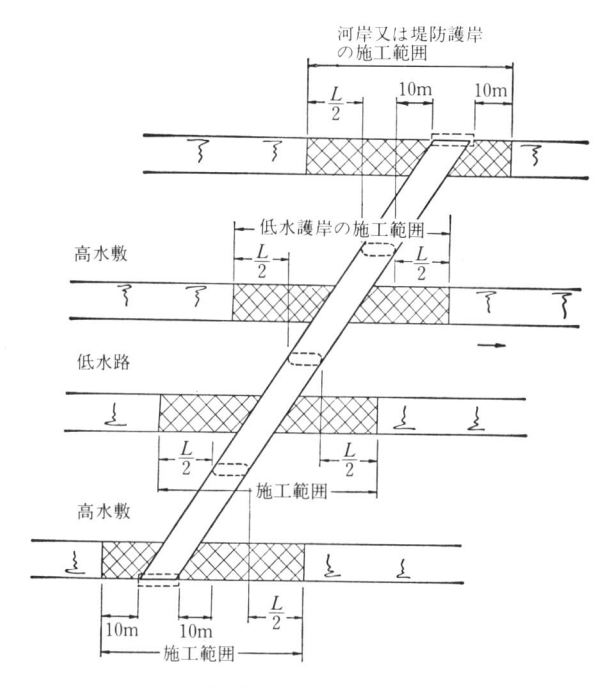

図 8.28 橋の設置に伴い必要となる護岸長

すこともあるので，その差異を特に問題にする必要はないと考える．結局，規則第31条第1号に規定する形に割り切ったものである．
② やむを得ず湾曲部や急流区間等に橋脚を設ける場合又は橋脚の流心方向の長さが著しく長い場合においては，必要に応じ護岸の延長を長くしなければならないが，この場合は規則第31条において「区間以上の区間」で読むこととなる．構造令は最低基準を定めたものであり，しかるべき根拠が明らかであれば，基準値以上の措置を講じなければならないものである．
③ 規則第31条の適用において，橋脚及び橋台をともに設けるときは，規則第31条第1号及び第2号をともに満たさなければならないものである．令第63条（径間長）第1項の規定によれば橋の基準径間長は20m以下はあり得ないので，直橋の場合，護岸の延長は規則第31条第1号の規定のみによって定まる．斜橋又は曲橋の場合は，規則第31条第1号の規定によるほか第2号の規定によって護岸を設けなければならない．なお，1径間の橋に

ついては規則第31条第2号の規定のみ、また、橋台を設けないで橋脚のみを河道内に設ける高架橋については規則第31条第1号の規定のみが適用される。

④ 規則第31条第3号の規定に基づいて、規則第16条（床止めの設置に伴い必要となる護岸）第3号の規定を準用する場合の「橋の設置に伴い流水が著しく変化することとなる区間」には、橋台の両端から上下流にそれぞれ橋台幅（10mを超えることとなる場合は、10m）に相当する区間を含むものとし、「河岸又は堤防の護岸の高さ」とは橋から河岸又は堤防への取付けを行った部分の高さをいうものである（課長通達26-(1)を参照）（図8.29参照）。

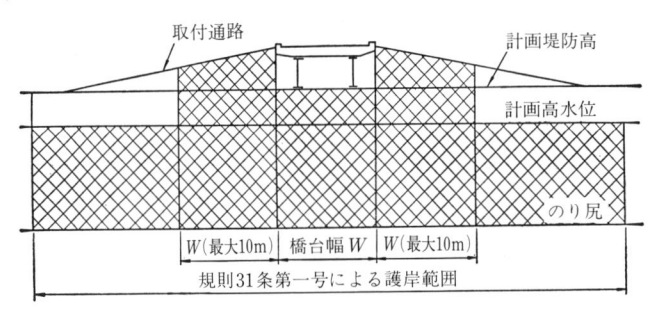

図8.29 橋の設置に伴い必要となる堤防護岸の高さ

⑤ 令第65条第2項の「橋の下の河岸又は堤防を保護するため必要があるとき」とは、橋が高架により河岸若しくは堤防を横過する場合等であって、橋による日照阻害により河岸若しくは堤防の芝の生育に支障を及ぼすおそれ

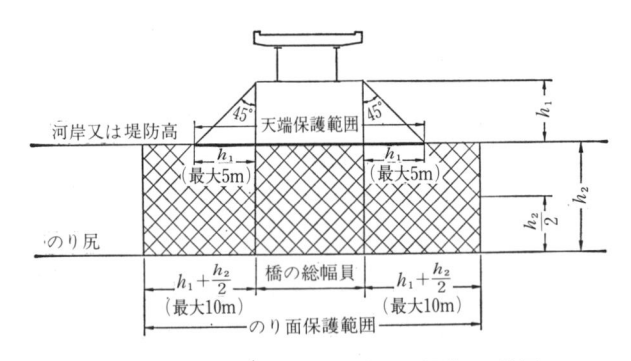

図8.30 橋の下の河岸又は堤防を保護する範囲

があるとき又は橋からの雨滴等の落下に対し，河岸若しくは堤防を保護する必要があると認められるときをいうものである．なお，保護する範囲は，橋の桁下高と河岸又は堤防ののり尻の高さ等を考慮して適切な範囲でなければならない(課長通達26-(2)を参照)．運用としては図8.30を標準とするものとする．

> (管理用通路の構造の保全)
> 第66条　橋（取付部を含む．）は，建設省令で定めるところにより，管理用通路の構造に支障を及ぼさない構造とするものとする．

> (管理用通路の保全のための橋の構造)
> 規則第32条　令第66条の管理用通路の構造に支障を及ぼさない橋（取付部を含む．）の構造は，管理用通路（管理用通路を設けることが計画されている場合は，当該計画されている管理用通路）の構造を考慮して適切な構造の取付通路その他必要な施設を設けた構造とする．ただし，管理用通路に代わるべき適当な通路がある場合は，この限りでない．

① 規則第32条において「管理用通路の構造を考慮して適切な構造」とあるのは，規則第24条(管理用通路としての効用を兼ねる水門の構造)第1号

図8.31　立体交差の例

の規定と同様の趣旨で定められたものである．すなわちこれは，原則的には規則第15条(堤防の管理用通路)本文の規定によって定められる管理用通路の建築限界を保全するものとするが，建築限界の幅員が5.5mを超えるときは，立体交差の施設に限り5.5mまで縮小することができるという趣旨である（課長通達27-(1)を参照）．

② 規則第32条において「取付通路」とは，平面交差のための堤防上の取付部をいい，「その他必要な施設」とは，主として立体交差のためのボックス等をいうものである（課長通達27-(2)を参照）．

なお，取付通路の構造は次によるものとする．

イ 取付通路の幅員は，原則として，堤防天端幅以上とすること．

ロ 取付通路の幅員は，原則として，のり勾配を堤防ののり勾配以下として確保するものとするが，土地利用の状況等により，特にやむを得ないと認められる場合には，土留擁壁等を設けることができるものであること（図8.32参照）．

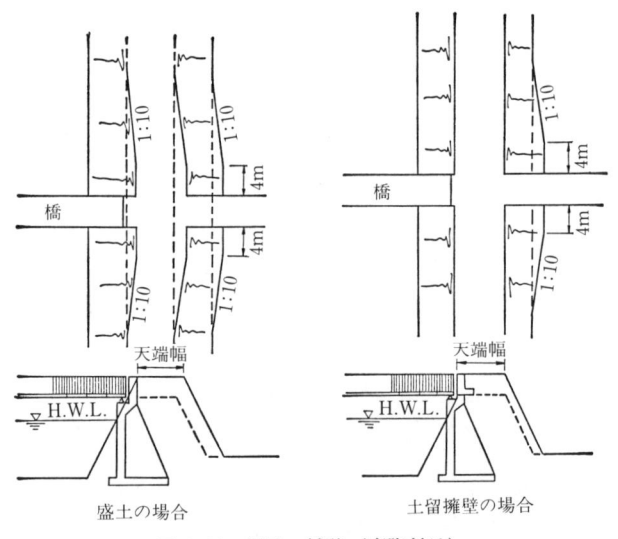

図 8.32 堤防の補強（裏腹付け）

ハ 橋(取付部を含む．以下この項において同じ．)から堤防への取付けは，河川管理用車両等の交通の安全を考慮し原則として，橋の幅員の両端か

ら4m程度のレベル区間を設け，当該地点よりおおむね6％以下の勾配で取り付けるものとする（図8.33参照）．

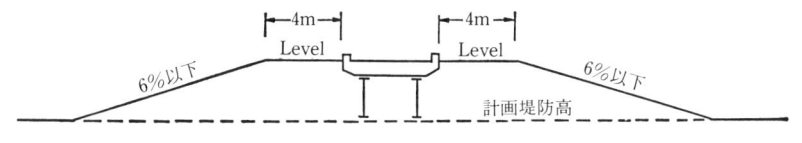

図8.33 取付道路の構造

③ 平面交差又は立体交差とする際の基準は，「解説・工作物設置許可基準」を参照されたい．

④ 規則第32条ただし書の「管理用通路に代わるべき適当な通路がある場合」とは令第27条（管理用通路）の解説2に述べたとおりであるが，当該規定を適用する場合においても，規則第32条本文に定める基準にできるだけ近い構造の立体交差施設を設けるよう努めるべきである．

⑤ 水管が堤防を横過する場合の管理用通路の取扱いは，次によるものとされている（課長通達27-(3)を参照）．

イ 水管の振動が堤体に悪影響を及ぼすおそれのないときは，水管を計画堤防外で天端に設けることができるものとし，この場合において，管理用通路は，必要な盛土を行うことによって，その上に設けることができるものであるが，その構造は所要の幅員を確保するとともに設計自動車荷重に耐えられるものでなければならないこと．

　なお，上記の「水管の振動が堤体に悪影響を及ぼすおそれのないとき」の取扱いとしては，水管の口径が500 mm以下の場合若しくはボックス（鞘管）構造により堤防を横過する場合が該当するものとする（図8.34(a)，(b)参照）．

ロ 計画堤防外の天端に管理用通路を設けることが，水管の構造上著しく困難又は不適当な場合で，かつ，水防活動に支障がないと認められるときは，管理用通路を堤防の裏小段又は堤内地に迂回させることができるものとすること（図8.34(c)参照）．この場合において，河川巡視の支障とならないよう堤防の天端に必要な措置を講ずるものとすること．

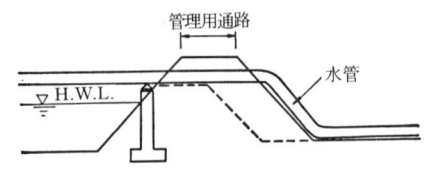

(a) φ500mm以下（盛土）の場合

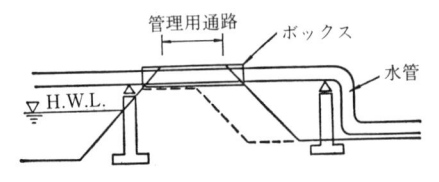

(b) φ500mmを超える（ボックスタイプ）場合

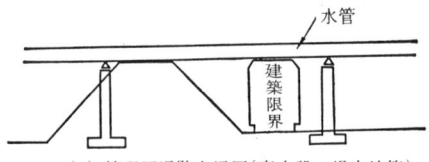

(c) 管理用通路を迂回（裏小段，堤内地等）させる場合

図 8.34 水管が通過する場合の管理用通路の取扱い

（適用除外）

第67条　第61条第1項から第3項まで，第62条，第63条及び第64条の規定は，湖沼，遊水地その他これらに類するものの区域（建設省令で定める要件に該当する区域を除く．）内に設ける橋及び治水上の影響が著しく小さいものとして建設省令で定める橋については，適用しない．

2. この章（第64条及び前条を除く．）の規定は，ダム，堰又は水門と効用を兼ねる橋及び樋門又は取水塔に附属して設けられる橋については，適用しない．

（適用除外の対象とならない区域）

規則第33条　令第67条第1項の建設省令で定める要件に該当する区域

は，橋の設置地点を含む一連区間における計画高水位の勾配，川幅その他河川の状況等により治水上の支障があると認められる区域とする．

（治水上の影響が著しく小さい橋）
規則第34条　令第67条第1項の建設省令で定める橋は，次の各号に掲げるものとする．
　一　高水敷に設ける橋で小規模なもの
　二　低水路に設ける橋で可動式とする等の特別の措置を講じたもの

　湖沼，遊水地その他これらに類するものの区域内に設けられる橋及び堤外水路に設けられる橋等については，令第67条の規定によって，径間長や桁下高等に関する規定が適用除外となっている．

1. 湖沼，遊水地等の区域内に設ける橋

① 令第67条「その他これらに類するものの区域」とは，霞堤で囲まれた自然遊水地並びに川幅の著しく広い河川の区間の死水域など計画高水位が設定されても計画高水流量の設定が不適当である水域又は計画高水流量の流下とは計画上無関係とみなし得る水域をいう．

② 川幅の著しく広い河川の区間に橋を設ける場合で，かつ，死水域との境界付近に橋脚を設ける場合，計画上死水域とみなし得る死水域以外の区域については令第60条から第66条までの規定（橋に関する規定）が適用され，当該死水域については，令第67条の規定が適用されることとなる．なお，この場合において，当該死水域に設けられる部分であっても，その構造は，現状における河川の状況等を勘案し，治水上支障のない適切なものでなければならない．

③ 湖沼，遊水地その他これらに類するもの（以下において「湖沼，遊水地等」という）の区域内に設ける橋については，令第60条（河川区域内に設ける橋台及び橋脚の構造の原則），第61条（橋台）第4項及び第66条（管理用通路の構造の保全）のほか，第65条（護岸等）の規定の適用があるが，第63条（径間長）が適用除外となっているため，基準径間長が定まらないので，第65条の規定に基づく規則第31条（橋の設置に伴い必要となる護

岸）第1号の適用はない．したがって，河岸又は堤防に設ける護岸の範囲は，規則第31条第2号の規定によればよい．

このほか，湖沼，遊水地等に設ける橋については，下記の点に留意する必要がある．

イ　橋台の前面はできるだけ遊水効果等治水上への影響を少なくするため，原則として，計画高水位と河岸又は堤防ののり面の交点より表側の部分に設けないものとする．

ロ　橋脚の断面は，イと同様の趣旨によりできるだけ小さくするものとし，基礎部は，原則として，橋脚設置地点の地盤又は河床（計画横断形が定められている場合には，当該計画横断形を含む）の表面から深さ1m以上の部分に設けることとする．

ハ　径間長は，原則として，12.5m以上とする．

ニ　桁下高は，計画高水位（高潮区間にあっては，計画高潮位）に波浪の影響を考慮して必要と認められる値以上とするものとする．

④　湖沼，遊水地等の区域のうち，規則第33条に定める区域は，令第67条の規定による適用除外の対象とはならないので注意を要する．規則第33条の規定は，主として，湖沼，遊水地等の出入口付近又は部分的に狭くなっている箇所等を想定しているものであり，設定されている計画高水位にある程度の勾配があり，かつ，計画高水流量の流下に支障があると認められる場合がこれに該当するものである．

2．**堤外水路等に設けられる橋**

①　高水敷における農耕あるいはリクリエーション等の利用のため，堤外水路に橋を設けることはやむを得ないことであり，また，小規模なものであれば治水上の影響は著しく小さいと考えられる．このような観点から令第67条の規定に基づき，規則第34条第1号の規定が定められている．

②　堤外水路に橋を設けるときは，堤外水路，高水敷及び河岸又は堤防の保護について十分留意し，その高さは，原則として高水敷の高さ以下とするものとし，また，やむを得ず手すりを設けなければならないときは，特に洪水の流下並びに堤防等に著しい支障を及ぼさないよう十分な配慮を払わなければならない．

図 8.35 高水敷に設ける橋の例

③ 低水路に設ける潜水橋（もぐり橋）は，設置しないことを基本としている（ただし，山間狭窄部等において洪水時の河積阻害によるせき上げが発生しても治水上の影響が著しく小さくなるよう必要な対策を講じた場合は，必要最小限の範囲に設けることができるものとしている）．規則第34条第2号は，やむを得ず潜水橋を設ける場合があり得るとして，その余地を残したものであり，設置の基準は「工作物設置許可基準」に示している．規則第34条第2号中「特別の措置」とは，令第67条第1項の規定により，「治水上の影響が著しく小さいもの」となるために行う特別の措置の意味であるが，例えば当該橋が流失することのないよう措置するとともに橋の高欄を取り外し可能とすることなどによって治水上の影響が著しく小さくなると認められる場合は，これに該当するものと解される．

3. 管理橋等（特に堰の管理橋）

① ダム，堰，水門，樋門又は取水塔の管理橋の構造は，それぞれダム，堰，水門，樋門又は取水塔に付属して設けられるものであり，それぞれの構造ないし設置地点に大きく左右される．したがって，それらの管理橋については，令第64条（桁下高等）と第66条（管理用通路の構造の保全）の規定を除き，橋の章の規定の適用は困難である．

　ダム，堰又は水門については，それぞれの管理橋と兼用又は併設して道路橋が設けられることがある．この場合の道路橋についても，令第64条及

び第66条を除き，橋の章の適用は困難又は不適当と考えられる．しかし，この場合の道路橋は，必ずしもダム，堰又は水門に付属して設けなければならない必然性はないので，管理橋とは多少性格を異にしている．

　このような観点から，令第67条第2項においては，ダム，堰又は水門に付属して設けられる管理橋，それとの兼用又は併設するものと樋門又は取水塔に付属して設けられる管理橋とは表現を区別してあるが，それぞれ，令第64条及び第66条の規定を除き，橋の章の規定の適用はないものである．

② 　令第67条第2項の「効用を兼ねる橋」には，上述のように，管理橋のほかこれと兼用又は併設するものを含むものであるが，管理橋専用のものと管理橋と兼用のもの又は管理橋に併設して設けられるものとは，構造令の適用関係は同じ扱いであっても，特に堰と効用を兼ねる橋については，運用段階で多少の差が生じるときもあるので注意を要する．なお，堰と効用を兼ねる橋については，令第43条(管理施設)の解説1-(1)で述べたとおりである．

第9章 伏せ越し

第68条　適用の範囲
第69条　構造の原則
第70条　構　　　造
第71条　ゲート等
第72条　深　　　さ

第9章 伏せ越し

(適用の範囲)
第68条 この章の規定は，用水施設又は排水施設である伏せ越しについて適用する．

　伏せ越しとは，用水施設又は排水施設である開渠が河川と交差する場合において，逆サイフォン構造で河底を横過する工作物で，施工方法が開削工法によるものをいう．

　開水路である用水路又は排水路が河川と交差する場合には，水路橋か伏せ越しとして河川を横過する必要が生ずる．水路橋とするときは，一般には，ポンプで揚水しなければならないが，対岸の地形が低い場合，伏せ越しとすれば，自然流下が可能であり，ポンプで圧送する必要がないので，伏せ越しを採用することが多い．

図 9.1 河床低下により露出した伏せ越し

なお，河底を横過する地下鉄，道路，上下水道，工業用水道，石油パイプライン等の工作物で，シールド工法及び推進工法（小口径推進工法を含む）によるものは，「河底横過トンネル」と呼び，伏せ越しとは区別することとしている（局長通達13を参照）．河底横過トンネルは，最近は用地取得の困難性やトンネル掘削技術（シールド工法及び推進工法）の進歩等によって，都市地域を中心に設置される事例がでてきているものの，まだ全国的には事例が少ないために，構造令の対象外としている．なお，河底横過トンネルについては，本書に（参考）として構造基準案を添付したので，これを参考とされたい．

（構造の原則）

第69条　伏せ越しは，計画高水位（高潮区間にあっては，計画高潮位）以下の水位の流水の作用に対して安全な構造とするものとする．

2.　伏せ越しは，計画高水位以下の水位の洪水の流下を妨げず，並びに付近の河岸及び河川管理施設の構造に著しい支障を及ぼさない構造とするものとする．

---

① 伏せ越しは，河底に埋設されるため，洪水時には局所洗掘の影響を受けやすく，折損事故等の発生事例も少なくない．折損事故等によって，局所洗掘が更に助長され付近の河川管理施設等に悪影響を与えることとなり，また，悪条件が重なれば折損箇所から洪水時の高い水圧を受け堤内地に浸水したりあるいは破堤の原因となることも考えられる．このような観点から，本条第1項の規定を定めており，伏せ越しは「流水の作用」に対して安全でなければならない．

② 橋脚の根入れに関する令第62条第2項の規定と同様，令第72条に定める伏せ越しの深さについての規定は，あくまで局所洗掘を助長し河川管理施設等に悪影響を与えないための最小必要限度の深さを規定したものであり，局所洗掘の生じる深さを明定したものではないので，伏せ越しの安全性を検討する場合には，別途局所洗掘について考慮しなければならない．

③ 法第13条（河川管理施設等の構造の基準）に定める趣旨にのっとり，伏せ越しは地震に対して安全でなければならない．地震と洪水との複合する

確率は極めて小さいと考えられるため，令第70条（構造）第1項の規定により構造上分離された堤防下以外の部分については，河川の常時水位が堤内地盤より高い場合を除き，工作物の設置者が適切な基準で設計を行えばよいが，堤防下の部分については地震にも耐えられるよう十分安全な構造でなければならない．また，河川の常時水位が堤内地盤より高い区間に設けられる伏せ越しにあっては堤防下以外の部分についても同様である．

④ 第2項に規定する構造原則に基づき，令第70条及び第72条（深さ）の規定を定めているが，堤防下の部分については，堤防の基盤漏水を助長することのないよう，当該部分の深さ，堤内地盤高，堤防の高さ等を勘案のうえ，必要に応じ，漏水対策を施すものとする．

（構　造）

第70条　堤防（計画横断形が定められている場合には，計画堤防を含む．以下この項において同じ．）を横断して設ける伏せ越しにあっては，堤防の下に設ける部分とその他の部分とは，構造上分離するものとする．ただし，堤防の地盤の地質，伏せ越しの深さ等を考慮して，堤防の構造に支障を及ぼすおそれがないときは，この限りでない．

2．第47条の規定は，伏せ越しの構造について準用する．

1．構造上の分離

① 第1項は，伏せ越しの全長のうち堤防下の部分は，特に荷重条件が異なるために，築堤後の不同沈下等により折損等欠陥の発生が多い実績に鑑み設けた規定である．

② 伏せ越しは不同沈下を起こさないよう設計されなければならないが，継手の構造については，不測の不同沈下更には地震時の挙動に対し十分な安全性と屈とう性を有するとともに，洪水時における高い水圧に対しても十分な水密性が保たれていなければならない．

③ 第1項でいう「堤防」には，令第55条（排水機場の吐出水槽等）第1項に規定するとおり，第2種及び第3種側帯を含まないものであるので注意を要する．

④　第1項において「堤防の下」の部分は，令第61条（橋台）の解説3で説明した堤防の地盤高の取扱いに準じて定めればよいものであるが，後述するように，令第71条（ゲート等）の規定によって設ける制水ゲートの門柱は，原則として，堤防下の伏せ越し本体と一体構造で設け，しかも当該門柱の位置は「堤内地の堤脚付近に設置する工作物の位置等について」（平成6.5.31　建設省河治発第40号による治水課長通達）に従うため，制水ゲートを設ける側（通常は川裏）における堤防下の部分は，実態上制水ゲートの門柱の位置まで一体構造となる．

⑤　第1項のただし書は，イ）伏せ越しの全長にわたって地盤が岩盤又は極めて良好な地盤であること等により伏せ越しの不同沈下のおそれがなく，かつ，地震に対しても十分安全であると認められるとき，ロ）伏せ越しの深さが十分に深く，仮に折損等の欠陥が生じたとしてもクイックサンド現象を起こすおそれがないと認められるとき，ハ）掘込河道（堤内地盤からの堤防の高さが0.6m未満の場合を含む）であるとき，ニ）高規格堤防特別区域において高規格堤防に支障を及ぼすおそれがないとき（このときは高規格堤防特別区域の下に設けるものと堤内地の部分とは構造上分離する必要はない）等が該当するものと考えられる（平成4年課長通達1-(7)を参照）．

2．伏せ越しの材質

　　第2項によって，令第47条（構造）第1項の規定が準用され，伏せ越しは「鉄筋コンクリート構造又はこれに準ずる構造」のものでなければならない．

　　この場合「これに準ずる構造」には，十分な屈とう性及び水密性を有する継手によって接続されたプレキャストコンクリート管，鋼管及びダグタイル鋳鉄管の構造のものを含むものであるが（課長通達29を参照），鉄筋コンクリート構造のものと同等の強度，耐久性，止水性等を有していなければならないものである．なお，鋼管はさびやすいため，採用する場合には防食についての検討が必要である．

3．堆積土砂等の排除

①　第2項によって，令第47条（構造）第2項の規定が準用され，伏せ越しは「堆積土砂等の排除に支障のない構造」でなければならない．

　　伏せ越しは，主として堤防下において折損等の欠陥が発生していないか

どうか適宜点検する必要があり，そのためには堆積土砂等の排除に支障のない構造でなければならない．また，構造の不備のため堆積土砂等の排除が困難な場合は，伏せ越しの機能が低下し，ひいては改築の余儀なきに至る．機能低下そのものについて河川管理上仮に問題がないとしても，改築の際の仮締切等の設置は洪水の阻害要因となるので，河川管理上，本来不必要な改築工事は努めて避けたいところであるので，このような観点からしても，伏せ越しは，堆積土砂等の排除に支障のない構造でなければならないものである．

② 伏せ越しの場合も，堆積土砂等の排除のため又は点検のためには，樋門の場合と同様，しかるべき最小断面を定めるべきが理想であろう．しかし，伏せ越しは，堤防の地盤より2m以上深く設けることとしているので（令第72条），その点を考慮すると，樋門と同様の取扱いとすることは問題である．また，土砂堆積等を生じさせないためには，断面積を大きくして流速を低下させないほうがよいという点もある．伏せ越しの最小断面については，その必要性も含めて今後の検討課題としている．

③ 伏せ越しには，必要に応じ，沈砂池，スクリーン及び土砂溜等を設けることが望ましい．

(ゲート等)

第71条 伏せ越しには，流水が河川外に流出することを防止するため，河川区域内の部分の両端又はこれに代わる適当な箇所に，ゲート（バルブを含む．次項において同じ．）を設けるものとする．ただし，地形の状況により必要がないと認められるときは，この限りでない．

2. 第10条第2項の規定は前項のゲートの開閉装置について，第43条の規定は伏せ越しについて準用する．

---

1. ゲートの必要性

伏せ越しは，開渠である用水路又は排水路が河川の位置で逆サイフォンとなっているものであるので，河床下の部分等で折損事故が生じた場合には，河川の流水が伏せ越しを通じて開渠の部分から堤内地に流出することにもなり

かねない．

　この対策としては，伏せ越しの構造を流水の作用は当然のこととして地震に対しても絶対折損することがない十分安全なものとするか，又は万が一折損事故が生じても流水が河川外に流出することがないようしかるべき位置に「非常用のゲート」を設けるかであろう．しかし，伏せ越しが一般には河床下のあまり深くない位置に設けられることもあって，伏せ越しのすべての部分について，地震に対する絶対的な安全性を確保することは，技術的ないし経済的に非常に困難である．また，伏せ越しは河床下の埋設構造物であるので，完璧な点検整備が難しいという面もある．したがって，流水が河川外に流出することを防止するための対策としては，「非常用ゲート」を設けることが実態上好ましく，また確実性がある．このような観点から，令第71条の規定を定めている．

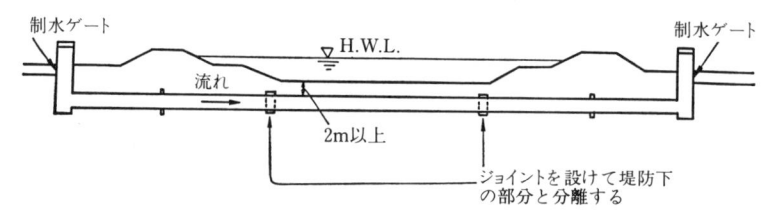

図9.2　伏せ越しの構造の例（制水ゲートを堤内に設けた例）

2．ゲートの位置

　樋門の制水ゲートの考え方と同様，制水は川表側で行うのが理想的であろうが，伏せ越しの場合は，あくまで「非常用」であるという点を考慮すれば，必ずしも川表側でなくてもよいものと考えられる．ゲートを川表側に設けることは，堤外に流水疎通を妨げる構造物を増やすこととなり，工費もかさむこととなる．

　このような観点から，本条第1項では「河川区域内の部分の両端又はこれに代わる適当な箇所」と表現している．「これに代わる適当な箇所」とは，もちろん川表側であってもよいが，堤内側に支障物件がある等特殊な場合を除いて，一般的には，伏せ越しのゲートは川裏側に設けられると考えてよい．

　ゲートの位置，いい換えればゲートを支える門柱の位置については，原則として，「堤内地の堤脚付近に設置する工作物の位置等について」（平成6.5.31

建設省河治発第40号による治水課長通達)に従う必要がある．これは，本来，門柱そのものというよりそれに接続する水路について「2Hルール」が適用されるということであるが，伏せ越しの場合，堤防の基盤漏水を助長する要素として堤内側の水路のほか伏せ越し自体（堤体との接触面）が加わっているので注意を要する．樋門の場合に堤内側水路が堤脚部で樋門に取り付いているからといって，伏せ越しの場合も堤脚部で水路の取付けができると早合点してはならない．樋門の場合は，川表側及び堤体内において十分なしゃ水工が施されているものである．伏せ越しの場合も，しゃ水工などしかるべき漏水防止工によって堤防の基盤漏水を助長するおそれがないと認められるとき，又は堤内地盤高と堤防の高さとの差が 0.6 m 未満で治水上支障がないと認められるときは「堤内地の堤脚付近に設置する工作物の位置等について」（平成 6.5.31 建設省河治発第 40 号による治水課長通達）に従う必要はないものである．

3．ゲートを設ける必要がない場合の取扱い

本条第1項ただし書の「地形の状況により必要がないと認められるとき」には，堤内地盤高が計画高水位より高い場合が含まれるものとしているので（課長通達 30-(1)を参照），この場合はゲートを設ける必要がない．しかし，この場合にあっても，「角落とし」は設ける必要がある．また，堤内地盤高が計画高水位より高い場合であっても，当該伏せ越しに近接して人家が存する場合には，堤内地盤高が計画堤防高より低いときは，計画堤防高までの異常出水に対してゲートの設置が好ましい．

また，小規模な伏せ越し（ϕ 500 mm 程度以下のもの）については，堤内地盤高が計画高水位より多少低い場合 (60 cm 程度) であっても，噴出する流れに抗して角落としを挿入して止水することが可能であると考えられるので，地形の状況を勘案のうえゲート設置の必要性について検討するものとする．

4．ゲートの開閉装置

伏せ越しに設けるゲートについては，本条第2項前段の規定によって，令第10条（ゲート等の構造の原則）第2項の規定を準用することとなっている．すなわち，「ゲートの開閉装置は，ゲートの開閉を確実に行うことができる構造」でなければならないものである．樋門のゲートは原則として電動式のも

のとしているが，伏せ越しのゲートについては，「非常用」である点を考慮すれば，通常の場合，手動式のもので差し支えない．しかし，大規模な伏せ越しについては，手動式によることが困難又は著しく不適当な場合もあり，この場合は電動式等とすることが必要である（課長通達 30-(2)を参照）．

5. 伏せ越しの管理施設

本条第 2 項後段の規定によって，令第 43 条(管理施設)の規定が準用され，伏せ越しについても，「必要に応じ，管理橋その他の適当な管理施設を設ける」ものとしている．伏せ越しのゲートを川表に設ける場合は管理橋が当然必要であり，ゲートの開閉装置を電動式等とする場合は操作室が必要である．また，伏せ越しに沈砂池又はスクリーン等を設ける場合は，堆積土砂又はゴミ等を仮置きするためのスペースを確保することが望ましい．更に，伏せ越しの維持管理に必要な器具等の格納庫を設けることが望ましい．

（深　さ）

第 72 条　伏せ越しは，低水路（計画横断形が定められている場合には，当該計画横断形に係る低水路を含む．以下この条において同じ．）及び低水路の河岸の法肩から 20 メートル以内の高水敷においては低水路の河床の表面から，その他の高水敷においては高水敷（計画横断形が定められている場合には，当該計画横断形に係る高水敷を含む．以下この条において同じ．）の表面から，堤防（計画横断形が定められている場合には，計画堤防を含む．以下この条において同じ．）の下の部分においては堤防の地盤面から，それぞれ深さ 2 メートル以上の部分に設けるものとする．ただし，河床の変動が極めて小さいと認められるとき，又は河川の状況その他の特別の事情によりやむを得ないと認められるときは，それぞれ低水路の河床の表面，高水敷の表面又は堤防の地盤面より下の部分に設けることができる．

---

1. 趣　旨

令第 35 条（護岸）及び第 62 条（橋脚）第 2 項の解説でも述べたとおり，洪水時には河床そのものが動いているため河床に構造物を設けることにより，その連続性が失われて，上下流において思わぬ河床変動を引き起こしたり構造

物付近の局所洗掘を助長することとなりやすい．したがって，河床の連続性を極力損なうことのないよう，本条において伏せ越しの深さについて規定したものである．この点の趣旨について詳しくは，令第62条（橋脚）第2項の解説で述べたとおりであるので再述しないが，本条に記載する深さの基準値（2mという値）については，局所洗掘の深さを明定したものではない．伏せ越しの構造については，本条の規定によるほか，局所洗掘に対する安全性については，別途の検討が必要であるものである．

2．その他

本条の内容については，令第62条（橋脚）第2項とほぼ同様であり，特に説明を要しないと思われるが，多少の相異点もあるので要点のみを述べておきたい．

① 低水路の河岸ののり肩から20m以内の高水敷部分は，異常な河岸侵食に対応するため，低水路とみなして伏せ越しを埋設しなければならない．

② その他の高水敷部分については，その表面から2m以上の深さに伏せ越しを埋設しなければならないこととなっており，この点は橋の根入れ（1m以上の深さ）と異なっているので注意を要する．これは，堤防下における取扱いとの関係から定まっているのである．

③ 堤防下については，伏せ越しと堤防との接触面に沿っての浸透水が生じやすいこと，堤防下の伏せ越しの破損等の欠陥が生じた場合にその箇所から圧力水が流出して堤防に悪影響を与えること等を考慮して，堤防の地盤面から2m以上の深さに伏せ越しを埋設しなければならない．「堤防の地盤面」とは，令第61条（橋台）第4項の解説で述べたとおり，運用上堤防の表のり尻と裏のり尻とを結ぶ線とみなすこととされている．

④ 本条ただし書において「河床の変動が極めて小さいと認められるとき」とは，イ）伏せ越しが岩盤の中に埋め込まれる場合，ロ）河床に岩が露出している場合，ハ）長期にわたって河床の変動が認められない場合，ニ）現に当該施設の下流側に近接して固定部がおおむね計画横断形に係る河床高に合致した堰，床止め，水門等が設けられており河床が安定している場合，ホ）床止め又は護床工等を設けて河床の安定を図る場合等をいうものである（課長通達31を参照）．なお，ホ）の護床工等を設けて河床の安定

を図る場合は，上下流の河床変動又は当該箇所付近の河川管理施設等に与える影響について検討のうえその適否を決定するとともに，床止め（屈とう性の帯工）に準じて河岸又は堤防に護岸を設けなければならない．

⑤　本条ただし書において「河川の状況その他の特別の事情によりやむを得ないと認められるとき」とは，河口部付近において水深が深く，現河床が相当深い状態にあって施工が技術的に極めて困難で，かつ，感潮区間なるがゆえに洪水時の流速も緩く，したがって大きな局所洗掘が発生するおそれがない場合などを指している．

第10章　雑　　　則

第73条　適 用 除 外
第74条　計画高水流量等の決定又は変更
　　　　があった場合の適用の特例
第75条　暫定改良工事実施計画が定められた
　　　　場合の特例
第76条　小河川の特例
第77条　準用河川に設ける河川管理施設等への準用
附　　　則

第10章　雑　　　則

> （適用除外）
> 第73条　この政令の規定は，次に掲げる河川管理施設又は許可工作物（以下「河川管理施設等」という。）については，適用しない．
> 一　治水上の機能を早急に向上させる必要がある小区間の河川における応急措置によって設けられる河川管理施設等
> 二　臨時に設けられる河川管理施設等
> 三　工事を施行するために仮に設けられる河川管理施設等
> 四　特殊な構造の河川管理施設等で，建設大臣がその構造が第2章から第9章までの規定によるものと同等以上の効力があると認めるもの

1．基本的考え方

　河川管理施設等の新築等（新築又は改築）に当たっては，構造令に適合したものでなければならないことは当然のことであるが，それが著しく困難又は不適当な場合もあり得る．以下において，例をあげて説明しよう．

(1) 第1号施設

　一連区間の堤防が構造令に適合しない施設である場合で，更にそのうち部分的に堤防のない箇所があり，当該箇所において災害が頻発している例も少なくない．このような場合，一連区間の改良工事に着手することが望ましいが，下流との関係から当分見込みのたたないときもあろう．このようなときは，当該箇所に堤防を新設することとなるが，当該堤防は，差し当たり，前後の一連区間の堤防と同じ構造のものであればよく，当該堤防のみ構造令に適合したものとすることは，必ずしも適当でない．第1号に掲げる施設（以

下において第1号施設という）としては，例えばこのような場合を想定している．

第1号施設は必ずしも堤防などの河川管理施設に限定したものではなく，堰や橋等の許可工作物である場合もありうる．第1号施設に該当するかどうかを判断する場合，次の点に留意する必要がある．

① 上下流の一連区間に設けられている河川管理施設等がおおむね構造令に適合しない施設であり，しかもそのうちの小区間の有する治水機能が一連区間の有する平均的治水機能に比べて著しく劣っていて当該区間に早急に改善する必要があると認められること．

② 上下流一連区間の河川改修の見込みがなく，かつ，当該区間において構造令に適合する河川管理施設等を設けることが不適当であると認められること．

(2) 第2号施設

土地改良事業に併せて河川改修を行う事例が非常に多くなっているが，河川管理者が実施する河川改修が下流改修との関係から当該土地改良の時期に多少遅れることもまま見受けられる．双方とも事業調整に努力しているところであるが，実施の時期について多少のずれが生ずることがあってもやむを得ないことである．このような場合において，河川用地は計画的に残し，土地改良事業側がとりあえず従来の河道見合いで掘削築堤等河川工事を行うことがある．このようなときであっても，構造令に適合した施設を設けることが望ましいが，近々河川改修が行われる予定があることを考慮すれば，それまでの間，当該河川が有していた治水機能を損なわない範囲で，臨時の施設を設けることはやむを得ないことである．第2号施設としては，例えばこのような場合を想定している．

この種の第2号施設については，第1号施設のように，必ずしも現在有している治水機能を向上させるものではないので，厳しい制約条件のもとで適用を図る必要があり，次の点に留意するものとする．

① 当該区間に係る河川改修又は当該許可工作物の改築が近い将来に行われることが明らかであること．

② 構造令に適合する河川管理施設等を設けることが著しく困難又は不適当

であると認められること．
③　現況の持つ治水機能を著しく低下させるおそれがないと認められること．

　以上の例のほか，構造令に適合しない橋（以下「現橋」という）に近接した橋として歩道等（歩道，自転車歩行者道，自転車専用道路，自転車歩行者専用道路若しくは歩行者専用道路をいう．以下「歩道等」という．）を設ける場合は，この種の歩道等の設置は，歩行者等の通行の安全の確保に著しい支障がある小区間について，橋の本来の機能である歩行者等の安全な通行を可能とする機能を緊急に確保するための改築であることに鑑み，第2号施設として取り扱うこととしている．このように，現橋へ添架する隅切り，右折レーン及び歩道等（以下「右折レーン等」という）を設ける場合は，部分改築であり構造令の適用はないものである．右折レーン等を設ける橋は，これによって治水上の著しい影響が生じないよう，原則として径間長が20m以上の橋とする．また，手戻り工事の発生を極力防止するために，近い将来に改築が行われる見込みがある橋は除くものとする．

　右折レーン等に係る橋の構造等は次のように取り扱うものとする（「橋梁の構造となる隅切り，右折レーン及び歩道等の取り扱いについて（議事録）」平成9.3.28　道路局企画課道路事業調整官，河川局治水課流域治水調整官を参照）．
①　右折レーン等に係る橋の径間長は，橋脚を現橋の橋脚の見通し線上に設けることとして定まる径間長とすることができるものとする．
②　右折レーン等に係る橋の橋脚による河積の阻害は，現橋による河積の阻害以下にとどめるものとする．また，桁下高は，現橋の桁下高を下回らないものとする．
③　右折レーン等に係る橋の設置に伴い施工すべき河岸又は堤防の護岸については，規則第31条の規定を準用するものとする．この場合において，基準径間長は，河川の現況流下能力の流量を計画高水流量とみなして定まる値とするとともに，右折レーン等に係る橋のみならず現橋の橋脚及び橋台の影響に対しても措置するものとする．
④　右折レーンを設ける場合は，堤防天端の兼用道路との平面交差処理対策について十分検討し，極力，堤防天端の兼用道路においても右折レーンを

設けるものとする．

また，特殊なケースとして，起伏堰等の場合で，計画横断形又は暫定改良工事実施計画における横断形が現況の断面と著しく異なり，しかも近い将来に河川改修の実施される見込みがないときは，施設の機能を確保するため現況に即して当該起伏堰等を設けざるを得ない．このようなときは，次の点に留意して，第2号施設として取り扱うことができる．

① 当該起伏堰等の設置と河川改修の実施について，時期的な調整の可能性の検討を十分行うこと．
② すり付け掘削によってもなお起伏堰等の機能維持が著しく困難と認められること．この場合において，砂利採取が可能なときは，砂利採取業者の協力を得るなどの措置についても十分考慮するものとすること．
③ 令第36条（構造の原則）の規定に準拠して，治水上著しい支障のない構造のものとすること．

(3) 第3号施設

河川区域内での工事を施工するために，例えば仮締切堤，迂回路のための仮橋，工事用仮設等の施設が必要となるが，これらの仮設物は，工事期間中にのみ存するものであるので，これらに構造令で定める基準を要求することは不適当と考えられる．このため，第3号が定められているが，これら仮設物の構造については，2に詳述することとする．

(4) 第4号施設

いわゆる大臣特認制度の条項である．

従来は，平成9年改正以前の構造令の令第16条により，ダムについては，ダム技術の進歩によって，予想し得ない構造のダムが建設されることが考えられること等から，「特殊な構造のダムで，建設大臣がその構造がこの章の規定によるものと同等以上の効力があると認めるもの」には構造令は適用しないこととしていた．

しかし，近年の科学技術の進歩，自然環境や文化財等の保全へのニーズの高まり等により，ダムと同様に，類型化できない，構造令で予想していない構造が開発される可能性が高まっている．このため，平成9年に構造令を改正し，ダム以外の工作物についても従前のダムと同様の規定を設け（令第73

条第4号），構造令に記載された工作物について，特殊な構造で，建設大臣が構造令の規定によるものと同等以上の効力があると認める場合，構造令を適用しないこととしたものである．なお，この同等以上の効力とは，構造令第2章から第9章までの規定に則して，治水上の観点から，個別の事案ごとに判断することとしている（平成10年局長通達4を参照）．

この大臣特認制度については，河川の特性や地域の個性が生かされた川づくりの推進のために，積極的な活用が切に望まれる．

2. 仮設物の構造基準

工事中の仮設物の構造については，本条第3号の規定により，構造令の適用除外としているが，仮設物といえども一定期間内は河川に設置されるわけであり，特に出水期にまたがって設けられる場合において，その構造が適当でないために思わぬ事故を引き起こしている例も見受けられる．一般に，工事の計画をたてるときに仮設物に対する配慮を軽んじる向きがあるが，工事期間中に大洪水が生起する可能性は多分にあり，仮設物の構造についても治水上十分な配慮を払わなければならない．

仮設物のうち代表的なものである仮締切堤については，「仮締切堤設置基準（案）」（平成10.6.19　建設省河治発第40号による治水課長通達）によることとしているので，これを参照されたい．また，仮橋については次によられたい．

仮橋は，河川区域内で工事を施工するために直接必要なもの（資材運搬のためのものを含む．以下において「工事用仮橋」という．）と橋の改築の際に道路交通を迂回させるために必要なもの（以下において「迂回路のための仮橋」という）に大別される．

(1) 工事用仮橋

工事用仮橋については，その性格上低水路部分に潜水橋として架設されるものが多く，また一般に小スパンとならざるを得ないので，治水上ある程度支障となることは避けられない．したがって，工事用仮橋は，原則として，出水期間中は撤去しなければならないものである．やむを得ず撤去できない場合で，かつ，次に述べる迂回路のための仮橋に準ずる構造のものにもできない場合は，河道内のごく一部分のみの架設にとどめるとともに出水によって

図 10.1 工事用仮橋の例

流失することのないよう措置するなど治水上の配慮を十分行わなければならない．この場合において，出水時に撤去する場合を除き当該工事用仮橋の部分は無効河積として治水上の影響を検討しなければならないものである．

(2) 迂回路のための仮橋

迂回路のための仮橋は，河川を完全に横断するものであり，その構造については，流木等流下物による閉塞等によって災害を引き起こさないよう，次の点に留意するものとする．

① 径間長は，令第39条（可動堰の可動部の径間長の特例）第1項の表の第3欄に掲げる値以上とすること．

② 仮橋が規則第29条（近接橋の特則）第1項第1号に規定する近接橋となる場合，当該仮橋の橋脚と既設の橋脚等との間の流向と直角に測った距離は，令第39条第1項の表の第3欄に掲げる値以上離すものとし，かつ，①を満足すること．なお，橋の改築に当たって既設橋の片側車線を仮橋として使用する場合，新設橋の橋脚は，これに準じて定めなければならないものであること．

③ 桁下高は，令第64条（桁下高等）の規定に準拠すること．

なお，改築する橋が令第67条（適用除外）第1項に規定する橋に該当する場合，その仮橋については，以上述べたところによる必要はないものである．

(計画高水流量等の決定又は変更があった場合の適用の特例)

第74条　河川管理施設等が，これに係る工事の着手(許可工作物にあっては，法第26条の許可．以下この条において同じ．)があった後における計画高水流量，計画横断形，計画高水位又は計画高潮位(以下この条において「計画高水流量等」という．)の決定又は変更によってこの政令の規定に適合しないこととなった場合においては，当該河川管理施設等については，当該計画高水流量等の決定又は変更がなかったものとみなして当該規定を適用する．ただし工事の着手が当該計画高水流量等の決定又は変更の後である改築(災害復旧又は応急措置として行われるものを除く．)に係る河川管理施設等については，この限りでない．

構造令で定める基準は計画高水流量等を基礎としているため，河川整備基本方針の策定又は改定に伴い計画高水流量等が決定又は変更されれば，それに伴い構造令に適合しなくなる場合がある．しかし，令第1条(この政令の趣旨)の解説で述べたように，計画高水流量等が決定又は変更された場合には新たな計画高水流量等を基礎として河川改修が推進されるべきであるが，それは河川改修事業として計画的に推進すべきものであって，段階的に安全度を高めていくという本来の河川改修の姿からは，これを構造令違反としてとらえることは妥当ではない．このような観点から，本条を定めており，計画高水流量等の決定又は変更に伴い構造令に適合しない施設となったものについては，当該計画高水流量等の決定又は変更がなかったものとみなして，構造令の規定を適用することとしている．適合施設については，決定又は変更された計画高水流量等により構造令の規定が適用になる．本条の特例は，構造令が存続基準としての性格を有しているために設ける必要があるものであり，仮に構造令制定以前に考えられていたように構造令を新改築基準としてとらえるなら，本条のような特例は必要がないものである．

計画高水流量等の決定又は変更ののちに新築又は改築する場合には，決定又は変更後の計画高水流量等を基礎として構造令の規定が適用となることはいうまでもないことである．本条ただし書は，新築の場合は自明の理として，

改築の場合についてこのことを規定している．この場合において，災害復旧又は応急措置として行われる改築については，ただし書の適用がなく，本文の特例がそのまま適用されるので注意する必要がある．災害復旧又は応急措置の説明は，附則の解説で行うこととする．

（暫定改良工事実施計画が定められた場合の特例）

第75条　河川整備基本方針において定められた河川の総合的な保全と利用に関する基本方針に沿って計画的に実施すべき改良工事の暫定的な工事の実施計画（以下「暫定改良工事実施計画」という．）が定められた場合においては，当該暫定改良工事実施計画において定められた高水流量，横断形，高水位又は高潮位は，建設省令で定めるところにより，それぞれ計画高水流量，計画横断形，計画高水位又は計画高潮位とみなす．

（暫定改良工事実施計画が定められた場合の特例）

規則第35条　令第75条に規定する暫定改良工事実施計画が定められた場合における令及びこの省令の規定の適用については，次の各号に定めるところによるものとする．
　一　堤防及び床止めについては，暫定改良工事実施計画において定められた高水流量，横断形，高水位又は高潮位は，それぞれ計画高水流量，計画横断形，計画高水位又は計画高潮位とみなすものとする．
　二　堤防及び床止め以外の河川管理施設等については，令及びこの省令の規定を適用すれば当該河川管理施設等の機能の維持が著しく困難となる場合その他特別の事情により著しく不適当であると認められる場合においては，暫定改良工事実施計画において定められた高水流量，横断形，高水位又は高潮位は，それぞれ計画高水流量，計画横断形，計画高水位又は計画高潮位とみなすものとする．

1.　本特例の趣旨

河川の改良工事は河川整備基本方針で定められた河川の総合的な保全と利用に関する基本方針に沿って，河川整備計画に基づき計画的に実施するもの

である．しかしながら，主として1級河川の指定区間及び2級河川（これらは補助河川と俗称することが多い）については，改良工事の実施による効果を早期に実現するために，河川の一連区間について暫定的な改良工事を実施する場合も少なくない．この場合には，改修の計画とは別に暫定改良工事実施計画を策定することとなる．暫定改良工事実施計画については，①投資効果等を勘案のうえ，改良工事の実施による効果を早期に発揮するためこれによることが特に必要であると認められること，②河川整備基本方針で定められた河川の総合的な保全と利用に関する基本方針に沿って計画的に実施するものであること．したがって，将来改修工事の実施を著しく妨げることのないよう配慮されたものであること．③建設大臣の承認又は認可（課長通達33-(1)を参照）を受けたものであること，等が必要である（局長通達15-1を参照）．暫定改良工事実施計画については，法線及び川幅は改修の計画に合わせ，河床を上げるとともに護岸を省略するため河岸又は堤防ののり勾配を緩くしている例が多いが，計画高水位等は河川整備基本方針に従って河川管理者が定めたものに必ずしも対応していない．

このような観点から，令第75条を定めており，暫定改良工事実施計画を定めた場合においては，暫定改良工事実施計画で定められた高水流量等を計画高水流量等とみなして構造令が適用できるよう，規則第35条を定めている．

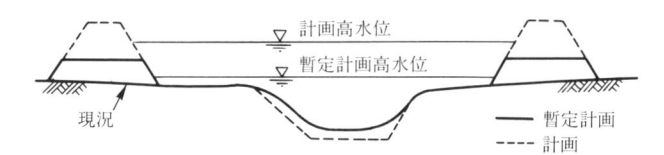

図 10.2 暫定計画の実施例（H.W.L. が変わる例）

2. 許可工作物等の取扱い

暫定改良工事実施計画を定める意義は，改良工事の実施による効果を早期に発揮することにあり，これがため，将来の改修工事の実施を著しく妨げるものであってはならない．

したがって，許可工作物については，暫定改良工事実施計画が定められた場合であっても，原則として，河川整備基本方針に従って河川管理者が定めた計画高水流量等によって，構造令の規定が適用されなければならない．許

可工作物は，河川の将来計画に適合したものでなければならず，将来の河川工事に著しい支障を及ぼすものであってはならないというのが，河川法における基本理念であって，構造令においてもその考え方が貫かれている．暫定改良工事実施計画が定められた場合において，令第75条の特例が無条件で適用できるのは，規則第35条第1号に規定する「堤防及び床止め」のみである．堤防及び床止め以外の河川管理施設等（許可工作物であることが多いので，以下において「許可工作物」という）については，原則として，特例適用がないものである（局長通達15-(2)を参照）．

しかしながら，暫定改良工事実施計画によって河川工事が実施されている場合においては，許可工作物等についても，河川整備基本方針に従って河川管理者が定めた計画高水流量等によって構造令の規定を適用することが著しく困難又は不適当であるときがあり，このときは，許可工作物等についても特例の適用が必要である．このような観点から，規則第35条第2号の規定が定められている．以下において，規則第35条第2号の説明を行うこととする．

① 第2号において「当該河川管理施設等の機能の維持が著しく困難となる場合」とは，計画横断形に係る河床の高さが現状の河床の高さより著しく低く，かつ，すり付け掘削その他特別の措置を講じてもなお土砂の堆積により堰の機能の維持が著しく困難な場合をいう．このような場合は，主として起伏堰を設ける場合に生ずるが，可動堰の可動部が引上げ式ゲートである堰等にあっても，戸当たり部を上げ越し構造（ゲタばき構造）とする等特別の措置を講ずることが不適当か著しく困難な場合又は特別の措置を講じてもなお施設の機能の維持が著しく困難である場合があり，これらの場合は，特例を適用することができるものである（局長通達15-(2)及び課長通達33-(2)イを参照）．なお，起伏堰の場合は，本条に定める特例を適用してもなお施設の機能の維持が困難なときがあると思われるが，そのようなときの取扱いについては令第73条の解説1-(2)を参照されたい．

② 第2号において「その他特別の事情により著しく不適当であると認められる場合」とは，当該許可工作物等の設置地点を含む一連区間の河川改修工事を実施する予定が当分の間暫定改良工事実施計画に基づくもののみであり，相当期間は河川整備基本方針に沿って河川改修工事を実施する予定

がない場合をいうものであるが，当該施設の改築が著しく困難であると認められる場合は除くものである（局長通達15-(2)及び(3)を参照）．

なお，「相当期間は河川整備基本方針に沿って改良工事を実施する予定がない場合」とは，「「河川局所管国庫補助事業に係る全体計画の認可について」の運用について」(昭51.7.20　建設省河治発第52号による治水課長通達) の参考として添付された「河川改良工事全体計画作成要領解説」の1-(2)Bの「暫定計画」に基づき河川改修工事を行う場合をいうものである（課長通達33-(2)ロを参照）．

また，「当該施設の改築が著しく困難であると認められる場合」とは，新幹線鉄道，高速自動車国道，幅員30m以上の道路に係る橋，地下鉄等河底横過トンネルその他の将来の河川改修工事に伴う改築（附帯工事）が著しく困難であると認められる施設を設ける場合をいう（局長通達15-(3)を参照）．

（小河川の特例）
第76条　計画高水流量が1秒間につき100立方メートル未満の小河川に設ける河川管理施設等については，建設省令で定めるところにより，この政令の規定によらないものとすることができる．

（小河川の特例）
規則第36条　令第76条に規定する小河川に設ける河川管理施設等については，河川管理上の支障があると認められる場合を除き，次の各号に定めるところによることができる．
　一　堤防の天端幅は，計画高水位が堤内地盤高より高く，かつ，その差が0.6メートル未満である区間においては，計画高水流量に応じ，次の表の下欄に掲げる値以上とすること．

項	1	2
計画高水流量 （単位　1秒間につき立方メートル）	50 未満	50 以上 100 未満
天端幅 （単位　メートル）	2	2.5

二　堤防の高さは，計画高水位が堤内地盤高より高く，かつ，その差が0.6メートル未満である区間においては，計画高水流量が1秒間につき50立方メートル未満であり，かつ，堤防の天端幅が2.5メートル以上である場合は，計画高水位に0.3メートルを加えた値以上とすること．

三　堤防に設ける管理用通路は，川幅が10メートル未満である区間においては，幅員は，2.5メートル以上とし，建築限界は，次の図に示すところによること．

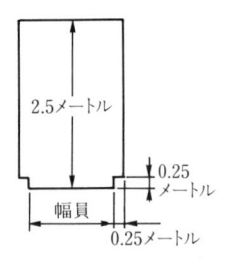

（図：建築限界　高さ2.5メートル，両側0.25メートル，幅員）

四　橋については，令第62条第2項中「20メートル」とあるのは，「10メートル」と，「2メートル」とあるのは，「1メートル」と，「1メートル」とあるのは，「0.5メートル」と読み替えて同項の規定を適用すること．

五　伏せ越しについては，令第72条中「20メートル」とあるのは「10メートル」と，「2メートル」とあるのは，「1メートル」と読み替えて同条の規定を適用すること．

1.　趣　　旨

中小河川は，洪水の継続時間も短く，また掘込河道又はそれに近い河川が一般的であるが，特に計画高水流量が100 m³/s 未満の小河川（以下「小河川」

という）については，その傾向が特に顕著であり，構造令に規定する条項のうち，緩和が必要であると思われるものがある．構造令に規定する基準については，主として直轄河川における経験及び研究等が中心となって検討が進められてきたこともあって，特に小河川の構造については多少厳しいと思われる規定があることも否定できず，従来の実態をみると，災害助成事業又は関連事業等では天端幅が2.5ｍ程度の堤防が設けられている例が少なくないし，また，土地改良事業等で行う河川工事（法第20条の規定）では更に小さな堤防も設けられている例がある．橋脚及び伏せ越しの深さについても同様の傾向が見受けられる．このような実態を踏まえて，令第76条の特例を定めている．

しかしながら，小河川に設けられる河川管理施設等の構造については，今後の調査研究が必要なものもあり，現段階においてすべての事項について特例基準を定めることは，困難である．令第76条において，小河川の特例基準は建設省令にゆだねることとされているが，建設省令で定められていない事項については，構造令に定める基準がそのまま適用される．令第76条において「この政令の規定によらないものとすることができる．」としているのは，このような趣旨である．

2．特例基準

小河川における実態を踏まえて，規則第36条の第1号から第5号まで特例基準を定めているが，規則第36条において「河川管理上の支障があると認められる場合を除き」としているのは，単に小河川であるからといってこの特例を乱用することのないよういましめる趣旨のものであるので，この特例を適用する場合は，構造令に規定されている「構造の原則」の趣旨を十分吟味するとともに，河川管理上生ずる他の問題についても十分考慮しなければならないものである．以下，各号について留意事項を説明することとする．

(1) 堤防の天端幅

① 規則第36条第1号の表の第1項に該当する場合（計画高水流量が50 m³/s未満の場合）において，天端幅を2ｍ以上とすることができるのは，規則第36条第1号が天端幅についての規定であり，同時に規則第15条及び規則第36条第3号の管理用通路に関する規定も満たす必要があるため，規則

第15条(堤防の管理用通路)のただし書の規定に基づき規則第36条第3号の規定にかかわらず管理用通路の幅員を2.5m未満とすることができる場合(管理用通路に変わるべき適当な通路がある場合,又は堤防の全部若しくは主要な部分がコンクリート,鋼矢板若しくはこれに準ずるものによる構造の物である場合)に限定される.同様に計画高水流量が$50 \text{m}^3/\text{s}$以上$100 \text{m}^3/\text{s}$未満の場合で天端幅を2.5m以上とすることができるのは,川幅が10m未満の場合か,規則第15条のただし書の規定に基づき管理用通路の幅員を3m未満とすることができる場合に限定される.

② 本川の計画高水流量が$100 \text{m}^3/\text{s}$以上の支川の背水区間の堤防には,この特例を適用してはならない.

③ 旧川の締切箇所,漏水箇所その他堤防の安定を図る必要がある場合は,第1種側帯の設置等特別の措置を講じない限り,この特例を適用してはならない.

(2) 余裕高

上記の②及び③と同様とする.

(3) 管理用通路

① 規則第15条のただし書が適用できる場合は,規則第36条第3号の規定に優先して規則第15条のただし書の適用があるものである.すなわち,規則第36条第3号に定める小河川の特例は,規則第15条本文の規定を緩和するために設けられているものである.

② 規則第15条ただし書における「管理用通路に代わるべき適当な通路がある場合」に該当する場合は,規則第36条第3号に規定する幅員2.5m以上の管理用通路を設ける必要はないので,規則第36条第1号の表の第1項の特例基準を適用するときはこれを活用することとなる.「管理用通路に代わるべき適当な通路がある場合」の運用解釈については,令第27条(管理用通路)及び規則第15条の解説で述べたとおりである.

(4) 橋脚の根入れ

① 計画高水流量又は現況流量(左右岸いずれか低いほうの河岸又は堤防の高さの水位で流下する流量)が流下することとした場合の流速が,おおむね2m/sを超える場合は,規則第36条第4号の特例を適用してはならない.

ただし，計画の流速が 2 m/s 以下で，現況の流速が 2 m/s を超える場合であって，かつ，現況の流下断面における根入れ深さが令第 62 条（橋脚）第 2 項に定める値以上であるときは，規則第 36 条第 4 号の特例を適用することができる（課長通達 34 を参照）．

② 令第 62 条第 2 項の解説で述べたとおり，橋脚の安定性については別途地震及び局所洗掘の影響等を考慮しなければならないものであり，橋脚の安定性に問題があると認められるときは，規則第 36 条第 4 号の特例を適用すべきでない．

(5) 伏せ越しの深さ

上記の①に準ずるものとする．この場合において，上記①の 2 m/s とあるのは 3 m/s，また令第 62 条第 2 項とあるのは令第 72 条（深さ）と読み替えるものとする（課長通達 34 を参照）．

（準用河川に設ける河川管理施設等への準用）
第 77 条　準用河川に設ける河川管理施設等については，建設省令で定めるところにより，この政令の規定を準用する．

本条において，準用河川に設ける河川管理施設等については，建設省令で定めるところにより，構造令の規定を準用することとしているが，現在はまだその建設省令を定めていない．かつて，河川改良工事の施行その他通常の維持管理を超える管理を必要とする河川は，法河川に指定することを原則としていたこともあって，準用河川の整備は極めて遅れた状態にある．昭和 50 年度から「準用河川改修費補助制度」がスタートして，鋭意準用河川の改良工事が推進されているが，準用河川に設けられる河川管理施設等については，構造令で固定化せずに，行政指導の積み重ねを行っていくことが適当であると考えられており，なお積み重ねが必要であるため，当該省令を定めていないものである．

しかしながら，準用河川に設置される河川管理施設等についても，当該省令を制定するまでの間は，構造上の安全性を確保するため，できるだけ構造令に規定する基準に準拠することが必要である（局長通達 16-(2)を参照）．もっとも準用河川は小河川である場合がほとんどであるので，堤防の余裕高及

図 10.3 準用河川の例

び天端幅，橋脚の根入れ，伏せ越しの深さについては，規則第 36 条に定める「小河川の特例」を活用すればよいであろう．

附　則

（施行期日）

1　この政令は，昭和 51 年 10 月 1 日から施行する．

（経過措置）

2　この政令の施行の際現に存する河川管理施設等又は現に工事中の河川管理施設等（既に法第 26 条の許可を受け，工事に着手するに至らない許可工作物を含む．）がこの政令の規定に適合しない場合においては，当該河川管理施設等については，当該規定は，適用しない．ただし，工事の着手（許可工作物にあっては，法第 26 条の許可）がこの政令の施行の後である改築（災害復旧又は応急措置として行われるものを除く．）に係る河川管理施設等については，この限りでない．

附　則［平成 4 年 1 月 24 日政令第 5 号］

（施行期日）

1　この政令は，平成 4 年 2 月 1 日から施行する．

（経過措置）

2　この政令の施行の際現に存する水門及び樋門(以下「水門等」という.)又は現に工事中の水門等(既に河川法第26条第1項の許可を受け,工事に着手するに至らないものを含む.)がこの政令の規定に適合しない場合においては,当該水門等については,当該規定は,適用しない.ただし,工事の着手(同項の許可を受けて設置される水門等にあっては,同項の許可)がこの政令の施行の後である改築（災害復旧又は応急措置として行われるものを除く）に係る水門等については,この限りでない.

附　則［平成9年11月28日政令第343号］
（施行期日）
第1条　この政令は,河川法の一部を改正する法律の施行の日（平成9年12月1日）から施行する.
（経過措置）
第2条　この政令の施行の際現に存する床止め及び堰（以下「床止め等」という.）又は現に工事中の床止め等（既に河川法第26条第1項の許可を受け,工事に着手するに至らないものを含む.）が改正後の河川管理施設等構造令第35条の2（第44条において準用する場合を含む.）の規定に適合しない場合においては,当該床止め等については,当該規定は,適用しない.ただし,工事の着手（同項の許可を受けて設置される床止め等にあっては,同項の許可）がこの政令の施行の後である改築（災害復旧又は応急措置として行われるものを除く.）に係る床止め等については,この限りでない.

1．既存施設の取扱い

　令第1条（この政令の趣旨）の解説で述べたとおり,既存施設のうち構造令に適合しない施設については,構造令に定める規定は遡及適用しないこととしており,このことを附則第2項（経過措置）,附則［平成4年1月24日政令第5号］第2項（経過措置）,及び附則［平成9年11月28日政令第343号］第2条（経過措置）に規定している.

しかしながら，洪水，高潮等による災害の発生を未然に防止することは，河川法本来の目的であり，現に存する河川管理施設等の安全性を確保するため，その維持管理に万全を期すとともに，構造令に規定する基準に著しく適合しないものについて改良工事又は応急措置を計画的に推進することによりできるだけ構造令に適合する施設に改築することは，河川行政本来の姿であることを十分認識しておく必要がある．

2．工事中の取扱い

附則第2項（経過措置），附則［平成4年1月24日政令第5号］第2条（経過措置），及び附則［平成9年11月28日政令第343号］第2条（経過措置）により，構造令の施行の際，新改築の工事中の施設及びまだ工事に着手していないが既に法第26条（工作物の新築等の許可）第1項の許可を受けている許可工作物についても，構造令の規定に適合しない場合には，当該規定を適用しないこととしている．これは工事の著しい手戻りを避けるため又は用地の追加買収が実態上極めて困難である等の事情を勘案して定めたものである．したがって，著しい手戻り工事がない場合や用地の追加買収が可能な場合は，計画の変更をして構造令の規定に適合するよう努めなければならないことは当然のことである．

3．改築の際の適用関係

既存の構造令に適合しない施設であってもこれを改築するときは，構造令の規定が適用となる．また，令第74条（計画高水流量等の決定又は変更があった場合の適用の特例）においても，流量改定によって構造令に適合しなくなった既存施設については構造令の適用がないが，これを改築するときは構造令の規定が適用となる．これらの場合において，「改築」には，維持修繕工事が含まれないのは当然のこととして，施設の改造工事であっても本附則及び令第74条の「改築」から除かれる場合も少なくなく，構造令の適用に当たっては注意を要する．以下にその点も含めて若干の留意事項を述べることとする．

① 施設全体にわたる改造工事については「改築」に該当するものであり，構造令の適用があるが，部分的な改造工事については構造令の適用がないものとしている（局長通達14-(1)を参照）．

② 構造令は，河川管理施設等の構造基準を定めたものであり，法第26条の許可基準のすべてを定めたものではないので，法第26条(工作物の新築等の許可)の許可に当たっては，構造以外にも河川管理上必要とされる別の判断が必要であることも少なくない．部分的な改造工事について述べると，それを行う場合には構造令の適用はないが，それを行うことが適当であるかどうかについては河川管理上別の判断が必要であり，治水上著しい支障があると認められる場合は，部分的な改造工事といえども行ってはならないものである．また，施設全体にわたる改造工事が治水上急がれているような場合には，部分的な改造工事によって当該施設の延命を図るようなことは努めて避けなければならない．

③ 施設全体にわたる改造工事を行うことが著しく困難又は不適当な場合で，やむを得ず部分的な改造工事を行うときは，部分的な改造工事であっても，その構造についてはできるだけ構造令に定める基準に準拠するよう努める必要がある（局長通達14-(1)を参照）．

④ 既存の弱小堤について行われる嵩上げを伴わない部分的な補強工事は，局長通達14-(1)の「部分的な改造工事」に該当するものであり（課長通達35-(2)を参照），堤防の安全性を高めるために必要に応じ実施すべきものであろう．しかし，嵩上げを伴う築堤工事については，必ずしも堤防の安全性を高めることにはならないのでこれに該当せず，構造令に定める規定の適用を受けるものである．

⑤ 災害復旧として行われる改造工事は，それが施設全体にわたる改造工事である場合は「改築」に該当するが，本附則及び令第74条（計画高水流量等の決定又は変更があった場合の適用の特例）に規定されているとおり，構造令の規定は適用されない．災害復旧の取扱いについては，4に詳述する．

⑥ 本附則及び令第74条において「応急措置」とは，令第73条（適用除外）第1号の「応急措置」より広い概念で使われており，令第73条第1号の「応急措置」はもちろんのこと第2号の「臨時措置」及び部分的な改造工事をも含むものである（課長通達32を参照）．

4．災害復旧の取扱い

災害復旧と構造令の適用関係は，災害を受けた施設がもともと構造令に適

合していたか否かによって区別される．本附則において「河川管理施設等がこの政令の規定に適合しない場合」と規定しているように，構造令に適合しない施設を災害復旧として改築する場合には構造令の規定は適用されないが，もともと構造令に適合している施設を改築するときは，災害復旧の場合であっても，構造令の規定は適用される．令第74条(計画高水流量等の決定又は変更があった場合の適用の特例)においても同様である．

　以下，災害復旧の取扱いについて詳述する．

① 　災害復旧助成事業及び災害関連事業は，「災害復旧」には該当せず，構造令の適用があるものである（局長通達14-(2)イを参照）．ただし，それらの事業の中に部分的な改造工事しか行わない施設が含まれる場合は，当該施設について構造令の規定は適用されない（前記3を参照）．

② 　公共土木施設災害復旧事業費国庫負担法（昭和26年法律第97号）第2条第2項及び第3項に規定する災害復旧事業，農林水産業施設災害復旧事業費国庫補助の暫定措置に関する法律（昭和25年法律第169号）第2条第6項及び第7項に規定する災害復旧事業並びに臨時石炭鉱害復旧法（昭和27年法律第295号）第2条第2項及び第2条の2に規定する復旧工事は，「災害復旧」に該当するものとして取り扱うこととしている（局長通達14-(2)ロを参照）．

③ 　前記②の「災害復旧事業」は次の事業をいう（課長通達35-(3)を参照）．

　イ　災害により損傷又は滅失した施設を原形に復旧すること．

　ロ　被災した施設を原形に復旧することが不可能な場合において，当該施設の従前の効用を復旧するために必要な施設を設けること．

　ハ　被災した施設を原形に復旧することが著しく困難又は不適当な場合において，これに代わるべき必要な施設を設けること．

④ 　災害により河床が著しく低下したため，従前に河床が果たしていた機能（水位の維持等）に代わる施設として堰等取水施設を新設するような場合が②に掲げる災害復旧として行われることがあるが，このように新たな施設を設ける場合は，新築であり，もともと本附則及び令第74条(計画高水流量等の決定又は変更があった場合の適用の特例)に定める規定とは関係がないものである．したがって，新築の場合は，当然，構造令の規定の適用

がある．

　しかし，災害復旧として行う新築工事については，令第73条（適用除外）第1号又は第2号に定める応急施設又は臨時施設に該当する場合も少なくなく，その場合は構造令の規定は適用されないが，この場合でも計画横断形が現況の断面と著しく異なることその他河川の状況に応じて，令第73条の適切な運用を図る必要がある（令第73条の解説を参照）．また，臨時石炭鉱害復旧法に規定する復旧工事の施行に伴って堰等の許可工作物を新築する場合にあっては，同法の性格に照らし，同復旧工事の実態を勘案のうえ，構造令に定める規定の範囲内で適切な取扱いを行う必要がある（局長通達14-(2)ハ及びニを参照）．

⑤　前記の②又は③に該当する「災害復旧」についても，できるだけ構造令の規定に準拠するよう努める必要がある．特に，固定堰等治水上の影響の大きい工作物の効用復旧を実施する場合には，災害が新たに発生又は助長されることのないよう十分留意することが肝要である（局長通達14-(2)ロ及び課長通達35-(3)を参照）．

参考　河底横過トンネル

適用の範囲
構造の原則
構　　　造
ゲート等
深　　　さ

参考　河底横過トンネル

> （適用の範囲）
> 　この章の規定は，シールド工法又は推進工法による河底横過トンネルについて適用する．

　河底横過トンネルとは，河底を横過する上下水道，工業用水道，石油パイプライン，地下鉄，道路等でシールド工法及び推進工法（小口径推進工法を含む）により設置されるものをいう．

> （構造の原則）
> 　河底横過トンネルは，計画高水位（高潮区間にあっては，計画高潮位）以下の水位の流水の作用に対して安全な構造とするものとする．
> 2．河底横過トンネルは，計画高水位以下の水位の洪水の流下を妨げず，並びに付近の河岸及び河川管理施設の構造に著しい影響を及ぼさない構造とするものとする．

1．趣　　旨

　河底横過トンネルは，河底に設置されることから，洪水時には局所洗掘の影響を受けやすい．特に洪水時には河床そのものが動いており，トンネルの土被りが平常時に対して大きく変動する場合があり，また，トンネルは用途によっては中空構造となるので，浮き上がりが生じやすい特性を有している．河底横過トンネルにおいて破損事故等があった場合には，付近の河川管理施設等に悪影響を与えることとなり，悪条件が重なれば堤内地への浸水，あるいは破堤の原因となることも考えられる．このような観点から，河底横過トンネルは「流水の作用」に対して安全な構造であるとともに，計画高水位以

下の水位の洪水の流下を妨げず,並びに付近の河岸及び河川管理施設の構造に著しい影響を及ぼさない構造とする必要があるとしたものである.

2. 施工方法について

　河底横過トンネルが施工中並びに完成後に河川に与えるおそれのある悪影響は,その施工法により異なる.そのため,構造の検討に当たっては,施工方法に十分留意する必要がある.ここでは一般的な施工法の概要を示す.

　シールド工法とは,シールド機で地山の崩壊を防ぎながら,掘削,推進を行い,テール部で覆工（セグメントをリング状に組み立てる）することによりトンネルを構築する工法である.シールド機のテール部後方にはテールクリアランスとスキンプレートの板厚の和に相当する空隙（テールボイド）が生じるため,テール通過直後にこの空隙により地山の応力が解放されて地盤沈下が生じる可能性がある.これを防止するため,地山の状況に応じた裏込め注入材を用いて,シールド機の推進と同時に裏込め注入を行う対策等がとられている.

　推進工法とは,工場で製造された推進管の先端に先導体を取り付け,ジャッキ推力等によって管を順次地中部に圧入してトンネルを築造する工法である.管内での有人作業は,「下水道整備工事,電気通信施設建設工事等における労働災害の防止について」（昭和 50.4.7　労働省基発第 204 号）によって,口径 800 mm 以上の場合とするよう指導されているため,呼び径 800 mm 未満の管の設置は,発進立坑内等から遠隔操作により推進する工法（小口径推進工法）により行われている.推進工法は,順次推進管を発進立坑内等から送り出してトンネルを築造するため,推進が完了するまで管路全体が移動している.このため,裏込め注入工は推進作業が完了後に実施される.ただし,裏込め注入ができるのは,管内有人作業が可能な呼び径 800 mm 以上のものに限られ,小口径推進工法ではこれを行うことができない.推進工法の種類は,切羽の安定の方法,掘削の方法,推力の伝達の方法,土砂の搬出の方法等により多種あり,トンネル周囲の状況もこれに大きく依存するものであるので,工法選定に当たってはその特性に留意する必要がある.

　なお,設置等の基準については「工作物設置許可基準」を参照されたい.

> （構　造）
> 　第47条第1項の規定は，河底横過トンネルの構造について準用する．

1. トンネルの構造

　河底横過トンネルは，伏せ越しと同様に河床の局所洗掘，不同沈下等に対して安全な構造とする必要があり，令第47条第1項の規定を準用し，その構造を「鉄筋コンクリート構造又はこれに準ずる構造」としたものである．

　なお，伏せ越しは比較的浅い位置に設置され，特に堤防下の部分で荷重条件の相違により折損等の事故の発生が多いため，堤防下の部分とその他の部分とを構造上分離することとしている．しかし，河底横過トンネルは比較的深い位置に設置されるため，堤防下の部分とその他の部分とを分離しないこととした．また，伏せ越しでは，主として堤防下において破損等の事故が発生していないか適宜点検する必要があり，堆積土砂等の排除に支障ない構造とする必要があるため，令第47条第2項の規定を準用しているが，河底横過トンネルでは，堤防下における破損等の事故の発生のおそれが低く，また，逆サイフォン構造でないため土砂等の堆積が想定されないことから，第47条第2項の規定は適用しないこととした．

2. 圧力管となる場合の取扱い

　上・下水道や石油のパイプライン等の圧力管が損傷した場合には，堤防等の河川管理施設の損傷や河川水の汚染を引き起こす可能性があるため，十分な安全性の確保が必要である．

　河底横過トンネルが圧力管となる場合は，外管と内管とが構造上分離した二重鞘管構造とするなど所要の対策を講じることが必要である．

　なお，これらのトンネルにおいて，土砂等の堆積のおそれがなく，かつ，ロボット等による定期的な点検や良好な維持管理が可能な場合には，外管と内管との間に管理用の空間は確保しなくとも支障がない．ただし，トンネル設置者が必要とする場合はこの限りでない．

> （ゲート等）
> 　河底横過トンネルには，流水が河川外に流出する事を防止するため，

堤内地側の適当な箇所にゲート（バルブを含む．次項において同じ．）を設けるものとする．ただし，地形の状況により必要がないと認められるときは，この限りでない．
2. 第10条第2項の規定は，前項のゲートの開閉装置について準用する．

1. ゲートの必要性

　河底横過トンネルの河床下の部分等で，地震等により破損等の事故が発生した場合には，河川の流水が河底横過トンネルを通じて堤内地に流出する可能性がある．このため，河底横過トンネルについても伏せ越しと同様に，流水が河川外に流出することを防止するためのゲートを設け，かつ，「ゲートの開閉装置は，ゲートの開閉を確実に行うことができる構造（令第10条第2項）」としたものである．ただし，地下鉄や道路等その機能上ゲートやバルブの設置が困難な場合には，これに準ずる対策が必要である．なお，地下鉄の制水ゲートは駅部に限らず，河川と駅間にあるポンプ室等の堤内地へ溢水のおそれのある施設のすべてに対して必要とされるものである．制水ゲートを設置していないトンネル内へ河川水が流入し，都市機能を麻痺させた事例がある．

　なお，堤内地側の地形の状況(掘込河道区間，山間狭窄部等)等により，堤内地側で河川水が溢水しないことが確実であると認められる場合は，制水ゲートは設置しなくとも支障がない．

2. 立坑の位置

　立坑の位置については，「堤内地の堤脚付近に設置する工作物の位置等について」（平成6.5.31　建設省河治発第40号による治水課長通達）によることとする．

（深　さ）
　第72条の規定は，河底横過トンネルの構造について準用する．この場合において同項の規定中「深さ2メートル以上の部分」とあるのは，「深さ2メートル以上の部分から当該河底横過トンネルに起因する周辺の地盤の著しい変位の防止に必要な土被りの厚さを確保した部分」と読み替えるものとする．

1. 設置深さ

　洪水時には河床そのものが動いているため，トンネルが露出して床止めのようになった場合，著しい流水の乱れを生じさせるとともに，河床の連続性が損なわれ，上下流において思わぬ河床変動を引き起こしたり，他の工作物周辺の局所洗掘を助長するおそれがある．また，露出したトンネルが損壊し，河川水を堤内地に引き込むおそれもある．更に，トンネルの土被りは施工中や完成後の浮き上がり安全性を支配し，設置位置が浅くなれば，施工中や完成後に河底及び地表面沈下に与える沈下等の影響も顕著になる．このため，トンネルの設置深さは，経年的な河床変動や洪水時の洗掘等により河床にトンネルが露出しないような深さとし，かつ，トンネルの施工中及び完成後の浮き上がりや，切羽の崩壊，噴発のほか，掘進に伴う地盤変状による沈下等の影響が河底及び地表面に生じない深さとする必要がある．なお，その際，トンネルは伏流水の流れを阻害するなど，地下水環境に支障を与えない深さとする必要がある．

　トンネルの施工中及び完成後の浮き上がり安全性を確保するために必要な土被り深さや，トンネル掘進に起因する河底及び地表面の沈下量を急増させないために必要な深さは，地盤の状況によるが一般に $1.5D$（D：掘削外径）以上必要とされている．

　このため，河底横過トンネルの設置に当たっては，計画河床又は最深河床高のどちらか深いほうに経年的な河床変動とその周辺の局所洗掘の深さを加えた位置から $1.5D$ 以上の土被りを確保することを基本とする．ただし，局所洗掘の深さは河道の特性等により個別に検討する必要がある．

　なお，過去の施工実績によれば，$\phi 2.0\,\mathrm{m}$ 以下のシールド工法による河底横過トンネルの埋設深さは，ほとんどが $5.0\,\mathrm{m}$ 以上である．また，堰等の下流側を横過する場合には，経年的な河床低下にも留意し，必要に応じ適切な措置を講じなければならない．

　やむを得ず浅い位置にトンネルを設置する場合には，横過位置の地盤改良，入念な施工管理，堤防や護岸の変状等に対する定期的な計測管理等，適切な対策を講じるものとする．

2. 他の工作物からの離隔距離

　護岸の基礎矢板，基礎杭先端等の他の埋設物からの離隔距離は，$1.5D$ 程度を確保すればトンネル掘進による地盤変状の影響は無視できるものと考えられるが，地盤改良及び施工中・施工後の堤防や護岸の変状に対する計測管理等を実施し，地盤変状の影響を緩和し，適切な対応策をとることにより，これより近い距離にトンネルを設置することが可能となり経済的に有利となる場合がある．このため，この離隔距離については現地の状況を踏まえて，検討する必要がある．

付

河川管理施設等構造令及び同令施行規則の施行について
　　昭和 51 年 11 月 23 日　建設省河政発第 70 号　河川局長通達　………377
河川管理施設等構造令及び同令施行規則の施行について
　　平成 4 年 2 月 1 日　建設省河政発第 31 号　河川局長通達　……………385
河川管理施設等構造令及び同令施行規則の施行について
　　平成 10 年 1 月 23 日　建設省河政発第 8 号　河川局長通達　…………387
河川管理施設等構造令及び同令施行規則の運用について
　　昭和 52 年 2 月 1 日　建設省河政発第 5 号，建設省河治発第 6 号
　　水政課長，治水課長通達　……………………………………………390
河川管理施設等構造令及び同令施行規則の運用について
　　昭和 52 年 2 月 1 日　建設省河政発第 6 号，建設省河開発第 9 号
　　水政課長，開発課長通達　……………………………………………406
河川管理施設等構造令及び同令施行規則の一部改正
について
　　平成 3 年 7 月 18 日　建設省河政発第 54 号，建設省河治発第 43 号
　　水政課長，治水課長通達　……………………………………………410
河川管理施設等構造令及び同令施行規則の運用について
　　平成 4 年 2 月 1 日　建設省河政発第 32 号，建設省河計発第 37 号，
　　建設省河治発第 10 号　水政課長，河川計画課長，治水課長通達 …412
河川管理施設等構造令及び同令施行規則の運用について
　　平成 10 年 1 月 23 日　建設省河政発第 9 号，建設省河計発第 6 号，
　　建設省河治発第 4 号，建設省河開発第 7 号　水政課長，河川
　　計画課長，治水課長，開発課長通達　………………………………418

河川管理施設等構造令及び同令施行規則の運用について
平成 11 年 10 月 15 日　建設省河政発第 74 号，建設省河計発第 83 号，
建設省河治発第 39 号　水政課長，河川計画課長，治水課長通達　…420

河川管理施設等構造令及び同令施行規則の施行について

（昭和51年11月23日　建設省河政発第70号
各地方建設局長，北海道開発局長，沖縄総合事務局
長，各都道府県知事あて　建設省河川局長通達）

最終改正　平成10年1月23日建設省河政発第8号

　河川管理施設等構造令（昭和51年政令第199号．以下「令」という。）及び河川管理施設等構造令施行規則（昭和51年建設省令第13号．以下「規則」という．）は，昭和51年10月1日から施行されたが，貴職におかれては，令及び規則の施行にあたり，下記の諸点に留意して，遺憾のないようにされたい．また，関係事項を貴下市町村に周知方取り計らわれたい．

　　注　都道府県知事あてのみ

記

1　令第1条（この政令の趣旨）関係
(1)　令は，河川管理施設又は許可工作物（以下「河川管理施設等」という．）の構造に関し，河川管理上必要とされる一般的技術的基準を明らかにしたもので，これらの施設は，単に新築又は改築時のみならず，その存続期間中は，常に令の基準を満たすべきものとすること．
(2)　令は，河川管理施設等の構造に関し，河川管理上必要とされる基本的基準を定めたものであるから，許可工作物について河川法（昭和39年法律第167号．以下「法」という．）第26条第1項の許可を行う場合には，当該許可工作物の構造が令の基準を満たしているかどうかの審査は当然のこととして，許可工作物の設置又は設計について別に定める基準等を考慮のうえ総合的に河川管理上の判断を行うものとすること．

2　令第2条（用語の定義）関係
(1)　設計洪水位について
　　イ　「200年につき1回の割合で発生するものと予想される洪水の流量」を求める場合において，ダムの実状によりこの流量を求めることが困難なときは，当該ダムに係る流域において100年につき1回の割合で

発生するものと予想される洪水の流量に1.2を乗ずることにより，この流量を求めることができるものとすること．

ロ 「当該ダムに係る流域と水象若しくは気象が類似する流域のそれぞれにおいて発生した最大の洪水に係る水象若しくは気象の観測の結果に照らして当該地点に発生するおそれがあると認められる洪水の流量」を求める場合において，水象の観測の結果に照らして流量を求めるときは別途通知する比流量図によることができるものとし，気象の観測の結果に照らして流量を求めるときは流出解析において近傍のいくつかの流域のそれぞれにおいて発生した最大の洪水を生じさせた気象現象の観測資料を用いることができるものとすること．

ハ 洪水調節をその設置の目的に含まないダムの貯水池の貯留効果は，当分の間洪水吐きゲートを有せず，かつ，流域面積に比べ貯水池面積の著しく大きなダムの設計洪水位を求める場合についてのみ考慮するものとし「貯水池の貯留効果」の算定方法は，別途通知するところによるものとすること．

(2) 計画高水流量等について

許可工作物が設置される地点の計画高水流量，計画横断形，計画高水位又は計画高潮位（以下「計画高水流量等」という．）は，次に定めるところにより取り扱うものとすること．

イ 河川整備基本方針（以下「基本方針」という．）が既に定められている河川については，基本方針に定められた主要地点の計画高水流量等を基準として上下流における河川の状況及び水利用状況等を総合的に判断して河川管理者が定めるものとすること．

ロ 基本方針を改訂する予定の河川については，あらかじめ関係部局（基本方針を定める場合における関係部局のうち当該許可工作物に係る事業を所管するものをいう．以下ハにおいて同じ．）の了解を得ることによって予定されている基本方針の内容により運用するよう努めるものとすること．

この場合において，当該基本方針の改訂の手続は，おおむね3年以内に完了するものとすること．

ハ　基本方針が定められていない河川であって，改修計画が定められているものについては，基本方針が定められるまでの間，関係部局の了解を得ることによって，当該改修計画の内容により運用するよう努めるものとすること．

　　　この場合においても，基本方針策定の手続は，おおむね3年以内に完了するものとすること．

ニ　基本方針が定められていない河川であって，河川改修工事の予定のないものについては，原則として，現況に則して運用するものとすること．

　　　この場合においては，許可工作物の新築又は改築によって災害が新たに発生又は助長されることのないよう十分留意するものとすること．

3　令第3条（適用の範囲）関係

(1)　「土砂の流出を防止し，及び調節するために設けるダム」とは，砂防又は治山の事業により設置するえん堤であって水を貯留することをその設置の目的に含まないものであること．また，基礎地盤から堤頂までの高さが15メートル未満のダムについては，令の運用がないものであること．

(2)　これらのえん堤又はダムについては，法第26条の許可にあたって，個別に必要な審査を行うものであるが，構造上の安全性を確保するため，必要に応じ，令及び規則に定める基準に準拠するものとすること．

4　令第4条（構造の原則）関係

(1)　水路構造物が想定基礎岩盤面内に埋設され，かつ，ダムの堤体となめらかに接続され，外力及び浸透水に対し安全な構造である場合及びダムの堤体に代わり基礎地盤上に自立式越流型洪水吐きを設ける場合については，第5項の規定は適用されないものであること．

(2)　アーチダムにおいては貯水池の水位が通常生じ得る最低水位（LWL）である場合及びフィルダムにおいては貯水池の水位が中間水位である場合は，規則第1条第1項中「ダムの危険が予想される場合」に含まれるものであること．

(3)　フィルダムの利水放流設備又は洪水吐きがダムの堤体の点検，修理等のため貯水池の水位を低下させることができる機能を有している場合に

ついては，当該利水放流設備又は洪水吐き以外に，規則第10条第6項の規定に基づく放流設備を設ける必要はないものであること．

5 令第6条（堤体等に作用する荷重の種類）関係

表1の項の中欄の「常時満水位以下又はサーチャージ水位以下である場合」には，空虚時は含まれないものであること．

6 令第8条（越流型洪水吐きの越流部の幅）関係

「越流部の幅」を求める場合の対象洪水流量は，当該ダムの直上流の地点における計画高水流量とすること．ただし，計画高水流量が定められていない地点においては，当該地点において100年につき1回の割合で発生するものと予想される洪水の流量とすることができるものとすること．

7 令第10条（ゲート等の構造の原則）関係

ゲートを有する洪水吐きには，予備のゲート又は角落し用の溝等これに代わる設備以外に別途特別の予備洪水吐きを設ける必要はないものであること．また，ダムの補修を行う場合等において水位の低下が容易に可能であるときは，予備のゲートを設ける必要はないものであること．

8 令第14条（放流設備）関係

(1) ダムの設置される地点付近の状況により，現在及び将来においてダムに放流設備を設けなくても河川の流水の正常な機能が維持される場合には，本条の放流設備を設ける必要はないものであること．

(2) 利水放流設備が，現在及び将来において河川の流水の正常な機能を維持するために必要な放流設備の機能を有している場合には，本条の放流設備を設ける必要はないものであること．

9 令第17条（適用の範囲）関係

(1) 越流堤，背割堤，導流堤等については，事例も少なく，特殊なものであるので，令において一般的な基準を設けていないものであるが，その構造については，個別に検討を行い，それぞれの目的に応じ，安全な構造のものとすること．

(2) 第3章の規定の適用を受ける堤防のうち堤防の高さと堤内地盤高との差が0.6メートル未満である区間のものについては，令第21条，令第22条等において，令の適用がないものとされているが，その構造について

10 令第24条（側帯）関係

　　第3種側帯を設けるにあたっては，農地の保全その他地域の土地利用との調和に十分留意するものとし，農業振興地域の整備に関する法律（昭和44年法律第58号．以下「農振法」という．）第8条第2項第1号の農用地区域に設ける場合において，1級河川の指定区間外にあっては地方農政局に，一級河川の指定区間内及び2級河川にあっては，都道府県の農振法担当部局に事前に協議するものとすること．また，第3種側帯は，国有林野（林野庁所管の国有林野及び官行造林地をいう．），都道府県知事のたてる地域森林計画の対象林，保安林（予定森林を含む．）及び保安施設地区（予定地区を含む．）には設けないものとすること．

11 令第32条（連続しない工期を定めて段階的に築造される堤防の特例）関係

　　連続しない工期を定めて築造される堤防については，第3章の規定を準用し，本条に規定するところにより定まるそれぞれの段階における計画高水位以下の水位の流水の通常の作用に対して安全な構造となるよう所要の措置を講ずるものとすること．

12 令第37条（流下断面との関係）関係

　　可動堰の可動部以外の部分及び固定堰は，流下断面内に設けてはならないものであるが，堰の機能を確保するためには河床の状況等により計画横断形又は計画縦断形の変更を要すると認められる場合は，治水上支障のない範囲内において，それらの計画を変更するものとすること．

13 令第68条（適用の範囲）関係

　　本条に規定する伏せ越しとは，水路等が河川と交差する場合において，サイフォン構造で河底を横過するものをいい，その他の河底横過物は含まれないものであること．

14 令第74条（計画高水流量等の決定又は変更があった場合の適用の特例）及び附則第2項（経過措置）関係

　(1) 改築について

　　　河川管理施設等の施設全体にわたる改造工事については，本条及び本

附則にいう「改築」に該当するものとして取り扱うものとすること。なお、部分的な改造工事については、令及び規則の適用がないものであるが、できるだけ令及び規則に定める基準に準拠するよう努めるものとすること。
(2) 災害復旧について
　イ　災害復旧助成事業及び災害関連事業は、「災害復旧」には該当せず、令及び規則の適用があるものであること。
　ロ　公共土木施設災害復旧事業費国庫負担法（昭和26年法律第97号）第2条第2項及び第3項に規定する災害復旧事業、農林水産業施設災害復旧事業費国庫補助の暫定措置に関する法律（昭和25年法律第169号）第2条第6項及び第7項に規定する災害復旧事業並びに臨時石炭鉱害復旧法（昭和27年法律第295号）第2条第2項及び第2条の2に規定する復旧工事は、「災害復旧」に該当するものとして取り扱うものとするが、これらの場合においてもできるだけ令及び規則に定める基準に準拠するよう努めるものとすること。
　ハ　災害により河床の状況が変化したため、従前に河床が果していた機能に代わる施設を設ける場合等災害復旧により新たに施設を設ける場合には令及び規則の適用があるものであること。ただし、計画横断形が現況の断面と著しく異なる場合において応急的又は臨時的に災害復旧施設を設ける場合には、令及び規則の適用がないものであるが、この場合においては、できるだけ令及び規則に定める基準に準拠するよう努めるものとすること。
　ニ　臨時石炭鉱害復旧法（昭和27年法律第295号）第2条第2項及び第2条の2に規定する復旧工事の施行に伴って河川管理施設等を新築する場合にあっては、令及び規則の適用については、同法の性格に照らし、同復旧工事の実態に応じ、適切な取扱いを行うものとすること。

15　令第75条（暫定改良工事実施計画が定められた場合の特例）関係
(1) 暫定改良工事実施計画（以下「暫定計画」という。）は、投資効果等を勘案し、基本方針に沿って河川改修工事を暫定的に実施することが当面適当であると認められる場合に、主として1級河川の指定区間内及び2

級河川に関して定められるものであること。なお，暫定計画を定める場合には，あらかじめ，建設大臣の認可又は承認を受けるものとすること．
(2) 暫定計画が定められた場合においても，堤防及び床止め以外の河川管理施設等については，原則として，基本方針に従って令及び規則が適用されるものであること．しかしながら，当該施設の設置地点における計画河床の高さと現状の河床の高さとが著しく異なり施設の機能の維持が著しく困難な場合又は近い将来当該施設の設置地点を含む区間につき基本方針に基づく河川改修工事を行う予定がない場合等特別の事情があると認められるときは，(3)に定める場合を除き，規則第35条第2号に基づき暫定計画に従って令及び規則が適用されるものであること．
(3) 堤防及び床止め以外の河川管理施設等のうち規則第28条に規定する橋その他の将来の河川改修工事に伴う改築が著しく困難な施設については，常に基本方針に従って令及び規則が適用されるものであること．

16 その他
(1) 河川改修工事と許可工作物の設置との調整等
　イ　計画横断形に合せて許可工作物を設けることにより当該施設の機能が著しく阻害されることとなるおそれがある場合においては，当該施設の設置時期に合せてその機能を確保するために必要な河川改修工事を施行するよう努めるとともに当該施設の設置時期についても調整を行うものとすること．
　ロ　イに定める措置を行うことが困難な場合においては，次の取扱いによるものとすること．
　　a　河川改修工事の施行時期が著しく遅れる場合で，かつ，暫定計画によって改修効果を早期に発揮することが治水上適当であると認められる河川の区間に許可工作物の設置地点が含まれる場合には，暫定計画を定め，河川改修工事の施行時期をできるだけ早めるよう努めるとともに当該施設の設置時期の調整を行うものとすること．
　　b　暫定計画により河川改修工事を行うことが適当でない場合又はaで定める方法によってもなお河川改修工事の施行時期と許可工作物の設置時期との調整が困難である場合は，当該施設の管理者と協議

して，当該施設の機能の確保のため，暫定的な上げ越し構造とする等必要な措置を定めるものとすること．

　ハ　計画横断形が川幅を拡げる計画であり，かつ，許可工作物の設置時期に合わせて当該計画横断形に係る河川改修工事を施行することができない場合は，許可工作物については，将来の河川改修工事に著しい手戻りを生じないよう令及び規則に抵触しない範囲で，現況の河川内の部分のみを施行することができるものとすること．

　ニ　法第20条の規定により土地改良事業等として河川管理施設等の新築又は改築が行われる場合において，おおむね5年以内に河川改修工事の予定のある区間にあっては，災害が新たに発生又は助長されるおそれがなく，かつ，河川改修工事に著しい手戻りが生じない範囲で，令第73条第2号に規定する臨時に設けられる河川管理施設等として，またその他の区間にあっては，原則として暫定計画を定め，これに基づく工事としてそれぞれ取り扱うことができるものとすること．この場合における暫定計画は土地改良事業等の計画を十分尊重して定めるものとすること．

(2) 準用河川

　準用河川に設置される河川管理施設等については，省令が制定されるまでの間においても，構造上の安全性を確保するため，できるだけ令及び規則の基準に準拠するものとすること．

(3) その他

　その他の令及び規則の施行について必要となる事項については，別途関係課長からの通達等をもって明らかにするものであること．

河川管理施設等構造令及び同令
施行規則の施行について

$\begin{pmatrix} 平成4年2月1日　建設省河政発第31号 \\ 各地方建設局長，北海道開発局長，沖縄総合事務 \\ 局長，各都道府県知事あて　建設省河川局長通達 \end{pmatrix}$

　河川管理施設等構造令の一部を改正する政令(平成4年政令第5号)は，平成4年1月24日に，河川管理施設等構造令施行規則の一部を改正する省令(平成4年建設省令第2号)は，同年1月31日に公布され，いずれも同年2月1日から施行されたところである．

　今般の河川管理施設等構造令(昭和51年政令第199号．以下「令」という．)及び河川管理施設等構造令施行規則（昭和51年建設省令第13号．以下「規則」という．)の改正は，高規格堤防特別区域における河川区域の規制緩和等を内容とした河川法の一部を改正する法律（平成3年法律第61号)が平成3年11月1日から施行されたことに伴い，高規格堤防の構造について河川管理上必要とされる一般的技術的基準を定める等所要の改正を行ったものである．

　今後，令及び規則の施行に当たっては，上記の改正の趣旨を踏まえ，下記の点に十分留意して，その運用に遺憾のないようにされたい．

記

1　河川管理施設等構造令の適用について

　　高規格堤防は，第3章「堤防」の規定の適用を受ける堤防の一形態であり，特に高規格堤防を適用除外する規定がない限り，第3章各条の規定は高規格堤防についても適用されるものであること．

2　高規格堤防設計水位等について（令第2条関係）

①　高規格堤防を設置する区間は，高規格堤防設置区間及び当該区間に係る背水区間であり，本条文に規定した高規格堤防設置区間とは，当該河川の区間そのものとして超過洪水対策としての高規格堤防の設置をすべき区間であること．

②　高規格堤防設計水位は，超過洪水時にも堤防の破堤だけはまぬがれるよう，計画高水流量を超える流量の洪水等の作用に対して耐えることが

できるものとする高規格堤防の構造設計に当たっての，設計の対象とする河道内の水位であり，洪水による災害を防止する計画の対象とする水位は，計画高水流量の流水が河道を流下する場合の水位である計画高水位であることに変わりはないこと．

3 高規格堤防の構造について（令第18条関係）
① 高規格堤防の構造は，新たに設計計算を基に決定するものであり，その安定性の検討は，その地盤も含めて行うものであること．
② 高規格堤防は，治水対策を目的とするものであって，高規格堤防特別区域の土地利用を何ら限定するものではなく，永久的な構造物として築造するものであり，基本的に通常の土地利用としてどのような利用状況となっても十分な機能が発揮されるよう設計を行うものであること．
③ 高規格堤防の基本的な構造としての堤防の堤内地側の勾配等は治水上の観点から定められるものであるが，高規格堤防特別区域では通常の土地利用を行い，宅地，道路，公園，農地等の利用に供するものであることから，高規格堤防の具体の整備にあたっては，治水上定まる基本形状をもとに，当該区域内の土地利用が良好に行われるよう，地権者，施設管理者，地方公共団体等と必要かつ十分な調整を行い細部構造を決定するものであること．

4 高規格堤防設置区間に係る背水区間における高規格堤防の設置等について（令第18条及び第46条関係）
高規格堤防設置区間に係る背水区間においては，本川(令第29条第1項において「甲河川」．以下同じ．) 合流部の高規格堤防設計水位に基づき高規格堤防を設置するとともに，本川合流部の高規格堤防設計水位により水門及び樋門の構造計算を行うものであること．

5 側帯について（令第24条関係）
高規格堤防の堤内側には側帯を設けないものとすること．

河川管理施設等構造令及び同令
施行規則の施行について

(平成10年1月23日　建設省河政発第8号
各地方建設局長，北海道開発局長，沖縄総合事務局
長，各都道府県知事あて　建設省河川局長通達)

　河川管理施設等構造令の一部を改正する政令（平成9年政令第343号）及び河川管理施設等構造令施行規則の一部を改正する省令（平成9年建設省令第19号）は，平成9年11月28日に公布され，同年12月1日から施行されたところである．

　今回の河川管理施設等構造令(昭和51年政令第199号．以下「令」という．)及び河川管理施設等構造令施行規則（昭和51年建設省令第13号．以下「規則」という．）の改正は，河川法の一部を改正する法律(平成9年法律第69号)の施行に伴い，樹林帯及び魚道の構造について河川管理上必要とされる一般的技術基準を定めるとともに，河道内に設ける橋脚の径間長に関する基準の緩和，適用除外へ特殊な構造の河川管理施設等の追加等を行ったものである．

　令及び規則の施行に当たっては，上記の改正の趣旨を踏まえ，下記の事項に留意して，その運用に遺憾のないようにされたい．

記

1　令第2条（用語の定義）関係

　河川管理の目的として河川法（昭和39年法律第167号）第1条に「河川環境の整備と保全」を明示したことに伴い，河川管理者が河川整備基本方針に従って計画横断形を定める場合には，河川環境の整備と保全がされるよう考慮しなければならないことを明示したものであること．

2　令第16条（貯水池に沿って設置する樹林帯の構造）及び第26条の2（堤防に沿って設置する樹林帯の構造）関係

　樹林帯は，堤防又はダム貯水池の治水上又は利水上の機能を維持し，又は増進する効用を有するものであり，具体的には，令第16条に規定する樹林帯は，ダム貯水池への濁水の流入を防止することにより貯留水の汚濁を防止する機能及び土砂の流入を防止することにより貯水池の堆砂を防止す

る機能を有し，また，令第26条の2に規定する樹林帯は，越水による洗掘の防止及び氾濫流による破堤部の拡大の防止による堤防の機能の維持・増進を図ることを通じ，洪水による災害の発生を防止・軽減する機能を有するものであること．

3 令第63条（径間長）関係

今回の緩和措置は，「公共工事コスト縮減対策に関する行動指針（平成9年4月「公共工事コスト縮減対策関係閣僚会議」策定）」において，具体的施策として掲げた「河川管理施設等構造令における橋梁の径間長に関する規定の見直し」に基づくものであり，各項ごとの緩和の理由は次のとおりであること．

(1) 第1項においては，流木の集団流下の主な原因であった木橋の設置数の激減，これまでの実験結果及び橋の閉塞事例等から，径間長の最大値を橋が閉塞される危険性を無視しうる値である50mに緩和したものであること．

(2) これまでの同種の橋の閉塞事例，木橋の設置数の激減等から，大都市地域の大河川の橋及び新幹線，高速道路等に係る橋の径間長の10mの加算を廃止したものであること．

(3) 第3項においては，これまでの流心部以外の部分での橋の閉塞事例から，基準径間長が25mを超える場合，流心部以外の部分での最低径間長を25mに緩和したものであること．

4 令第73条（適用除外）関係

(1) これまで，ダムについては，ダム技術の進歩によって，予想し得ない構造のダムが建設されることが考えられること等から，改正前の令第16条により，「特殊な構造のダムで，建設大臣がその構造がこの章の規定によるものと同等以上の効力があると認めるもの」については令の規定は適用しないこととしていた．

しかし，近年の科学技術の進歩，自然環境や文化財等の保全へのニーズの高まり等により，ダムと同様に，類型化できない，令で予想していない構造が開発される可能性が高まってきている．このため，第4号により，ダム以外の工作物についても，従前のダムと同様の規定を置き，令

に記載された工作物について，特殊な構造で，建設大臣が令の規定によるものと同等以上の効力があると認める場合，令の規定を適用しないこととしたものであること．

(2) この同等以上の効力とは，令第2章から第9章までの規定に即して，治水上の観点から，個別の事案毎に判断するものであること．

5　関係通達の一部改正について

　　（省略）

河川管理施設等構造令及び同令
施行規則の運用について

> 昭和52年2月1日　建設省河政発第5号，建設省河治
> 発第6号
> 各地方建設局河川部長，北海道開発局建設部長，沖縄総合
> 事務局開発建設部長，各都道府県土木主管部長あて　建設
> 省河川局水政課長，建設省河川局治水課長通達

　　改正　平成10年1月23日　建設省河政発第9号，河計発第6号，
　　　　　河治発第4号，河開発第7号
　最終改正　平成11年10月15日　建設省河政発第74号，河計発第83
　　　　　号，河治発第39号

　河川管理施設等構造令（昭和51年政令第199号．以下「令」という．）及び河川管理施設等構造令施行規則（昭和51年建設省令第13号．以下「規則」という．）の施行については，昭和51年11月22日付け建設省河政発第70号をもって河川局長より通達されたところであるが，令及び規則の運用にあたっては同通達によるほか，下記の事項に留意のうえ遺憾のないようにされたい．

記

1　令第2条（用語の定義）関係
　河川整備基本方針（以下「基本方針」という．）が定められていない2級河川に許可工作物を設ける場合の取扱いについては，昭和51年11月22日付け建設省河政発第70号による河川局長通達（以下「局長通達」という．）2(2)ハに定めるところによるほか，次に定めるところによるものとすること．
　(1)　現に河川改修工事を実施している場合及び現に改修計画が定められていない場合であっても，近い将来河川改修工事の予定のあるときは，局長通達2(2)ハに該当するものであること．
　(2)　近い将来河川改修工事の予定のない場合であっても，将来河川改修工事の予定のあるときは，規則第28条に定める橋その他の将来の河川改修工事に伴う改築が著しく困難な施設については，局長通達2(2)ハに準ずるものとすること．

2 令第18条（構造の原則）関係

本条の「流水」には河川の流水ないしは降雨による浸透水が含まれ，本条は，堤防が河川の流水による洗掘に対して安全であることのほか，河川の流水ないしは降雨による浸透水に対しても安全でなければならないことを規定したものであること．

3 令第19条（材質及び構造）関係

「その全部若しくは主要な部分がコンクリート，鋼矢板若しくはこれに準ずるものによる構造のもの」とは，盛土の部分がなくても自立する構造（押え盛土によって自立するものを含む．以下「自立式構造」という．）のものをいうものとすること．

4 令第20条（高さ）関係

(1) 「堤防の高さ」には，堤防の築造に際して行う余盛りは含まないものであること．

(2) 計画高水位に加える値（以下「余裕高」という．）については，本条第1項の規定によるほか，対岸の状況，上流及び下流における河岸及び堤防の高さその他の特別の事情を考慮する必要があるときは，それを考慮して定められる値を加えた値を下回らないものとすること．なお，計画高水流量の洪水が流下するときに流出土砂の堆積等により水位上昇が予想される河川にあっては，計画上の余裕として，このような水位上昇を考慮して計画高水位を定めるものとし，余裕高にこのような計画上の余裕は含まないものであること．

5 令第22条（盛土による堤防の法勾配等）関係

(1) 第1項に規定する「法勾配」は，計画横断形に係る堤防の法勾配であって，堤体の圧縮沈下，基礎地盤の圧密沈下等を考慮して余盛りを行う場合の施工上の法勾配は含まないものであること．

(2) 施工上の法勾配の決定にあたっては，地盤条件等を考慮し，施行後の堤防の沈下が安定した時点においては，本条に規定する法勾配が確保されるよう配慮されていなければならないものであること．

6 令第24条（側帯）関係

(1) 規則第14条第1号に規定する第1種側帯については，原則として，側

帯設置箇所の地盤条件等を考慮して，個別に必要な構造を決定するものとするが，その幅は，1級河川の指定区間外においては5メートル以上10メートル以下，1級河川の指定区間内及び2級河川においては3メートル以上5メートル以下をそれぞれ標準とするものとすること．なお，旧川の締切箇所及び著しい漏水箇所においては，堤防又は地盤の土質条件等を考慮して上記の値にかかわらず適切な幅とするものとすること．

(2) 第2種側帯又は第3種側帯が既に設置されている場所に許可工作物を設置しようとする場合は，原因者の負担において側帯を移設する等の代替措置を講ずるものとすること．ただし，側帯の機能を著しく損なわない場合又は代替措置を講ずることが著しく困難な場合は，この限りでないものとすること．

(3) 土地改良事業等として河川工事を行う場合及び許可工作物を設置する場合は，土地改良事業等として第2種側帯及び第3種側帯を設置させる必要はないものとすること．

(4) 第3種側帯については，第1種側帯又は第2種側帯の機能を損なわない場合にはそれらの側帯と兼ねることができるものであるが，それによることが適当でないと認められるときは，第1種側帯又は第2種側帯とは別に第3種側帯を設けることができるものであること．

(5) 側帯の構造については，以上のほか，設置後の管理に支障を生じないよう十分に配慮し，所要の措置を講ずるものとすること．

7 令第27条（管理用通路）関係

(1) 規則第15条の「管理用通路に代わるべき適当な通路」とは，堤防からおおむね100メートル以内の位置に存する通路（私道を除く．）で，適当な間隔で堤防への進入路を有し，かつ，所定の建築限界を有するものをいうものとすること．この場合において，当該通路に係る橋の設計自動車荷重については，地域の状況を勘案し，おおむね14トン以上のものでよいものとすること（規則第24条ただし書，第32条ただし書及び(2)の「管理用通路に代わるべき適当な通路」についても同様とすること．）．なお，当該規定に基づき所定の管理用通路を堤防上に設ける必要がない場合は，橋（取付部を含む．）が堤防と交差する場合において，所定の管理

用通路を堤防上に設けることが不適当又は著しく困難であるとき及び計画高水流量が1秒間につき100立方メートル未満又は川幅が10メートル未満のときに限定し，これらの場合においても，規則第15条本文又は規則第36条第3号に規定する基準にできるだけ近い構造の管理用通路を堤防上に設けるよう努めるものとすること．

(2) 堤防の高さと堤内地盤高との差が0.6メートル未満である区間の管理用通路については，管理用通路に代わるべき適当な通路がある場合又は自立式構造の特殊堤その他特別の事情により管理用通路を設けることが不適当若しくは著しく困難である場合を除き，川幅に応じ，それぞれ次の表に掲げる値以上の幅員とすること．この場合において，建築限界は，管理用通路の幅員が3メートル未満であるときは規則第36条第3号の規定に，3メートル以上であるときは規則第15条第2号の規定にそれぞれ準ずるものとすること．なお，下表の2の項中「3」とあるのは，規則第36条第3項の適用があるときは，「2.5」とすることができるものであること．

項	川　幅 (単位メートル)	管理用通路の幅員 (単位メートル)	
		左岸又は右岸	右岸又は左岸
1	5　未　満	1	1
2	5以上10未満	3	1
3	10　以　上	3	3

8　令第32条（連続しない工期を定めて段階的に築造される堤防の特例）関係

連続しない工期を定めて段階的に築造される堤防の天端幅については，本条に規定するところにより定まるそれぞれの段階における計画高水位に対応する流量を計画高水流量とみなして令第21条第1項の規定を準用することができるものであるが，一般には計画天端幅以上で施工するよう努めるものとすること．

9　令第36条（構造の原則）関係

(1) 堰の設置に伴う湛水の影響（波浪，漏水等）により，付近の河岸及び

河川管理施設等に著しい支障を及ぼすおそれのある場合は，必要な措置を講ずべきものであること．

(2) 可動堰の堰柱の流心線に直角方向の幅は，技術的に無理のない範囲でできるだけ小さくするものとすること．

10 令第37条（流下断面との関係）関係

(1) 「山間狭窄部であることその他河川の状況，地形の状況等により治水上の支障がないと認められるとき」とは，原則として堰（固定堰を含む．以下この項について同じ．）の設置地点に堤防（計画堤防を含む．以下この項について同じ．）がない場合であって，かつ，堰の設置による影響が堰の上流部に存する堤防，家屋，農地等に及ばないとともに堰設置地点又は堰の上流付近から越水し，堰付近の家屋，農地等に浸水し若しくは堤内地に流入するおそれがない場合が該当するものであること（令第38条第1項，第49条第1項において準用する場合，第61条第1項及び第63条第1項の場合についても同様とすること．）．なお，堰の設置による影響の検討にあたっては，令第39条第1項の表の第3欄に掲げる径間長に満たない土砂吐き又は舟通し（閘門を含む．以下同じ．）並びに魚道及び流筏路を無効河積として取り扱うものとし，また，固定堰又は固定部を流下断面内に設けるときは，堰の設置に伴い堰上流の河床が上昇すること等についても考慮するものとすること．

(2) 土砂吐き，舟通し，魚道，流筏路等（以下「土砂吐き等」という．）を流下断面外に設けることとすればそれらの機能を発揮しない場合及び令第39条第1項の表の第3欄に掲げる径間長によっても，なお，土砂吐き又は舟通しの機能を発揮しない場合においては，「治水上の機能の確保のため適切と認められる措置を講ずる」ことによって，土砂吐き等を流下断面内に設けることができるものであり，この場合において，その径間長については，令の適用はないものであること（令第49条第1項において準用する場合についても同様とすること．）．

(3) 堰の設置者が行う「治水上の機能の確保のため適切と認められる措置」については，次のイからニに定めるところによるものとすること（令第49条第1項において準用する場合についても同様とすること．）．

イ　計画横断形又は現状の流下断面のそれぞれの流下断面積を小さくしない限りにおいて，治水上支障のない範囲で部分的に低水路の法線形を修正することができるものであること．また計画河床を現状の河床の状況に応じて上下流にわたって変更する必要があると認められるときは，河川管理者は，河川改修上支障のない範囲で計画横断形（計画縦断形を含む．以下同じ．）を変更するものとすること．

ロ　堰の固定部及び令第39条第1項の表の第3欄に掲げる径間長に満たない可動部(それらを設けることにより増えることとなる堰柱を含む.)を設けることにより流下断面が阻害されることとなる場合において，阻害される断面積に相当する断面積の確保は，低水路又は川幅の拡大によるものとし，計画高水位を高くすることは行わないものとすること．ただし，地形の状況により計画高水位を高くしても，当該計画高水位と河岸の高さとの間に必要な余裕高が確保されると認められる場合は，この限りでないものとすること．また，当該部分により阻害される河積以外の河積が，その上下流の河積に比較して広く，流下能力に十分余裕がある場合は阻害される断面積の確保については，考慮する必要がないものであること．

ハ　堰の機能を確保するため特にやむを得ないと認められる場合は，治水上支障のない範囲で，堰の固定部に必要最少限度の落差を設けて，上流側の計画河床を上げること等ができるものであること．なお，この場合において，河川管理者は，計画横断形の変更が必要と認められる場合には，計画横断形を変更するものとすること．

ニ　低水路又は川幅を拡大する場合は，原則として，堰上流の護床工の先端から堰下流の護床工の先端までの区間については，拡大した低水路幅又は川幅を確保する（河川の状況により護床工の先端まで拡大した幅を確保することが不適当な場合は，この限りでない．）ものとし，取り付け角度は，上流側においてはおおむね10度以内，下流側においてはおおむね13度以内とするものとすること．

11　令第38条（可動堰の可動部の径間長）関係

(1)　第1項の「可動部の全長（両端の堰柱の中心線間の距離をいう．次項

において同じ.）が計画高水流量に応じ，同欄に掲げる値未満である場合には，その全長の値」とは，可動堰の可動部の径間数が1径間である場合の径間長について規定したものであるが，この場合においても当該径間長については，計画高水位以下の水位の洪水の流下を妨げず，また両端の堰柱の位置については，付近の河岸及び河川管理施設の構造に著しい支障を及ぼすことのないようそれぞれ適切に配慮されたものとすること．

(2) 流心部が固定していると認められない河川の区間にあっては，第4項の適用がないものであること（令第49条第1項において準用する場合，第63条第3項，規則第17条ただし書及び第29条第3項についても同様とすること．）．ただし，堰の設置により流心部が固定されることとなる場合にあっては，その流心部を前提として本項の適用があるものであること．

12 令第39条（可動堰の可動部の径間長の特例）関係

(1) 可動堰の可動部の一部を土砂吐き又は舟通しとしての効用を兼ねるものとする場合においては，当該部分の径間数は必要最小限にとどめるものとすること．

(2) 規則第19条第2号の「令第39条第1項の規定による径間長に応じた径間数」とは，兼用部分以外の部分の径間数をいうものであること．

13 令第40条（可動堰の可動部のゲートの構造）関係

(1) 規則第20条第1項の規定に基づき可動堰の可動部のゲートに作用する荷重について，規則第6条及び第7条の規定を準用する場合の設計震度は，可動堰の実情に応じ，規則第20条第2項に定める値以上の適切なものとすること．

(2) 規則第21条第1号の「治水上の機能の確保のため適切と認められる措置」とは，ゲートが倒伏しない状態で，計画高水流量が流下するものとした場合における堰上げ水位と河岸又は堤防の高さとの差が，同号本文の規定によりゲートを設けると仮定したときのものと同等以上となるよう河岸又は堤防を嵩上げ又は川幅を拡幅することをいうものとすること．この場合において，河岸又は堤防の嵩上げは，原則として0.6メートル

14 令第42条（可動堰の可動部の引上げ式ゲートの高さの特例）関係
 (1) 第1項の規定は，背水の影響を受ける河川の計画高水流量が，背水を及ぼす河川の計画高水流量に比べて著しく小さい場合で，かつ，背水の影響を受ける河川の堤防の高さが自流に対して十分余裕のある区間に適用があるものであること（令第51条第2項及び第64条第1項において準用する場合についても同様とすること．）．
 (2) 第2項の規定は，河川の上流区間，内水河川等地盤沈下に伴って計画高水位も同時に下げ得る場合においては，地盤沈下を考慮する必要がないものであること．また「必要と認められる高さ」については，将来容易に嵩上げできると認められる場合は，将来の嵩上げ等を考慮して高さを定めて差し支えないものであること（令第64条第1項において準用する場合についても同様とすること．）．

15 令第43条（管理施設）関係
 (1) 可動堰の可動部が引上げ式ゲートである場合には，管理橋を設けるものとすること．ただし，山間狭窄部その他これに類する区間に設けられる場合であって，治水上及び堰の維持管理上の支障がないと認められるときは，この限りでないものとすること．
 (2) 管理橋の幅員，設計荷重等は，堰の維持管理上必要とされる適切なものとするものとすること．

16 令第47条（構造）関係
 (1) 第1項の「これに準ずる構造」には，プレキャストコンクリート管，鋼管及びダクタイル鋳鉄管の構造のものを含むものとする．
 (2) 第2項の「堆積土砂等の排除に支障のない構造」とは，樋門（樋管を含む．以下同じ．）の内径が1メートル以上であるものをいうものとすること．ただし，樋門の長さが5メートル未満であって，かつ，堤内地盤高が計画高水位より高い場合においては，樋門の内径が0.3メートル以上であるものをいうものとすること．

17 令第49条（河川を横断して設ける水門の径間長等）関係
 第2項の「河川を横断して設ける樋門」には，水路が河川に合流する場

合において，水路を横断して設けられる樋門は含まないものであること．ただし，将来河川又は準用河川にする予定のある水路にあっては，当該水路の管理者と協議して，本項の規定に準拠して取り扱うよう努めるものとすること．

18　令第 50 条（ゲートの構造）関係

　　フラップゲート又はマイターゲートとする場合は，河川又は背後地の状況等を勘案し，必要に応じ，引上げ式の予備ゲート又は角落しを設けるものとすること．

19　令第 51 条（水門のゲートの高さ等）関係

　　第 2 項において，令第 41 条第 1 項を準用する場合の「当該地点における河川の両側の堤防」とは，水門が横断する河川で水門設置地点の直上流部の堤防をいうものであること．

20　令第 53 条（護床工等）関係

(1)　樋門の断面積が 0.5 平方メートル以下の場合においては，規則第 25 条本文の適用がないものであるが，この場合においても同条本文に規定する長さ未満の必要な長さの区間に護岸を設けるものとすること．

(2)　同条第 1 号の規定は，水門が河川を横断する場合に適用され，水門が水路を横断するときは適用がないものであること．

21　令第 54 条（揚水機場及び排水機場の構造の原則）関係

　　揚水機場及び排水機場のポンプ室及び吸水槽については，河川区域内のもの又は河川区域内にまたがるものを除き，鉄筋コンクリート構造又はこれに準ずる構造とする必要がないものであること．なお，排水機場の吐出水槽その他の調圧部については，河川区域外のものであっても鉄筋コンクリート構造又はこれに準ずる構造とするものとすること．

22　令第 55 条（排水機場の吐出水槽等）関係

　　小規模な吐出管により計画堤防外で堤防を横過して排水機場から直接排水する排水機場は，「樋門を有する排水機場」には該当しないものであり，吐出水槽その他の調圧部を設ける必要がないものであること．

23　令第 56 条（流下物排除施設）関係

　　「河川管理上の支障がないと認められるとき」には，揚水機場又は排水機

場が許可工作物であって，かつ，それに接続する樋門のゲートの開閉に支障がないと認められる場合が該当するものであること．

24 令第62条（橋脚）関係

(1) 第1項の「その他流水が作用するおそれがない部分」とは，川幅が50メートル未満の河川にあっては計画堤防高以上，川幅が50メートル以上の河川にあっては付近の河岸又は堤防の構造に著しい支障を及ぼすおそれのある場合を除き計画高水位以上の高さに存する橋脚の部分をいうものとすること．また第2項の規定による根入れ深さより上の部分の橋脚については，計画河床高以下であっても，「その他流水が作用するおそれがない部分」には該当しないものであり，その水平断面はできるだけ細長い楕円形その他これに類する形状のものとし，かつ，その長径（これに相当するものを含む．）の方向は洪水が流下する方向と同一とすること．

(2) 第1項の「橋脚の水平断面が極めて小さいとき」とは，直径1メートル以下の場合又は橋脚による河積の阻害率が著しく小さい場合をいうものとすること．なお，パイルベント型式の橋脚は，原則として，設けてはならないものとすること．ただし，治水上の支障がないと認められる場合は，この限りでないものとすること．

25 令第63条（径間長）関係

(1) 「基準径間長」とは，第1項に規定する式によって得られる値をいうものであり，50メートルを限度とするものではないものであること（令第63条第3項，規則第26条，第29条及び第31条についても同様とすること．）．

(2) 規則第29条第1項の「次の各号に掲げる場合に応じ，それぞれ当該各号に定めるところにより近接橋の橋脚を設けることとした場合における径間長の値とする」とは，径間長のみを規定したものではなく，第1号及び第2号の規定に基づきそれぞれの見通し線上に橋脚を設け，かつ，所定の径間長を確保することを合わせて規定したものであること．

(3) 規則第29条第2項及び第3項は，径間長の緩和のみを規定したものであり，見通し線上に橋脚を設けること及び同条第1項ただし書を否定したものではないものであること．

(4) 規則第29条第3項の規定は，近接橋の径間長に令第63条第4項の規定を適用する場合に適用されるものであること．

26 令第65条（護岸等）関係

(1) 規則第31条第3号において，規則第16条第3号を準用する場合の「橋の設置に伴い流水が著しく変化することとなる区間」には，橋台の両端から上流及び下流にそれぞれ橋台幅（10メートルを超えることとなる場合は10メートル）の区間を含むものとし，「河岸又は堤防の高さ」とは，規則第32条の「取付通路」の高さに相当する高さをいうものとすること．

(2) 令第65条第2項の「橋の下の河岸又は堤防を保護するため必要があるとき」とは，橋が高架により河岸若しくは堤防を横過する場合等であって，橋による日照阻害により河岸若しくは堤防の芝の生育に支障を及ぼすおそれがあるとき又は橋から雨滴等の落下に対し，河岸若しくは堤防を保護する必要があると認められるときをいうものであること．なお，保護する範囲は，橋の桁下高と河岸又は堤防の法尻の高さ等を考慮して適切な範囲とするものとすること．

27 令第66条（管理用通路の構造の保全）関係

(1) 規則第32条の「適切な構造」とは，規則第15条本文の幅員（天端幅が5.5メートルを超える場合は5.5メートル）及び建築限界を有したものを標準とするものとすること．

(2) 同条の「取付通路」とは，橋と管理用通路との平面交差が必要な場合に設ける堤防上の取付部をいうものとし，「その他必要な施設」とは，橋の取付道路と管理用通路との立体交差が必要な場合に設ける函渠等をいうものであること．平面交差又は立体交差とする場合の取扱いは，次の(3)に定めるところによるほか，「工作物設置許可基準について」（平成6年9月22日付建設省河治発第72号）別紙の工作物設置許可基準によるものとすること．

(3) 水管が堤防を横過する場合の管理用通路の取扱いは，次のイ及びロに定めるところによるものとすること．

　イ　水管の振動が堤体に悪影響を及ぼすおそれのないときは，水管を計画堤防外で天端上に設けることができるものとし，この場合において

管理用通路は，必要な盛土を行うことによってその上に設けることができるものであること．

ロ　計画堤防外の天端に管理用通路を設けることが，水管の構造上著しく困難又は不適当な場合は，管理用通路を堤防の裏小段又は堤内地に迂回させることができるものとすること．この場合において，河川巡視員の巡視に支障とならないよう堤防の天端に必要な措置を講ずるものとすること．

28　令第67条（適用除外）関係

第2項の「堰と効果を兼ねる橋」には，両端の堰柱間に設けられる管理橋の部分のほか，河岸又は堤防と直近の堰柱との間に設けられる管理橋の部分（以下「兼用部分以外の部分」という．）を含むものであること．これらの部分の径間長については，令第63条の規定の適用はないものであり，兼用部分以外の部分に橋脚を設ける場合を除き，堰の構造から定まる径間長となるものであること．兼用部分以外の部分に橋脚を設ける場合の径間長は，原則として，令第63条の規定を準用するものとすること．ただし，当該部分の径間長が著しく大となるときは，当該部分の径間長の平均値が令第63条の規定により得られる値以上となるよう定めることができるとともに，この場合において片側の管理橋がないときは，その部分を1径間とみなすことができるものとすること．また，以上の措置によっても，なお，当該部分の径間長が80メートル以上となる場合は，本職と協議するものとすること．

29　令第70条（構造）関係

第2項において令第47条第1項を準用する場合の「これに準ずる構造」の取扱いは，十分な屈とう性及び水密性を有する継手によって接続されたプレキャストコンクリート管，鋼管及びダクタイル鋳鉄管の構造のものを含むものとすること．

30　令第71条（ゲート等）関係

(1)　第1項ただし書は，堤内地盤高が計画高水位より高い場合において適用があるものであること．

(2)　第2項の「ゲートの開閉装置」は，手動式で差し支えないものである

こと．ただし，大規模なもので手動式によることが困難又は著しく不適当と認められるときは，電動式等とするものとすること．

31 令第72条（深さ）関係

「河床の変動が極めて小さいと認められるとき」とは，伏せ越しが岩盤の中に埋め込まれる場合，河床に岩が露出している場合，長期にわたって河床の変動が認められない場合，現に当該施設の下流側に近接して固定部がおおむね計画横断形に係る河床高に合致した堰，床止め，水門等が設けられており河床が安定している場合，床止め又は護床工等を設けて河床の安定を図る場合等をいうものとすること．

32 令第74条（計画高水流量等の決定又は変更があった場合の適用の特例）関係

本条の「応急措置」には，局部改良等の応急措置，臨時措置及び部分的な改造工事が含まれるものであること（附則第2項についても同様とすること．）．

33 令第75条（暫定改良工事実施計画が定められた場合の特例）関係

(1) 暫定改良工事実施計画（以下「暫定計画」という．）の策定の手続きとして局長通達15(1)に規定する「認可」とは，「河川局所管国庫補助事業に係る全体計画の認可について（昭和51年4月12日付け建設省河総発第138号　河川局長通達）」の「認可」をいうものとし，また，「承認」とは，地方建設局処務規程（昭和24年9月1日付け建設省訓第20号）等の「承認」をいうものであること．

(2) 暫定計画が定められた場合の取扱いについては，局長通達15に定めるところによるほか，次のイ及びロに定めるところによるものとすること．

　　イ　局長通達15(2)の「当該施設の設置地点における計画河床の高さと現状の河床の高さとが著しく異なり施設の機能の維持が著しく困難な場合」とは，原則として，可動堰の可動部が起伏式である堰であって，かつ，土砂の堆積により施設の機能の維持が著しく困難となる場合をいうものであること．なお，可動堰の可動部が引上げ式である堰等にあっては，上げ越し構造（ゲタばき構造）にする等の特別の措置を講ずることが不適当又は著しく困難な場合又は特別の措置を講じてもなお

施設の機能の維持が著しく困難である場合をいうものとすること．

ロ　局長通達15(2)の「近い将来当該施設の設置地点を含む区間につき基本方針に基づく河川改修工事を行う予定がない場合」とは，「河川局所管国庫補助事業に係る全体計画の認可について」の運用について（昭和51年7月20日付け建設省河治発第52号　治水課長通達）の参考として添付した「河川改良工事全体計画作成要領解説」の1(2)Bの「暫定計画」に基づき河川改修工事を行う場合をいうものとすること．

34　令第76条（小河川の特例）関係

計画高水流量又は現況流量（左右岸いずれか低い方の河岸又は堤防の高さの水位で流下する流量）が流下することとした場合の流速が，規則第36条第4号にあってはおおむね1秒間につき2メートルを超える場合，また第5号にあってはおおむね1秒間につき3メートルを超える場合は，第4号または第5号の規定の適用はないものであること．ただし，計画の流速が上記の数値以下で，現況の流速が上記の数値を超える場合であって，かつ，現況の流下断面における根入れ深さが令第62条第2項又は第72条に定める値以上であるときは，第4号又は第5号の規定の適用ができるものであること．

35　附則第2項（経過措置）関係

(1)　令の施行以前より，連続する工期を定めて工事を実施中であった一連区間の堤防については，本附則の「工事中」として取り扱うものとすること．なお，この場合においても，できるだけ令及び規則に定める基準に準拠するよう努めるものとすること．

(2)　現に存する堤防について行われる嵩上げを伴わない部分的な補強工事は，局長通達14(1)の「部分的な改造工事」に該当し，本附則の「改築」としては取り扱わないものとすること．

(3)　次の各号に掲げる災害復旧は，本附則の「災害復旧」に該当するものであり，局長通達14(2)に定めるところによるものとすること．なお，固定堰等治水上の影響の大きい工作物の効用復旧を実施する場合には，災害が新たに発生又は助長されることのないよう十分留意するものとすること（令第74条についても同様とすること．）．

イ　災害により滅失した施設を原形に復旧すること．

　　ロ　被災した施設を原形に復旧することが不可能な場合において，当該施設の従前の効用を復旧するために必要な施設を設けること（局長通達14(2)ハ本文に該当する場合は除かれるものであること．）．

　　ハ　被災した施設を原形に復旧することが著しく困難又は不適当な場合において，これに代わるべき必要な施設を設けること．

36　その他（河川改修工事と許可工作物の設置との調整等）

(1)　「計画横断形が川幅を拡げる計画である場合」においては，局長通達16(1)ハにより部分施工ができるものであるが，できるだけ計画横断形に合せるよう関連の河川改修工事（暫定計画に基づく工事を含む．以下この項において同じ．）の実施に努めるものとすること．なお，特別の事情により関連の河川改修工事が実施できない場合は，次のイ及びロに定めるところによるものとすること．

　　イ　部分的にも令の基準に適合しない径間が生ずることとならないよう必要最小限の拡幅工事を同時施工させるものとすること．この場合において，取り付け範囲は，本通達10(3)ニの基準を超えないものとすること．ただし，拡幅区間の用地買収が著しく困難である等特にやむを得ないと認められるときは，当該用地買収等に係る部分の施設については，令第73条第2号の臨時に設けられる施設として取り扱うものとすること．この場合においては，治水上著しい支障を与えないよう十分配慮するものとすること．

　　ロ　上記の措置に伴って生じる具体的な取扱い，又は上記の措置以外の取扱い方法については，本職と協議するものとすること．

(2)　局長通達16(1)ニの「この場合における暫定計画は土地改良事業等の計画を十分尊重して定めるものとすること」の取扱いは，次に定めるところによるものとすること．

　　　現に当該区間の上流部において，基本方針又は改修計画に基づく河川改修工事を実施しているときを除き，当該土地改良事業等による河川工事の計画に使用されている雨量が，到達時間内雨量でおおむね10年確立降雨以上である場合は，当該計画をもって暫定計画とすることができる

ものとすること．ただし，当該区間の上流部に近い将来河川改修工事が予定される区間がある場合は，関係部局の了解を得ることによって，当該工事の計画に対応した計画とするよう努めるものとすること．なお，土地改良事業等による河川工事によって，原則として，現況の河川の流下能力を小さくしてはならないものであること．

河川管理施設等構造令及び同令
施行規則の運用について

昭和52年2月1日　建設省河政発第6号,建設省河
開発第9号
各地方建設局河川部長, 北海道開発局建設部長, 沖
縄総合事務局開発建設部長, 各都道府県土木主管部
長あて　水政課長, 開発課長通達

　河川管理施設等構造令（昭和51年政令第199号. 以下「令」という.）及び河川管理施設等構造令施行規則（昭和51年建設省令第13号）の施行については, 昭和51年11月22日付け建設省河政発第70号をもって河川局長より通達（以下「局長通達」という.）されたところであるが, 令及び規則の運用にあたっては局長通達によるほか, 下記の事項に留意のうえ遺憾のないようにされたい.

記

1　令第2条（用語の定義）の設計洪水位関係

　「当該ダムに係る流域と水象若しくは気象が類似する流域のそれぞれにおいて発生した最大の洪水に係る水象若しくは気象の観測の結果に照らして当該地点に発生するおそれがあると認められる洪水の流量」を求める場合において, 水象の観測の結果に照らして求める際に用いることのできる比流量図は, 当分の間小流域に係るものを除き, 附表-1及び附図-1に示すものとすること.

　　附表-1　地域別比流量図
　　附図-1(1)　地域別比流量図
　　　　　(2)　地域区分図

　なお, 地域区分の境界附近の地域の運用については, 実態に即した適切な運用を行うものとすること.

2　令第3条（適用の範囲）及び令第5条（堤体の非越流部の高さ）関係

　令第3条の「基礎地盤から堤頂までの高さ」を求める場合における「堤頂」は, コンクリートダムにあっては, 高欄を含めない非越流部の最上面

附表-1 地域別比流量値

比流量曲線式　$q = C \cdot A^{(A^{-0.05}-1)}$　　q：比流量（m³/sec/km²）
A：集水面積（km²）
C：地域係数

地域	地域係数 C	適用地域
①北海道	17	北海道全域
②東北	34	青森・岩手・宮城・秋田・山形・福島（阿賀野川流域を除く.）の各県
③関東	48	茨城・栃木・群馬（信濃川流域を除く.）・埼玉・東京・千葉・神奈川の各都県，山梨県のうち多摩川・相模川流域及び静岡県のうち酒匂川流域
④北陸	43	新潟・富山・石川の各県，福島県のうち阿賀野川流域，群馬県のうち信濃川流域，長野県のうち信濃川・姫川流域，岐阜県のうち神通川・庄川流域及び福井県のうち九頭竜川流域以北の地域
⑤中部	44	山梨県及び静岡県のうち③に属する地域を除く地域，長野県及び岐阜県のうち④に属する地域を除く地域．愛知県及び三重県（淀川流域及び櫛田川流域以南の地域を除く.）
⑥近畿	41	滋賀県，京都府のうち淀川流域，大阪府，奈良県のうち淀川流域及び大和川流域，三重県のうち淀川流域及び兵庫県のうち神戸市以東の地域
⑦紀伊南部	80	三重県のうち櫛田川流域以南の地域，奈良県のうち⑥に属する地域を除く地域及び和歌山県
⑧山陰	44	福井県のうち④に属する地域を除く地域，京都府のうち⑥に属する地域を除く地域，兵庫県のうち日本海に河口を有する流域の地域，鳥取・島根の各県，広島県のうち江の川流域及び山口県のうち佐波川流域以西の地域
⑨瀬戸内	37	兵庫県のうち⑥及び⑧に属する地域を除く地域，岡山県，広島県及び山口県のうち⑧に属する地域を除く地域，香川県，愛媛県のうち⑩に属する地域を除く地域
⑩四国南部	84	徳島県，高知県，愛媛県のうち吉野川・仁淀川流域及び肱川流域以南の地域
⑪九州・沖縄	56	九州各県及び沖縄県

（注）地域④のうち長野県に属する信濃川流域及び地域⑤のうち長野県に属する天竜川流域については，当該地域の地域係数 C を 35 以上とすることができる．

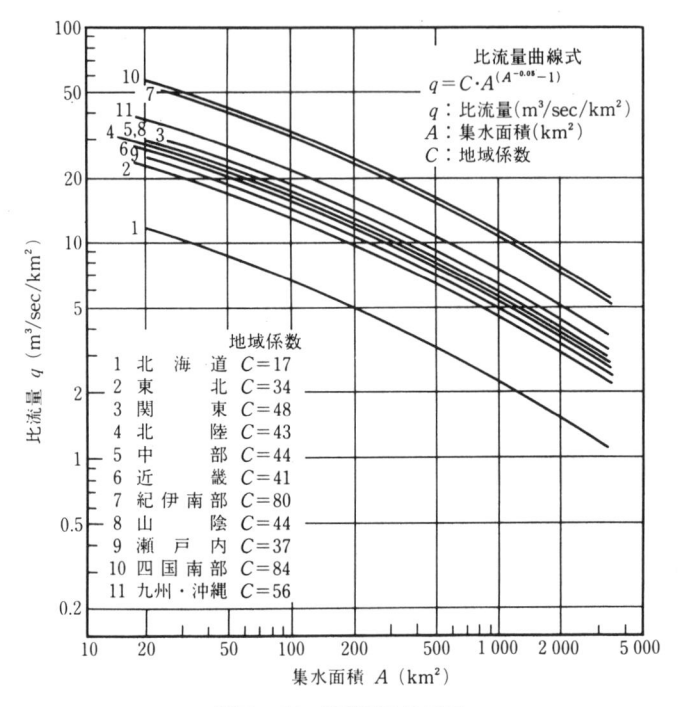

比流量曲線式
$$q = C \cdot A^{(A^{-0.05}-1)}$$
q：比流量$(m^3/sec/km^2)$
A：集水面積(km^2)
C：地域係数

地域係数
1　北　海　道　$C=17$
2　東　　　北　$C=34$
3　関　　　東　$C=48$
4　北　　　陸　$C=43$
5　中　　　部　$C=44$
6　近　　　畿　$C=41$
7　紀　伊　南　部　$C=80$
8　山　　　陰　$C=44$
9　瀬　戸　内　$C=37$
10　四　国　南　部　$C=84$
11　九州・沖縄　$C=56$

附図-1(1)　地域別比流量図

とし、フィルダムにあっては、非越流部にしゃ水壁上部の保護層等を含めた最上面とすること。また、令第5条の「堤体の非越流部の高さ」は、コンクリートダムにあっては上記堤頂の高さとし、フィルダムにあってはしゃ水壁の最上面の高さとすること。（附図-2参照）

3　令第14条（放流設備）関係

局長通達8(1)中「ダムの設置される地点附近の状況により、現在及び将来においてダムに放流設備を設けなくても河川の流水の正常な機能が維持される場合」には、同一河川においてダムの貯水池が近接する場合、渇水時に涸渇するような山間部の小河川にダムを設置する場合及びダムの下流に支川が合流することにより当該ダムに係る減水区間において減水による悪影響がない場合が含まれるものとすること。

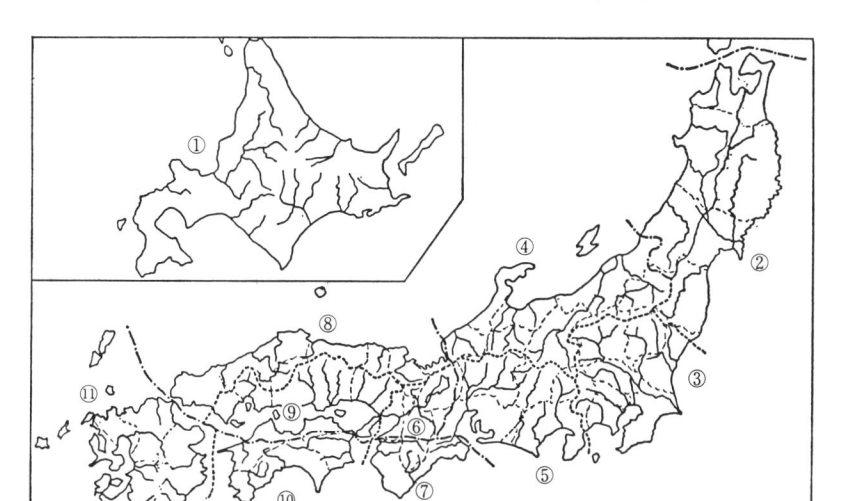

河川管理施設等構造令及び同令施行規則の施行について　409

附図-1(2)　地域区分図

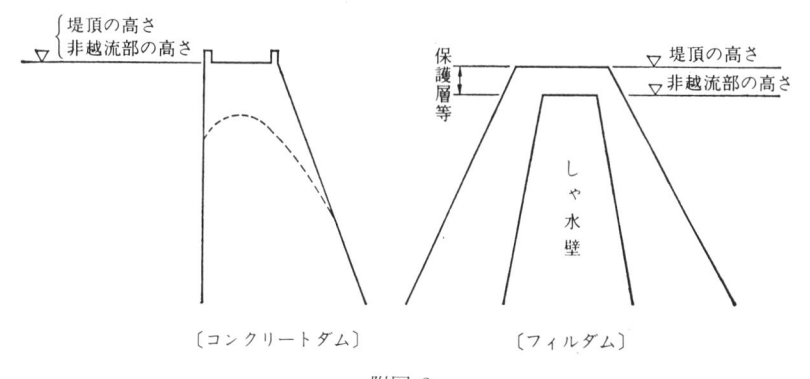

〔コンクリートダム〕　〔フィルダム〕

附図-2

河川管理施設等構造令施行規則
の一部改正について

（平成3年7月18日　建設省河政発第54号，建設省河治発第43号
各地方建設局河川部長，北海道開発局建設部長，沖縄総合事務局開発建
設部長，各都道府県土木主管部長あて　建設省河川局水政課長　建設
省河川局治水課長通達）

　　改正　平成10年1月23日　建設省河政発第9号，
　　　　　河計発第6号，河治発第4号，河開発第7号
　最終改正　平成11年10月15日　建設省河政発第74号，
　　　　　河計発第83号，河治発第39号

　河川管理施設等構造令施行規則の一部を改正する省令（平成3年7月10日建設省令第14号）は平成3年7月10日に公布，施行された．

　今回の改正は，可動部が起伏式である可動堰（以下「起伏堰」という．）のゲートの構造基準について，ゲートの構造を洪水時における流下物に対しても確実に倒伏できるものとするときは，高さの上限基準を緩和することとし，大型の起伏堰が設置できるようにしたものである．本省令による改正後の河川管理施設等構造令施行規則（昭和51年建設省令第13号．以下「規則」という．）の運用にあたっては下記の事項に留意のうえ遺憾のないようにされたい．

記

1　規則第21条第1号及び第2号に規定する「ゲートを洪水時においても土砂，竹木その他の流下物によって倒伏が妨げられない構造とするとき」とは，ゲートを以下2, 3にいうゴム引布製又は鋼製とするときが該当するものであること．

2　ゲートがゴム引布製である起伏堰を設計し，又は当該起伏堰に係る河川法第26条第1項の許可をしようとする場合においては，河川管理施設等構造令及び規則のほか，「ゴム引布製起伏堰技術基準（案）」に準拠すること．

3　ゲートが鋼製である起伏堰を設計し，又は当該起伏堰に係る河川法第26条第1項の許可をしようとする場合においては，河川管理施設等構造令及び規則のほか，「鋼製起伏ゲート設計要領（案）」に準拠すること．

4 本省令の施行後においても，起伏堰の設置については従前と同様，堰の構造，設置位置等について河川管理上支障の生じることのないよう万全を期すこと．

河川管理施設等構造令及び同令
施行規則の運用について

> 平成4年2月1日　建設省河政発第32号，建設省河計発第37号，建設省河治発第10号
> 各地方建設局河川部長，北海道開発局建設部長，沖縄総合事務局開発建設部長，各都道府県土木主管部長あて　建設省河川局水政課長，建設省河川局河川計画課長，建設省河川局治水課長通達

　　　改正　平成10年1月30日建設省河政発第12号，河計発第13号，河治発第7号
　　　最終改正　平成11年10月15日　建設省河政発第74号，河計発第83号，河治発第39号

　河川管理施設等構造令の一部を改正する政令（平成4年政令第5号）及び河川管理施設等構造令施行規則の一部を改正する省令（平成4年建設省令第2号）の施行については，平成4年2月1日付け建設省河政発第31号により河川局長名をもって通達したところであるが，河川管理施設等構造令（昭和51年政令第199号．以下「令」という．）及び河川管理施設等構造令施行規則（昭和51年建設省令第13号．以下「規則」という．）の運用にあたっては，同通達によるほか，下記の事項に留意のうえ遺憾のないようにされたい．
　なお，貴管下関係市町村に対しても周知徹底のうえ，遺憾なきを期されたい．

記

1　条文関係について
　(1)　令第2条関係
　　　①　「高規格堤防設計水位以下の水位の流水の作用」とは，高規格堤防設計水位以下の水位の流水に伴う河道内の洗掘作用，越流水による洗掘作用，静水圧の作用，間隙圧の作用，浸透水による作用，揚力，抗力，波圧による作用等であること．
　　　②　「高規格堤防設計水位以下の水位の流水の作用に耐えるようにし，」とは，高規格堤防設置区間及び当該区間に係る背水区間についてのみ適用されるものであること．

③ 「当該区間の河道内の最高の水位」とは，高規格堤防設置区間の断面ごとに決定される最高の水位であること．
(2) 令第18条関係
① 高規格堤防の構造は，河道内流水によるせん断力，揚力，抗力，流水圧，越流水によるせん断力，堤体の自重，静水圧，間隙圧，地震時慣性力，浸透水による浸食力，波圧等で決定されるものであること．
(3) 令第29条関係
高規格堤防設置区間に係る背水区間は，令第29条第2項に規定されているとおり，同条第1項の規定に基づき定められる支川（同規定において「乙河川」．）の堤防高と背水が生じないとした場合の当該支川の堤防高とが一致する地点から本川（同規定において「甲河川」．）合流箇所までの間であること．
(4) 令第46条関係
① 高規格堤防設置区間及び当該区間の背水区間の水門及び樋門の構造計算は，設計における安定計算に用いる荷重条件をこれまでの計画高水位での静水圧としていたものを高規格堤防設計水位での静水圧に置き換えて検討するものであること．また，その場合の構造計算はゲートが全閉のケースで行うものであり，強度に係る変更はあっても，基本形状の変更はないこと．
② 高規格堤防特別区域内での水門及び樋門の方向は，滑らかに通水され，土砂等の堆積のおそれがない限り，堤防法線に対して直角でなくてもよいこと．
③ 高規格堤防設置区間及び当該区間に係る背水区間に設置する樋門の最小断面は，内径1mとするものとすること．
(5) 令第54条関係
高規格堤防特別区域には，高規格堤防の機能に支障を及ぼすおそれがない限り，揚排水機場及びその付帯施設を設置することができるものとすること．
(6) 令第57条関係
第1項本文においては，「揚水機場及び排水機場の樋門と樋門以外の部

分とは構造上分離するものとする。」とされているが，この規定はポンプによって発生する連続振動等により堤防の構造に悪影響が及ぶことを防止するためのものであり，高規格堤防の機能に支障を及ぼすおそれがない限り，高規格堤防特別区域においては同項ただし書きの適用を受けるものであること．

(7) 令第70条関係

伏せ越しの構造は，高規格堤防の機能に支障を及ぼすおそれがない限り，第1項のただし書きの適用を受け，高規格堤防特別区域の下に設けるものと堤内地の部分とは構造上分離する必要はないこと．

(8) 規則第13条の2関係
① 平水位とは，非洪水時の通常の水位であること．
② 水位が急速に低下する場合とは，高規格堤防設計水位から平水位に水位が低下する場合であること．
③ 高規格堤防設計水位から平水位に水位が低下する場合の構造計算は，滑り計算を行うものであり，その時の荷重は高規格堤防の自重，間隙圧の力，河道内流水による静水圧の力，地震時慣性力であること．
④ 高規格堤防の設計上前提とする高規格堤防上の土地利用は，通常最も高い建ペイ率である80％，標準街区における最低の道路面積率18％である場合の利用を基本とすること．

(9) 規則第13条の5関係

高規格堤防の安定性の検討は，別紙のとおり行うものとすること．

2 河川整備計画について

(1) 高規格堤防を整備する河川の河川整備計画においては，高規格堤防設置区間に係る背水区間を含めた高規格堤防を設置するすべての区間を定めるとともに，当該河川整備計画の「(参考)」に主要な地点の高規格堤防設計水位に加え，高規格堤防設置区間に係る背水区間が設定される支川と本川との合流点のすべてについて，当該合流点における高規格堤防設計水位を記載することとすること．

(2) 高規格堤防を設置する高規格堤防設置区間に係る背水区間を河川整備計画に定めるに当たっては，以下の①の記載事項の箇所に，以下の②の

記載例のとおり規定するものとすること．
① 主要な河川工事の目的，種類及び施行の場所並びに当該河川工事の施行により設置される主要な河川管理施設の機能の概要
② （記載例）「……〇〇地点から◇◇地点までの区間，並びに当該区間に係る背水区間（別表）については，高規格堤防の整備を図る．」

（別表）〇〇地点から◇◇地点までの区間に係る背水区間

河川名	区　　　　間
□□川	□□地点から本川合流点
△△川	△△地点から本川合流点
▽▽川	▽▽地点から××川合流点

3　その他

(1) 「高規格堤防の整備に係る関係行政機関等との協議等について」（平成3年11月1日建設省河政発第73号等）における「超過洪水位（仮称）」は，高規格堤防設計水位のことであること．

(2) いわゆる「2Hルール」は，高規格堤防の堤内地において適用はないこと．

（別紙）

(1) 河道内洗掘破壊に対する安定性について

水衝部等においては，必要に応じ護岸，水制等を設けるものとし，高規格堤防設計水位以下の水位の流水の作用による河道内の洗掘に対し，必要な抵抗力を有するものとする．

(2) 越流水洗掘破壊に対する安定性について

越流水によるせん断力が堤防上部のせん断抵抗力以下となるよう，以下の式を基に，高規格堤防の川裏側の勾配を定めるものとする．

$$\tau = W_0 \cdot h_s \cdot I_e = 0.3446 \cdot q^{3/5} \cdot I^{7/10}$$

$$\tau \leq \tau_a$$

ここに，τ；越流水によるせん断力（tonf/m²）

W_0；水の単位体積重量（tonf/m³）

h_s；高規格堤防の表面における越流水の水深（m）

I_e；越流水のエネルギー勾配

q；単位幅越水量（m³/s/m）

（$q=1.6 h_k^{3/2}$：h_k は計画堤防天端高を基準とする高規格堤防設計水位の水深（m））

I；堤防の川裏側の勾配（$I=I_e$）

τ_a；許容せん断力（0.008 tonf/m²）

(3) 滑り破壊に対する安定性について

　各荷重条件において，第3項に示すとおり，高規格堤防の地盤面の付近における滑りが生じないよう，円弧滑り法によって検討するものとする．

(4) 浸透水による浸食破壊に対する安定性について

　高規格堤防において，有限要素法による非定常浸透流解析により算出した浸潤線が川裏側の堤体の法先より高い位置に浸出することのないものとする．

(5) 浸透破壊（パイピング破壊）に対する安定性について

　高規格堤防の地盤面の付近は，パイピング破壊が生じないよう必要な有効浸透路長を確保することとし，以下のレーンの加重クリープ比で評価するものとする．

$C \leq (L+V)/H = (L_1 + L_2/3 + V)/H$

ここに，C；レーンの加重クリープ比（以下の表の値とする）

　　　　L；水平方向の有効浸透路長

　　　　L_1；水平方向の堤体と基礎基盤の接触長さ

　　　　L_2；水平方向の地盤と構造物の接触長さ

　　　　V；鉛直方向の地盤と構造物の接触長さ

　　　　H；水位差

地盤の土質区分	C	地盤の土質区分	C
極めて細かい砂又はシルト	8.5	細砂利	4.0

細　　砂	7.0	中砂利	3.5
中　　砂	6.0	栗石を含む粗砂利	3.0
粗　　砂	5.0	栗石と砂利を含む	2.5

(6) 液状化破壊に対する安定性について

　高規格堤防の地盤について，液状化に対する抵抗率F_Lが１．０以下の土質については液状化するものとする．なお，地震時には設計震度が生じた時点より後の過剰間隙水圧の上昇により，安全度が低下する場合もあるので，このような場合には過剰間隙水圧の算定によりチェックを行うものとする．

　なお，液状化に対する抵抗率F_Lの求め方及びその他の細部事項については道路橋示方書・同解説　V耐震設計編（社団法人日本道路協会）に準拠するものとする．

河川管理施設等構造令及び同令
施行規則の運用について

> 平成10年1月23日　建設省河政発第9号，建設省河計発第6号，
> 建設省河治発第4号，建設省河開発第7号
> 各地方建設局河川部長，北海道開発局建設部長，沖縄総合事務局開発建設部長，各都道府県土木主管部長あて　建設省河川局水政課長，建設省河川局河川計画課長，建設省河川局治水課長，建設省河川局開発課長通達

　河川管理施設等構造令の一部を改正する政令（平成9年政令第343号）及び河川管理施設等構造令施行規則の一部を改正する省令（平成9年建設省令第19号）の施行については，平成10年1月23日付け建設省河政発第8号により河川局長名をもって通達したところであるが，河川管理施設等構造令（昭和51年政令第199号．以下「令」という．）及び河川管理施設等構造令施行規則（昭和51年建設省令第13号．以下「規則」という．）の運用に当たっては，同通達によるほか，下記の事項に留意のうえ遺憾のないようにされたい．

記

1　令第16条（貯水池に沿って設置する樹林帯の構造）及び第26条の2（堤防に沿って設置する樹林帯の構造）関係

 (1)　樹林帯の植栽に当たっては，地域の特性等を考慮して，樹種の選定，樹木の配置等を適切に行うものとすること．また，樹林帯の樹種は，地域の自然環境や土地の状況，在来の樹種等を勘案して適切に選定するものとすること．

 (2)　樹林帯の整備を検討するに当たっては，学識経験者の意見等を参考にしつつ，整備する区域や周辺の自然環境の状況等について配慮するものとし，当該地の自然環境の保全に支障を及ぼす場合等，自然環境の状況等から見て，規則第13条又は第14条の2に規定する構造を有する樹林帯の整備が適当でない場合には，当該区域を樹林帯の整備対象から除外すること又は治水上若しくは利水上の機能を確保する代替手段を講ずることを検討するものとすること．

2 令第35条の2（魚道）及び第44条（護床工等）関係
　農業用の堰の新築等における魚道に係る具体の運用については，別途通達する「農業用工作物の河川環境に関するガイドライン（案）」に沿って行うものとすること．
3 関係通達の一部改正について
　（省略）

河川管理施設等構造令及び同令
施行規則の運用について

> 建設省河政発第74号，建設省河計発第83号，建設省河
> 治発第39号，平成11年10月15日
> 各地方建設局河川部長，北海道開発局建設部長，沖縄総
> 合事務局開発建設部長，各都道府県土木主管部長あて
> 建設省河川局水政課長，建設省河川局河川計画課長，建
> 設省河川局治水課長通達

　標記については，昭和52年2月1日付け建設省河政発第5号，河川省河治発第6号，平成4年2月1日付け建設省河政発第32号，建設省河計発第37号，建設省河治発第10号及び平成10年1月23日付け建設省河政発第9号，建設省河計発第6号，建設省河治発第4号，建設省河開発第7号により通達しているところであるが，河川管理施設等構造令（昭和51年政令199号．以下「令」という．）及び河川管理施設等構造令施行規則（昭和51年建設省令第13号．以下「規則」という．）の運用に当たっては，同通達によるほか，下記の事項に留意の上遺憾のないようにされたい．

記

1　令第21条（天端幅）関係
　(1)　堤防天端は，散策路や高水敷へのアクセス路として，河川空間のうちで最も利用されている空間であり，これらの機能を増進し，高齢者等の河川利用を容易にするため，及び河川水を消火用水として利用する場合，消防車両等の緊急車両が堤防天端を経由して高水敷に円滑に通行できるようにするため，都市部の河川を中心に堤防天端幅をゆとりのある広い幅とすることが望ましいものであること．
　(2)　堤防天端は，雨水の堤体への浸透抑制や河川巡視の効率化，河川利用の促進等の観点から，河川環境上の支障を生じる場合等を除いて，舗装されていることが望ましいものであること．ただし，雨水の堤体への浸透を助長しないように舗装のクラック等は適切に維持管理するとともに，堤防のり面に雨裂が発生しないように，アスカーブ及び排水処理工の設置，適切な構造によるのり肩の保護等の措置を講ずるものとすること．ま

た，暴走行為等による堤防天端利用上の危険の発生を防止するため，必要に応じて，車止めを設置する等の適切な措置を講ずるものとすること．

2 令第22条（盛土による堤防の法勾配等）関係
 (1) 小段は雨水の堤体への浸透をむしろ助長する場合もあり，浸透面から見ると緩やかな勾配（緩勾配）の一枚のりとした方が有利である．また，除草等の維持管理面や堤防のり面の利用面からも緩やかな勾配ののり面が望まれる場合が多い．このため，小段の設置が特に必要とされる場合を除いては，原則として，堤防は可能な限り緩やかな勾配の一枚のりとするものとすること．
 (2) 一枚のりとする場合ののり勾配については，すべり破壊に対する安全性等を照査した上で設定するものとすること．なお，堤防のすべり安全性を現状より下回らないという観点からは，堤防敷幅が最低でも小段を有する断面とした場合の敷幅より狭くならないことが必要である．
 (3) 一枚のりの緩やかな勾配とした場合，のり面への車両の侵入，不法駐車等が行われる場合があるので，これらによる危険発生防止のため，必要に応じて裏のり尻に30～50 cm程度の高さの石積み等を設置するものとすること．

3 令第27条（管理用通路）関係
管理用通路は，散策路や高水敷へのアクセス路として，日常的に住民の利用に供している河川空間であるが，これらの機能の増進，高齢者等の利用の円滑化，消火用水取水時の消防車両の活動の円滑化，都市内における貴重な緑の空間としての活用，河川に正面を向けた建築の促進，出水時の排水ポンプ車の円滑な活動の確保を図ることが必要であることから，都市部の河川を中心に管理用通路を原則として4m以上とすることが望ましいものであること．

4 令第46条（構造の原則）関係
樋門の設計については，「樋門，樋管設計指針（案）の運用について」（平成10.6.19建設省河治発第39号)により通達しているところであるが，その運用にあたっては，同通達によるほか以下のとおり取り扱うものとすること．
 (1) 樋門の新設・改築にあたっては，杭（先端支持杭及び摩擦支持杭）基

礎以外の構造とするものであること．
(2) 樋門の構造形式は，基礎地盤の残留沈下量および基礎の特性等を考慮して選定するものとし，原則として柔構造樋門とするものであること．

5 関係通達の一部改正について
（省略）

参 考 文 献

1) 吉川　勝秀：川，流域と福祉について，河川，平成10年4月，(社)日本河川協会
2) 米元　卓介：洪水時に流木が橋梁及び堤防に及ぼす影響とその対策に関する研究，早稲田大学理工学研究所報告，第17輯，昭和36年
3) 奥澤　豊：流木の流下と集積に関する研究，土木学会第4回河道の水理と河川環境に関するシンポジウム論文集，平成10年6月

参 考 図 書

- 「河川砂防技術基準(案)同解説」
  (建設省河川局監修，日本河川協会編，平成9年9月　山海堂)
- 「第2次改訂　ダム設計基準」
  (社団法人　日本大ダム会議，昭和53年8月)
- 「改訂　解説・工作物設置許可基準」
  (河川管理技術研究会編，(財)国土開発技術研究センター，平成10年11月　山海堂)
- 「護岸の力学設計法」
  ((財)国土開発技術研究センター，平成11年2月　山海堂)
- 「床止めの構造設計手引き」
  ((財)国土開発技術研究センター，平成10年12月　山海堂)
- 「ダム・堰施設技術基準（案）(基準解説編・マニュアル編)」
  (ダム・堰施設技術基準委員会編集，(社)ダム・堰施設技術協会発行，平成11年3月)
- 「柔構造樋門設計の手引き」
  ((財)国土開発技術研究センター，平成10年11月　山海堂)
- 「ドレーン工設計マニュアル」
  ((財)国土開発技術研究センター，平成10年3月)
- 建設省土木研究所：治水上から見た橋脚問題に関する検討，土木研究所資料第3225号，平成5年11月
- 「鋼製起伏ゲート設計要領（案）」
  (鋼製起伏ゲート検討委員会編集，(社)ダム・堰施設技術協会発行，平成11年10月)

改定　解説・河川管理施設等構造令				
昭和 53 年　3 月 20 日	第 1 刷	発行		
平成 12 年　1 月 20 日	改定第　1 刷	発行		
令和　5 年 12 月 25 日	改定第 25 刷	発行		

定価はカバーに表示してあります.

ISBN978-4-7655-1734-8 C3051

編　集　一般財団法人国土技術研究センター

発　行　公益社団法人日本河川協会
　　　　東 京 都 千 代 田 区 麴 町 2-6-5
　　　　〒102-0083（麴町 E.C.K ビル）
　　　　　　電　話　　　　　(03)(3238)9771

発　売　技 報 堂 出 版 株 式 会 社
　　　　〒101-0051
　　　　東京都千代田区神田神保町 1-2-5
　　　　電　話　営業　(03)(5217)0885
　　　　　　　　編集　(03)(5217)0881
　　　　　　Ｆ Ａ Ｘ　　(03)(5217)0886
　　　　　　振 替 口 座　00140-4-10
　　　　http://gihodobooks.jp/

日本書籍出版協会会員
自然科学書協会会員
土木・建築書協会会員

Printed in Japan

印刷・製本／新日本印刷

Ⓒ　2000

落丁・乱丁はお取替えいたします.
本書の無断複写は，著作権法上での例外を除き，禁じられています.